機械学習エンジニアリング

Andriy Burkov［著］

松田晃一［訳］

Machine Learning
ENGINEERING

マイナビ

To my parents:

Tatiana and Valeriy

and to my family:

daughters Catherine and Eva,

and brother Dmitriy

両親へ：Tatiana と Valeriy

そして私の家族：娘 Catherine と Eva、

兄弟 Dmitriy へ

MACHINE LEARNING ENGINEERING

●公式サイト（英語）　http://www.mlebook.com/wiki/doku.php
This book is distributed on the "read-first, buy-later" principle. The latter implies that anyone can obtain a copy of the book by any means available, read it and share it with anyone else. However, if you read the book, liked it or found it helpful or useful in any way, you have to buy it. For further information, please email author@mlebook.com.
※上記サイトの運営・管理は原著者が行っています。

●本書の正誤に関するサポート情報を以下のサイトで提供していきます。
https://book.mynavi.jp/supportsite/detail/9784839978358.html

序文

　皆さんに秘密を打ち明けようと思います。「機械学習」というと、そこには1つの学問分野しかないように聞こえます。びっくりするでしょうが、実は機械学習には2つあり、それらは、調理法を革新するのと、新しい調理家電を発明するのと同じくらい違うのです。混同さえしなければどちらも立派な仕事なのです。パティシエを雇ってオーブンを組み立ててもらうのと、電気技師を雇ってパンを焼いてもらうことを想像してみてください！

　残念なことに、ほとんどの人がこの2つの機械学習を混同しています。その結果、たくさんの企業が機械学習に失敗するのも不思議ではありません。初心者の方にはあまり知られていませんが、ほとんどの機械学習のコースや教科書は「機械学習の研究」について書かれているのです。つまり、オーブン（や電子レンジ、ミキサー、トースター、ケトル…キッチンシンクも！）を0から作る方法が書かれているのであって、その規模を拡大して素材を調理したり、調理法を革新したりする方法が書かれているのではないのです。言い換えれば、みなさんがビジネス上の課題に対して機械学習を用いた革新的なソリューションを作り出す機会を探しているのであれば、機械学習の研究ではなく、応用機械学習という分野を選ぶべきです。その場合、ほとんどの書籍はみなさんのニーズに合わないでしょう。

　しかし、ここで良いニュースがあります。みなさんが今ご覧になっているのは、数少ない真の「応用機械学習」の本なのです。そうです、みなさんは見つけたのです！　研究的なものが多いたくさんの本の山の中から、本当の応用の本を見つけたのです。すばらしい！　みなさんが実際に探していたのが、汎用アルゴリズムを設計するスキルを身につけるための本だったとしたら、その場合は、今すぐこの本を読むのを止めて、他の機械学習の本を買って来なさいと言っても、本書の著者は筆者をそれほど怒らないでしょう。本書は違う本なのです。

　筆者が、2016年に、1万人以上のエンジニアやリーダーに愛されているGoogleの応用機械学習コース「Making Friends with Machine Learning」を作ったとき、本書と非常に似た構成にしました。それは、この応用分野では正しい順番でプロジェクトを進めることが重要だからです。新しく手に入ったデータを利用する場合は、他のステップが終わっていない状態で特定のステップに取り組むと、無駄な努力をしたり、プロジェクトが取りやめになってしまうような失敗をする可能性があります。実際、筆者が本書を読もうと思ったのは、本書と筆者のコースの目次が似ていたからです。収束進化[1]とでも言うべきか、筆者は本書の著者の中に、同じ思想を持つ仲間——工学の中でも最も有用な可能性がありながら恐ろしく誤解さ

---

[1]　異なる祖先を持っているにもかかわらず、異なる種が同様の特性を発達させるプロセス

れている分野の1つである「応用機械学習」に関するリソースが不足していることで、夜も眠れなくなりそれを何とかしたいと思うようになった仲間を見出したのです。もしみなさんが本書を読まれるのを止めようとされているのであれば、筆者の願いを聞いて、少なくともなぜ目次がこのようになっているのかを考えてみてください。それだけでも何かいいことがあるはずです。お約束します。

　では、本書の残りの部分には何が書かれているのでしょうか？　調理法を革新し、それを大きな規模で食事を作れるようにするための非常に豊かな内容の機械学習のガイドです。本書をまだ読まれていない方のために、料理の言葉で説明しましょう――みなさんは、料理すべき価値があるものは何か、目的は何か見つけ出し（意思決定と製品管理）、サプライヤーと顧客（その領域の専門知識とビジネスの洞察力）を理解し、大規模に食材を処理する方法（データエンジニアリングと分析）、様々な食材と機器の組み合わせを素早く試して可能性のある調理法を作り出す方法（プロトタイプ段階の機械学習エンジニアリング）、また、調理法の品質を確認する方法（統計）、潜在的な調理法を数百万の料理に変換し効率的に提供する方法（本番環境での機械学習エンジニアリング）、配達車が注文した米の代わりに1トンのジャガイモを運んできたとしても、料理が最高の状態であることを保証する方法（信頼性工学）を理解する必要があります。本書は、このようなエンドツーエンドで行われる処理の各段階での視点を提供する数少ない本の1つなのです。

　さて、そろそろ、読者の皆さんに率直な意見を述べる良いタイミングだと思います。本書はかなり良い本です。本当に。しかし、完璧ではありません。本書は端折っている部分もありますが（プロの機械学習エンジニアがやりがちなことです）、全体的にはメッセージを正しく伝えています。また、最良と言われていた方法が急速に進化する分野を扱っているため、この題材に関する最新の情報を提供しているわけではありません。しかし、たとえひどく散らかったように思えるような内容であったとしても、読む価値はあります。応用機械学習に関する包括的なガイドが非常に少ないことを考えると、これらのトピックに関する一貫した入門書は千金に値するものです。本書が今ここにあることを非常に嬉しく思います！

　筆者が本書で気に入っていることの1つは、機械学習について知っておくべき最も重要なこと、つまり「間違いは起こる可能性が常にあり … 時にはひどい損害を与える」ということを完全に受け入れていることです。信頼性工学が専門の同僚は「願うだけでは戦略にならない」とよく言います。間違いがないことを期待するのは、最悪のやり方です。本書はそれよりもはるかに優れています。自分よりも「賢い」AIシステムを構築したい（うーん、ない。そんなものはありません）と思っているみなさんの誤った安心感を即座に打ち砕いてくれます。そして、実際に失敗する可能性のある、ありとあらゆる事柄を調べて、それをどのように防ぎ、検出し、対処するかについて熱心に説明してくれるのです。本書では、監視の重要

性、モデルのメンテナンス方法、物事がうまくいかないときの対処法、予測できない間違いに対する予備戦略の考え方、システムを悪用しようとする敵対者への対処法、ユーザが人間である場合、彼らの持つ期待値をコントロールする方法などを見事に説明しています（また、みなさんのユーザーが機械の場合の対処法についても書かれています）。これらは実用的な機械学習においては非常に重要なトピックですが、他の本では多くの場合無視されているものなのです。しかし、本書は違うのです。

みなさんが機械学習を使って大規模なビジネス上の課題を解決しようと思ってらっしゃるのなら、本書を手に入れたことは素晴らしいことだと思います。お楽しみください！

Cassie Kozyrkov（Google チーフディシジョンサイエンティスト）
「Making Friends with Machine Learning on Google Cloud Platform」コースの著者

はじめに

ここ数年で、機械学習という言葉は、多くの人にとって人工知能の同義語となっています。科学の分野としての機械学習は数十年前から存在していますが、世界で一握りの企業しか機械学習の持つ可能性を十分に活かし切れていません。一流の企業や科学者、ソフトウェアエンジニアから成る幅広いコミュニティによって、最新のオープンソースの機械学習ライブラリ、パッケージ、フレームワークがサポートされているにもかかわらず、ほとんどの企業は、実用的なビジネス上の課題の解決に機械学習を適用しようと四苦八苦しているのです。

その難しさの1つは、人材の希少性にあります。しかしその一方で、優秀な機械学習エンジニアやデータアナリストが確保できたとしても、2020年には、ほとんどの企業がたった1つのモデルを導入するに31〜90日を費やし、18％の企業は90日以上の時間がかっているのです — 中には導入に1年以上かかっている企業もあります。モデルのバージョン管理、再現性、スケーリングなど、企業が機械学習の機能を開発する際に直面する主な課題は、科学的というよりもむしろエンジニアリング的なものなのです。

機械学習については、理論的なものから実践的なものまで、良い本がたくさんあります。典型的な機械学習の本では、機械学習の種類、主要なアルゴリズム群、それらがどのように機能するか、そしてそのアルゴリズムを使ってデータからモデルを構築する方法を学ぶことができます。

一般的な機械学習の本では、機械学習プロジェクトを実施する際のエンジニアリング的な面にはあまり触れられていません。データの収集、保存、前処理、特徴量エンジニアリング、モデルのテストとデバッグ、本番環境へのデプロイと撤退、ランタイムと本番環境へのデプロイ後のメンテナンスなどの問題は、機械学習の本の範囲を超えていることが多いのです。

本書の目的はそのギャップを埋めることです。

本書の対象者

　本書で想定する読者は、機械学習の基本を理解しており、お気に入りのプログラミング言語や機械学習ライブラリを使って、適切にフォーマットされたデータセットから、モデルを構築することができる、ということを想定しています。機械学習のアルゴリズムにデータを適用することに慣れていない方や、ロジスティック回帰、サポートベクターマシン、ランダムフォレストの違いがはっきりとわからない場合は、『The Hundred-Page Machine Learning Book』[2] から始めて、その後、本書に戻ってこられることをお勧めします。

　本書が想定している読者は、仕事の役割が機械学習エンジニアリングに傾いているデータアナリスト、自分の仕事をもっと構造化したいと考えている機械学習エンジニア、機械学習を学んでいる学生、そしてデータアナリストや機械学習エンジニアが提供するモデルを扱うことになるソフトウェアアーキテクトです。

本書の使用方法

　本書は、機械学習エンジニアリングのベストプラクティスとデザインパターンを包括的に解説したものです。本書は最初から最後まで通して読まれることをお勧めしますが、各章は機械学習プロジェクトのライフサイクルの異なる側面をカバーしており、直接的な依存関係はないので、どのような順番で読んでも構いません。

この本を買うべきか?

　本書の原著は、前著の『The Hundred-Page Machine Learning Book』と同様に、「まず読んで、その後で買うかどうかを決める」という原則で配布されています。この本の原著は http://www.mlebook.com/ で閲覧可能です。原著者は、本はお金を払う前に読めなければならないと固く信じています。そうでなければ、「袋に入っている猫を子豚だと思って買ってしまう」（中身を確かめずにものを買うことの例え）ことになってしまいます。

　この「まず読んで、その後で買うかどうかを決める」という原則は、原著を自由にダウンロードして読まれ、友人や同僚と共有することを意図しています。原著を読まれて気に入ったら、あるいは仕事やビジネス、勉強に役立ったと思われたら、本書の購入を検討されてください。

　これで準備は万端です。本書を楽しんでください。

Andriy Burkov

---

[2]　"2020 state of enterprise machine learning", Algorithmia, 2019.『機械学習 100+ ページ エッセンス』, ISBN9784295007982.

謝辞

　本書の質が高いのは、ボランティアで編集に参加してくれた人たちのおかげです。特に、以下の読者の方々の体系的な貢献に感謝します。

　Alexander Sack、Ana Fotina、Francesco Rinarelli、Yonas Mitike Kassa、Kelvin Sundli、Idris Aleem、Tim Flocke

　科学アドバイザーのVeronique TremblayとMaximilian Hudlbergerには、第7章「モデルの評価」のレビューと修正をお願いしました。また、Cassie Kozyrkovには、統計的検定の章をしっかりと仕上げることができるよう、丁寧かつ批判的にレビューしてくれたことに感謝しています。

　その他にも、次の素晴らしい方々にお世話になりました。ありがとうございます。

Jean Santos, Carlos Azevedo, Zakarie Hashi, Tridib Dutta, Zakariya Abu-Grin, Suhel Khan, Brad Ezard, Cole Holcomb, Oliver Proud, Michael Schock, Fernando Hannaka, Ayla Khan, Varuna Eswer, Stephen Fox, Brad Klassen, Felipe Duque, Alexandre Mundim, John Hill, Ryan Volpi, Gaurish Katlana, Harsha Srivatsa, Agrita Garnizone, Shyambhu Mukherjee, Christopher Thompson, Sylvain Truong, Niklas Hansson, Zhihao Wu, Max Schumacher, Piers Casimir, Harry Ritchie, Marko Peltojoki, Gregory V., Win Pet, Yihwa Kim. , Win Pet, Yihwa Kim, Timothée Bernard, Marwen Sallem, Daniel Bourguet, Aliza Rubenstein, Alice O, Juan Carlo Rebanal、Haider Al-Tahan、Josh Cooper、Venkata Yerubandi、Mahendren S, Abhijit Kumar, Mathieu Bouchard, Yacin Bahi, Samir Char, Luis Leopoldo Perez,Mitchell DeHaven, Martin Gubri, Guillermo Santamaría, Mustafa Murat Arat, Rex Donahey, Nathaniel Netirungroj, Aliza Rubenstein , Rahima Karimova, Darwin Brochero, Vaheid Wallets, Bharat Raghunathan, Carlos Salas, Ji Hui Yang, Jonas Atarust, Siddarth Sampangi, Utkarsh Mittal, Felipe Antunes, Larysa Visengeriyeva, Sorin Gatea, Mattia Pancerasa, Victor Zabalza, Dibyendu Mandal, James Hoover.

訳者まえがき

　本書は、「Machine Learning Engineering」（Andriy Burkov 著、True Positive Inc. 刊）の全訳で Amazon.com でも非常に評価の高いものです。

　今日、画像分類などで著しい性能向上を見せた機械学習を中心にした人工知能技術はさまざまな分野に広まりを見せ、多彩な業務で使用され、ビジネスの現場に導入されています。機械学習のフレームワークも進歩し、従来の機械学習の本で扱われている手法を用いてモデルの開発を行い、データを与え訓練するだけでも十分な精度も出せるようになってきました。その一方で、開発したシステムを本番環境で運用してみると、うまくいかない場合もあることが分かってきました。

　そもそも開発したシステムを本番環境にデプロイするのが難しかったり、デプロイできても不思議なことに本番環境だと性能が出なかったり、最初はうまくいっているが、（知らないうちに）だんだんと性能が出なくなるということがあります。つまり、機械学習は、収集し終わったデータを固定的に扱うのではなく、生きたデータを継続的に扱うシステムとして考える必要があるのです。以下に、このような問題を端的に表した本書の前書きの一節を示します。

　「その難しさの1つは、人材の希少性にあります。しかしその一方で、優秀な機械学習エンジニアやデータアナリストを確保できたとしても、2020年には、ほとんどの企業が1つのモデルの導入に31日から90日を費やし、18%の企業は90日以上の時間がかかっているのです——中には導入に1年以上かかっている企業もあります。モデルのバージョン管理、再現性、スケーリングなど、企業が機械学習の機能を開発する際に直面する主な課題は、科学的というよりもむしろエンジニアリング的なものです。」

　このような課題を扱うには、従来の本が扱っていたモデルの開発だけでなく、それを中心とする機械学習プロジェクトのライフサイクル全体にまで視野を広げて、エンジニアリング的なアプローチを用いて対処する必要があります。

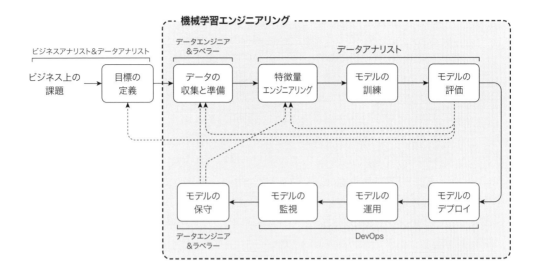

　機械学習はプログラミング的なモデルの開発を行い、精度を向上させるだけでなく、その前段階のデータ収集から、特徴量の作成、開発後の本番環境へのデプロイ、その後の継続的な監視、保守までを包んだライフサイクルとして捉え、設計、実装する必要があるのです。

　このような内容は、これまでの機械学習の本ではほとんど扱われていませんでした。しかし、実際の業務ではその部分の方がより重要であり、本書が扱っているのははまさにそこなのです。本書では、このような機械学習プロジェクトのライフサイクルを明らかにし、各ステージの背後にある理論とそこでとるべき手法や戦略を紹介しています。

　その手法や戦略は、みなさんが直面している課題を機械学習で解決する必要があるかどうかの判断から、データ収集、特徴量エンジニアリング、モデルの構築、評価、デプロイ、モデルの運用と保守にまで及び、機械学習エンジニアリングとMLOpsから成る新しい分野を幅広くカバーしています。ここでMLOpsとは最近注目されはじめた実践手法でWikipediaには以下のような説明がされています。

　「MLOpsとは、機械学習またはディープラーニングのライフサイクルを管理するための、データサイエンティスト、エンジニア、保守運用担当者のコラボレーションおよびコミュニケーションに関する実践手法。機械学習と、ソフトウェア分野での継続的な開発手法であるDevOpsとを組み合わせた造語である」[3]

　このような内容をカバーする本書は、機械学習プロジェクトの全体のステージとその内容を理解できるだけなく、それぞれのステージでどのような点に気をつければよいのかのチェッ

---

[3]　https://ja.wikipedia.org/wiki/MLOps

クリストとしても使用できます。また、本書を機械学習エンジニアリング＋MLOpsという新しい分野の海図として用いてさらに深い内容に入っていくこともできるでしょう。

　機械学習エンジニアの仕事は、モデルが作成でき、ハイパーパラメータのチューニングができるということだと思われていた方は、ぜひ本書を読まれることをお勧めします。最終的に機械学習が価値を持つには、機械学習モデルを本番環境にデプロイし、運用でき、ライフサイクルを通してビジネス目標を達成する取り組みをサポートできるシステムが必要なのです。本書を読まれていると、どこか異国の？　未来の世界のような話のように思えるかもしれません。しかし、それが、来るべき未来なのかもしれません。

　最後に、翻訳に関しましては、大変幸運なことに、すべての訳稿を河村和紀さんにチェックしてもらえました。河村さんには非常に丁寧に訳稿を読んでいただき、的確なコメントをたくさんいただきました。ありがとうございます。また、出版に際しては、株式会社マイナビ出版の山口正樹さんのお世話になりました。山口さんには本書の企画から、訳稿のチェックまで大変お世話になりました。この場を借りて感謝します。

河川の流れが緩やかなところを
瀞という。けりますとともに
2022年3月吉日
松田　晃一

機械学習エンジニアリング

目次

第6章　教師ありモデルの訓練（第2部）　175

第7章　モデルの評価　219

第8章　モデルの導入　241

第9章　モデルの推論、監視、メンテナンス　267

第10章　まとめ　293

第1章

はじめに

　読者のみなさんは、すでに機械学習について基本的な内容は理解されていると思いますが、本書で使用される用語の定義から始めることにしましょう。こうすることで共通の理解が得られます。

　以下は、『The Hundred-Page Machine Learning Book』の第2章からいくつかの定義を再掲し、いくつか新しい定義を追加しています。筆者の最初の本を読まれた方は、この章はおなじみのものかもしれません。

　本章を読まれれば、教師あり学習、教師なし学習といった概念が分かるようになりますし、直接的に使うデータと間接的に使うデータ、生データと整然データ、訓練データとホールドアウトデータ（テストデータと検証データ）といったデータに関する用語にも共通の理解が得られるでしょう。

　また、機械学習をいつ利用すべきか、利用すべきでないか、モデルベースとインスタンスベース、深い学習や浅い学習、分類と回帰など、様々な機械学習の形態を紹介します。

　最後に、機械学習エンジニアリングの範囲を定義し、機械学習プロジェクトのライフサイクルを説明します。

1.1 表記法と定義

　まず、基本的な数学的表記法を述べ、本書で頻繁に出てくる用語や概念を定義しておきましょう。

1.1.1 データ構造

　スカラー[1]は、15や-3.25のような単純な数値です。スカラー値を取る変数や定数は、xやaのようにイタリック体で書かれています。

　ベクトルは、スカラー値の順序付きリストで、それらの値は成分と呼ばれます。ベクトルは$\mathbf{x}$や$\mathbf{w}$などの太字で表現します。ベクトルは、多次元空間の点だけでなく、ある方向を指

---

[1]　用語が**太字**になっている場合は、巻末の索引に記載されていることを示します。

し示す矢印で視覚化することができます。図1.1は、$\mathbf{a} = [2,3]$、$\mathbf{b} = [-2,5]$、$\mathbf{c} = [1,0]$ という3つの2次元ベクトルの例です。ベクトルの成分は、$w^{(j)}$ や $x^{(j)}$ のように、イタリック体の値にインデックスを付けて表します。添字 j は、ベクトルの特定の**次元**、すなわちリスト内の成分の位置を表します。例えば、図1.1ベクトル $\mathbf{a}$ では、$a^{(1)} = 2$、$a^{(2)} = 3$ となっています。

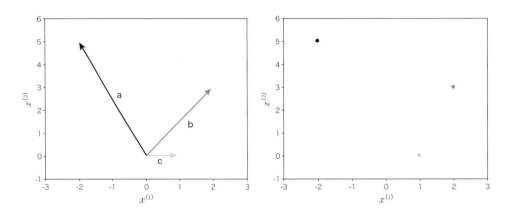

図1.1：3つのベクトルを方向と点で表したもの

$x^{(j)}$ という表記は、x^2 の2（2乗）や x^3 の3（3乗）のような累乗演算子と混同してはいけません。ベクトルの成分を2乗したい場合は $(x^{(j)})^2$ のように書きます。

変数は、$x_i^{(j)}$ や $x_{i,j}^{(k)}$ のように、2つ以上の添字を持つことができます。例えば、ニューラルネットワークでは、第1層のノード u の入力特徴量 j を $x_{1,u}^{(j)}$ と書きます。

行列とは、数字を行と列に並べた長方形の配列のことです。以下は、2行3列の行列の例です。

$$\mathbf{A} = \begin{bmatrix} 2 & -2 & 1 \\ 3 & 5 & 0 \end{bmatrix}$$

行列は、$\mathbf{A}$ や $\mathbf{W}$ などの太字の大文字で表されます。上の行列 $\mathbf{A}$ の例から、行列はベクトルからなる規則正しい構造であることがわかります。実際、上の行列 $\mathbf{A}$ の列は、図1.1に示すベクトル $\mathbf{a}$、$\mathbf{b}$、$\mathbf{c}$ です。

集合とは、一意な要素からなる順序付けのない要素の集まりです。集合は S のように筆記体で書きます。数の集合は有限（固定数の値を含む）であることがあります。この場合、例えば $\{1,3,18,23,235\}$ や $\{x_1, x_2, x_3, x_4, ..., x_n\}$ のように中括弧を使って表します。また、集合は要素を無限個持つこともでき、ある区間のすべての値を含むことができます。ある集合が a と b を含む a と b の間のすべての値を持つ場合、大括弧を使って $[a, b]$ と書きます。集合が a と b の値を含まない場合、括弧を使って (a, b) と表記します。例えば、$[0,1]$ という集合には、0、0.0001、0.25、0.784、0.9995、1.0といった値が含まれています。$\mathbb{R}$ は特別な集合で、負の無限大から正の無限大までのすべての数を含みます。

ある要素 x が集合 S に属するとき、$x \in S$ と書きます。2つの集合 S_1 と S_2 の**共通集合**として新しい集合 S_3 が得られます。この場合、$S_3 \leftarrow S_1 \cap S_2$ と書きます。例えば、$\{1,3,5,8\} \cap \{1,8,4\}$ から新しい集合 $\{1,8\}$ が得られます。

2つの集合 S_1 と S_2 の**和集合**として新しい集合 S_3 を得ることができます。この場合、$S_3 \leftarrow S_1 \cup S_2$ と書きます。例えば、$\{1,3,5,8\} \cup \{1,3,5,8,4\}$ から、新しい集合 $\{1,3,5,8,4\}$ を得ることができます。

なお、$|S|$ という表記は、集合 S の大きさ、つまり含まれる要素の数を表します。

1.1.2 シグマ記法

集合 $X = \{x_1, x_2, ..., x_{n\text{-}1}, x_n\}$ の総和やベクトル $\mathbf{x} = [x^{(1)}, x^{(2)}, ..., x^{(m\text{-}1)}, x^{(m)}]$ の成分の総和は、次のように表されます。

$$\sum_{i=1}^{n} x_i \stackrel{\text{def}}{=} x_1 + x_2 + \ldots + x_{n-1} + x_n$$

または

$$\sum_{j=1}^{m} x^{(j)} \stackrel{\text{def}}{=} x^{(1)} + x^{(2)} + \ldots + x^{(m-1)} + x^{(m)}$$

$\stackrel{\text{def}}{=}$ という表記は、「次のように定義される」という意味です。

ベクトル $\mathbf{x}$ の**ユークリッドノルム**は $\|\mathbf{x}\|$ で表され、ベクトルの「大きさ」または「長さ」を表します。これは

$$\sqrt{\sum_{j=1}^{D} \left(x^{(j)}\right)^2}$$

で与えられます。2つのベクトル a と b の間の距離は、以下の**ユークリッド距離**で与えられます。

$$\|a - b\| \stackrel{\text{def}}{=} \sqrt{\sum_{i=1}^{N} \left(a^{(i)} - b^{(i)}\right)^2}$$

1.2 機械学習とは何か?

機械学習は、コンピュータサイエンスの一分野であり、ある現象に関して収集したデータから、有用なアルゴリズムを作り出そうとするものです。このようなデータには、自然界に存在するもの、人間が手作りしたもの、またはアルゴリズムで生成されたものなどがあります。

機械学習は、次のような方法で現実的な問題を解決するプロセスと定義することもできます。

1. データセットを収集する。
2. そのデータセットに基づいて**統計モデル**をアルゴリズム的に訓練する。

この統計モデルは、現実的な問題を解決するために何らかの形で使用されます。文字を節約するために、「学習」と「機械学習」という言葉を同じ意味で使います。同じ理由で、統計モデルのことを「モデル」と呼ぶこともあります。

学習には、教師あり学習、半教師あり学習、教師なし学習、強化学習があります。

1.2.1 教師あり学習

教師あり学習では、**ラベル付けされたデータ** $\{(\mathbf{x}_1, y_1), (\mathbf{x}_2, y_2), ..., (\mathbf{x}_N, y_N)\}$ を扱います。このような要素 x_i は N 個あり、**特徴量ベクトル**と呼ばれます。コンピュータサイエンスの分野では、ベクトルは1次元の配列になります。1次元配列とは、順序付けされた添え字付きの値の並びのことです。その並びの長さ D を、ベクトルの**次元**といいます。

特徴量ベクトルとは、1から D までの各次元 j に、そのデータを説明する値が含まれているベクトルのことです。このような値を**特徴量**と呼び、$x^{(j)}$ と書きます。例えば、データセットの各データ x が人を表す場合、最初の特徴量 $x^{(1)}$ には身長（cm）、2番目の特徴量 $x^{(2)}$ には体重（kg）、$x^{(3)}$ には性別、というようなデータが含まれています。データセットのすべてのデータに関して、特徴量ベクトル内で同じ位置にある特徴量は、常に同じ種類の情報が含まれています。つまり、$x_i^{(2)}$ がある人 x_i の体重（kg）であれば、$x_k^{(2)}$ は、すべてのデータ $\mathbf{x}_k$（1から N までのすべての k）の体重（kg）になります。**ラベル** y_i は、**クラス** $\{1, 2, ..., C\}$ の有限集合に属する要素か実数、より複雑な構造（ベクトル、行列、木、グラフなど）のいずれかです。特に断りのない限り、本書では、y_i は有限のクラス集合の1つか、実数です [2]。クラスとは、データが属するカテゴリーと考えてください。

例えば、データが電子メールのメッセージで、問題がスパムの検出であれば、スパム（spam）とスパムでない（not_spam）の2つのクラスがあることになります。教師あり学習では、ク

---

[2] 実数とは、一本の線に沿った距離を表すことができる量のことです。例えば、0, -256.34, 1000, 1000.2 など。

ラスを予測する問題を**分類**と呼び、実数を予測する問題を**回帰**と呼びます。教師ありモデルで予測されるべき値を**ターゲット**と呼びます。回帰の例としては、従業員の仕事の経験や知識から、その従業員の給与を予測する問題があります。分類の例としては、医師がソフトウェアアプリケーションに入力した患者の特徴量から診断結果を返すものなどがあります。

分類と回帰の違いを図1.2に示します。分類では、学習アルゴリズムは、異なるクラスのデータを互いに分離する線（より一般的には超曲面）を探します。一方、回帰では、学習アルゴリズムは、訓練でデータに密接に沿う直線または超曲面を探します。

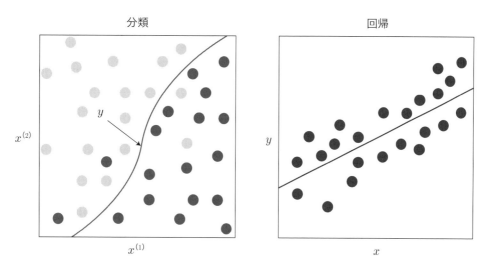

図**1.2**：分類と回帰の違い

教師あり学習アルゴリズムの目的は、データセットを用いて、特徴量ベクトル$\mathbf{x}$を入力とし、その特徴量ベクトルのラベルを推測できる情報を出力するモデルを作ることです。例えば、患者のデータセットを用いて作成したモデルは、患者を表す特徴量ベクトルを入力とし、その患者が癌である確率を出力することができます。

モデルが典型的な数学の関数であっても、みなさんが、そのモデルが入力に対して何を行うかを考える場合には、モデルは入力のいくつかの特徴量の値を「見て」、同じようなデータに関する経験に基づいて、値を出力すると考えるとわかりやすいでしょう。モデルが出力する値は、特徴量の値が似ているデータ内でこれまでに見たラベルに「最も良く似た」数字やクラスです。非常に単純に見えますが、決定木モデルやk近傍法アルゴリズムは、ほぼこのような仕組みになっています。

1.2.2 教師なし学習

教師なし学習では、データセットは**ラベルのないデータの集まり** $x_1, x_2, ..., x_N$ です。この場合も、x は特徴量ベクトルで、**教師なし学習アルゴリズム**の目的は、特徴量ベクトル x を入力として、それを別のベクトルに変換するか、もしくは実用的な問題の解決に使える値に変換するモデルを作り出すことです。例えば、**クラスタリング**では、モデルは特徴量ベクトルそれぞれに対してクラスタIDを返します。クラスタリングは、画像やテキスト文書などの大規模な対象物の集まりから、類似した対象物の集まり（グループ）を見つけ出すのに便利です。例えば、クラスタリングを利用することで、手動でラベル付けを行う時に、大量のデータの中から、十分に代表的、かつ、ラベルがついていないデータから成る小さな部分集合をサンプリングすることができます。大規模なデータセットから直接サンプリングすると、互いによく似たデータだけをサンプリングしてしまうリスクがありますが、クラスタリングでは各クラスタからデータを少しずつサンプリングすることでそのリスクを減らすことができるのです。

次元削減では、モデルの出力は、入力よりも次元の少ない特徴量ベクトルになります。例えば複雑すぎて可視化できない（3次元以上の）特徴量ベクトルがあるとします。次元削減モデルは、その特徴量ベクトルを、（情報をある程度保持した上で）2つか3つの次元しか持たない新しい特徴量ベクトルに変換します。このベクトルは、グラフにプロットすることができます。

外れ値検出では、入力された特徴量ベクトルが、そのデータセットの「典型的な」データとどのように異なるかを示す実数が出力されます。外れ値検出は、ネットワーク侵入問題の解決（「通常の」トラフィックに含まれる典型的なパケットとは異なる異常なネットワークパケットを検出する）や、異なるものの検出（既存の文書とは異なる文書の検出）に有効です。

1.2.3 半教師あり学習

半教師あり学習では、データセットにはラベルありのデータとラベルなしのデータの両方が含まれています。通常、ラベルなしのデータは、ラベルありのデータよりもはるかにたくさんあります。**半教師あり学習アルゴリズム**の目標は、教師あり学習アルゴリズムの目標と同じです。ここでは、たくさんのラベルなしデータを使用することで、学習アルゴリズムがより良いモデルを見つける（「生成する」または「計算する」）ことが期待されています。

1.2.4 強化学習

強化学習は、機械学習の一分野で、機械（エージェントと呼ばれる）が環境の中で「生きて」おり、その環境の状態を特徴量のベクトルとして認識することができます。機械は、非

終端状態で行動を実行することができます。実行する行動が異なると、得られる報酬が異なり、また、その機械を環境内の別の状態に移動させることもできます。強化学習アルゴリズムの一般的な目標は、最適な戦略を学習することです。

最適な戦略とは、ある状態の特徴量ベクトルを入力とし、その状態で実行すべき最適な行動を出力する関数であり、教師あり学習のモデルに似ています。最適な行動は、期待される平均長期報酬を最大化する行動になります。

強化学習は、逐次的に意思決定が行われ、目標が長期的な課題（ゲーム、ロボット、リソース管理、物流など）を解決してくれます。

本書では、わかりやすくするために、ほとんどの説明を教師あり学習に限定していますが、本書で紹介されている内容は、他の種類の機械学習にも適用可能です。

1.3 データと機械学習に関する用語

ここでは、一般的なデータの用語（直接・間接的に使用するデータ、生データと整然データ、訓練データとホールドアウトデータなど）と、機械学習に関連する用語（ベースライン、ハイパーパラメータ、パイプラインなど）を紹介します。

1.3.1 直接的・間接的に使用されるデータ

機械学習プロジェクトで扱うデータは、サンプルデータ x を作るために**直接的**または**間接的**に使用されます。

固有表現を抽出するシステムを開発するとしましょう。モデルの入力は単語の列であり、出力は入力と同じ長さのラベルの列です[3]。このデータを機械学習アルゴリズムで処理できるようにするには、自然言語を構成する単語を機械で処理できる値の配列に変換する必要があります。これを**特徴量ベクトル**と呼びます[4]。特徴量ベクトルに含まれる特徴量の中には、その単語と辞書にある他の単語とを区別する情報が含まれている場合もあれば、単語に関する追加属性（小文字、大文字、先頭が大文字などのその単語の形状など）が含まれている場合もあります。また、その単語が人間の名前の最初の単語であるかや、場所や組織の名前の最後の単語であるかを示す2値属性にすることも可能です。このような2値属性を作成するために、辞書、参照表、地理データベースや、単語に関する予測を行う機械学習モデルを使用することもあります。

単語列は訓練データから直接使われるデータであるのに対して、辞書、参照表、地理デー

---

[3] ラベルとは、例えば、{"場所", "組織", "人", "その他"} という集合のそれぞれの要素のことです。

[4] 「属性値」と「特徴量」は多くの場合同じ意味で使われます。本書では、データの特定の性質を表すのに「属性値」という言葉を使い、機械学習アルゴリズムが使用する特徴量ベクトル x の j 番目の位置にある値 $x^{(j)}$ を「特徴量」と呼んでいます。

タベースに含まれるデータは間接的に利用されるものです。これらを使って、特徴量ベクトルに追加の特徴量を加えることはできますが、それらを使って新しい特徴量ベクトルを作ることはできません。

1.3.2 生データと整然データ

　先ほど説明したように、直接使用されるデータは、データセットの基礎を構成するデータのエンティティ（実体）の集まりです。このデータセット内のデータは、訓練データに変換することができます。**生データ**とは、自然な形のデータの集まりであり、機械学習で直接利用できるとは限りません。例えば、Word文書やJPEGファイルは生データの一種であり、機械学習アルゴリズムで直接利用することはできません[5]。

　機械学習に用いるためには、データが整っていることが必要条件です（ただし、十分条件ではありません）。**整然データ**とは、図1.3に示すように、各行が1つのデータを表し、それぞれの列が例の様々な**属性**を表すスプレッドシートのようなものです。スプレッドシートの形で提供されるなど、生データが整然データになっている場合もあります。しかし、実際には、生データは、多くの場合、**特徴量エンジニアリング**と呼ばれる手法を使用して整然データに直されます。この手法を、直接データと（オプションとして）間接データに適用することで生データを特徴量ベクトル **x** に変換します。特徴量エンジニアリングに関しては第4章で詳しく述べます。

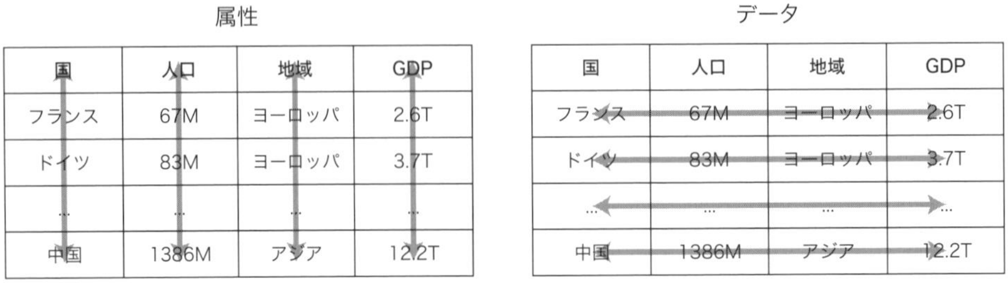

属性

国	人口	地域	GDP
フランス	67M	ヨーロッパ	2.6T
ドイツ	83M	ヨーロッパ	3.7T
...	...	...	...
中国	1386M	アジア	12.2T

データ

国	人口	地域	GDP
フランス	67M	ヨーロッパ	2.6T
ドイツ	83M	ヨーロッパ	3.7T
...	...	...	...
中国	1386M	アジア	12.2T

図1.3：整然データ：行がデータ、列は属性

　ここで重要なことは、タスクによっては、学習アルゴリズムが使用するデータが、ベクトルの列、行列、または行列の列の形をしている場合があるということです。このようなアルゴリズムに対しては、整然データという概念も同様に定義されます。つまり、「スプレッドシ

---

[5]　「非構造化データ」という言葉は、データ型が定義されていない情報を含むデータを指すのによく使われます。非構造化データの例としては、写真、画像、ビデオ、テキストメッセージ、ソーシャルメディアへの投稿、PDF、テキスト文書、電子メールなどがあります。「半構造化データ」とは、その構造から、どのような情報がデータ内にコード化されているかを解析できるものを指します。半構造化データの例としては、ログファイル、カンマやタブで区切られたテキストファイル、JSONやXML形式のドキュメントなどがあります。

ートで幅の決まった行」を「それと同じ幅と高さの行列」に置き換える、すなわち、**テンソル**と呼ばれるより高い次元の行列の一般形に置き換えればよいのです。

「整然データ」（tidy data）という言葉は、Hadley Wickham が同名のタイトルの論文で使ったものです[6]。

この節の冒頭で述べたように、データが整然データであっても、特定の機械学習アルゴリズムでは使えないことがあります。実際、ほとんどの機械学習アルゴリズムは、訓練データは数値から成る特徴量ベクトルでしか扱えません。図 1.3 のデータを考えてみましょう。「地域」という属性はカテゴリーであり、数値ではありません。決定木学習アルゴリズムは、属性値としてカテゴリー値を扱うことができますが、ほとんどの学習アルゴリズムは扱えません。第 4 章の 4.2 節では、カテゴリーから成る属性値を数値的な特徴量に変換する方法を見ていきます。

機械学習の文献では、「データ」という言葉は一般的に、オプションでラベルを持つ整然データを意味していることに注意してください。しかし、次の章で説明するデータの収集とラベル付けでは、データは画像、テキスト、またはスプレッドシートのカテゴリー属性を持つ行など、まだ生の形をしていることがあります。本書では、この違いを強調する場合には、データがまだ特徴量ベクトルに変換されていないことを示すのに**生データ**という言葉を用います。それ以外では、データは特徴量ベクトルの形をしているとします。

1.3.3 訓練データセットとホールドアウトセット

実際には、機械学習には 3 つの異なるデータセットが使われます。

- 訓練データセット
- 検証データセット[7]
- テストデータセット

機械学習プロジェクトでは、データセットが入手できたら、まずデータをシャッフルして、**訓練**、**検証**、**テスト**の 3 つに分割します。訓練データセットは 3 つの中で通常最も量が大きく、学習アルゴリズムは訓練データセットを使用してモデルを生成します。検証データセットとテストデータセットは、ほぼ同じ大きさで、訓練データセットよりもずっと小さいものです。学習アルゴリズムは、検証データセットやテストデータセットのデータを使ってモデルの訓練をすることはできません。そのため、この 2 つのセットは**ホールドアウト**（残しておく）セットとも呼ばれています。

---

[6]　Wickham, Hadley. "Tidy data." Journal of Statistical Software 59.10 (2014): 1-23.

[7]　文献によっては、検証データセットは「開発セット」とも呼ばれています。また、第 5 章の**クロスバリデーション**の項で説明するように、ラベル付けされたデータが少ない場合は、検証データセットなしで作業を行うこともできます。

1つではなく、3つのセットを用意する理由は簡単です。訓練したモデルが、既に見たことのあるデータのラベルが予測できるだけのモデルにならないようにしたいからです。学習アルゴリズムが、単にすべての訓練データを記憶してしまい、その記憶を使ってラベルを「予測」するものであれば、訓練データのラベルを予測させても、間違うことはないでしょう。しかし、このようなアルゴリズムは、実際には役に立ちません。私たちが本当にほしいのは、学習アルゴリズムが見たことのないデータを予測することができるモデルです。つまり、ホールドアウトセットで優れた性能を発揮してほしいのです[8]。

1つではなく2つのホールドアウトセットが必要なのは、検証データセットは1）学習アルゴリズムを選択し、2）その学習アルゴリズムの最適な設定値（**ハイパーパラメータ**と呼ばれる）を見つけるのに使われ、テストデータセットは、モデルをクライアントに提供、本番環境に導入する前に、モデルを評価するのに使われるからです。このため、重要なのは、検証データセットやテストデータセットの情報が学習アルゴリズムに漏洩しないようにすることです。そうしないと、検証やテストの結果が非常に楽観なものになってしまう可能性が高くなるからです。これは、データの漏洩によって実際に起こるものです。**データ漏洩**は第3章の3.2.8節やそれ以降の章でも説明する重要な事象です。

1.3.4 ベースライン

機械学習における**ベースライン**とは、問題を解決するための簡単なアルゴリズムのことで、通常、なんらかのヒューリスティックな手法、単純な要約統計量、乱数、非常に基本的な機械学習アルゴリズムなどに基づくものです。例えば、分類問題であれば、ベースラインとなる分類器を選び、その性能を測定します。このベースラインの性能は、将来のモデル（通常は、より洗練された手法で構築されたもの）と比較する際の基準となります。

1.3.5 機械学習パイプライン

機械学習パイプラインとは、データセットに対する一連の操作のことで、初期状態からモデルに至るまでのものです。

パイプラインには、データ分割、欠損データの補完、特徴量抽出、データ拡張、クラス不均衡の解消、次元削減、モデルの訓練などが含まれます。

実際には、本番環境にモデルをデプロイ（導入）する際には、通常は、パイプライン全体をデプロイします。さらに、ハイパーパラメータをチューニングすると、通常は、パイプライン全体が最適化されます。

---

[8] 正確に言うと、私たちがほしいのは、対象とするデータが属する統計分布からほぼランダムに取り出されたサンプルに対して良好な結果を示すモデルです。モデルが、対象データからランダムに抽出された未知の分布を持つホールドアウトセットで良好な性能を示すのであれば、そのモデルは、ランダムの抽出された他のデータに対しても良好に動作する可能性が非常に高いのです。

1.3.6 パラメータとハイパーパラメータの違い

ハイパーパラメータは、機械学習アルゴリズムやパイプラインに入力されるもので、モデルの性能に影響を与えます。これらは訓練データとは別物で、訓練データから学習することはできません。例えば、決定木学習アルゴリズムにおける木の最大の深さ、サポートベクターマシンにおける誤分類のペナルティ、k近傍法アルゴリズムにおけるk、次元削減における目標次元、欠損データの補完技術の選択などは、すべてハイパーパラメータです。

一方、**パラメータ**は、学習アルゴリズムが訓練するモデルを定義する変数で、学習アルゴリズムが訓練データに基づいて直接変更するものです。学習の目的は、モデルを最適化するようなパラメータの値を見つけることです。パラメータの例としては、線形回帰の式 $y = wx + b$ の w と b があります。この式では、x がモデルの入力、y がその出力（予測値）です。

1.3.7 分類と回帰

分類とは、**ラベルが付いてないデータ**に自動的に**ラベル**を付けるという問題です。分類問題の有名な例として、スパムメールの検出があります。

分類問題は、**分類用の学習アルゴリズム**で解かれます。このアルゴリズムは、**ラベル付けされたデータ**の集合を入力として受け取り、**モデル**を出力します。このモデルは、ラベル付けされていないデータを入力として受け取り、ラベルを直接出力するか、またはデータアナリストがラベルを推測するために使用できる数値を出力することができます。このような数値としては、入力されたデータが特定のラベルを持つ確率があります。

分類問題では、ラベルは、有限個の**クラス**の集合のメンバーです。このクラスの集合のサイズが2（「病気」/「健康」、「スパム」/「スパムでない」）の場合、**2クラス分類（二項分類**とも呼ばれる）と呼ばれます。**多クラス分類（多項分類**とも呼ばれる）は、3つ以上のクラスを持つ分類問題です[9]。

学習アルゴリズムの中には、何もしなくても2つ以上のクラスが扱えるものもありますが、他のアルゴリズムは、基本的に2クラス分類アルゴリズムです。2クラス分類を行う学習アルゴリズムを多クラス分類に変える方法があります。第6章の6.5節では、そのうちの1つである**1対他**（one-versus-rest）についてお話しします。

回帰とは、ラベルが付いていないデータが与えられたときに、実数値を予測する問題です。回帰の有名な例として、面積、寝室数、立地などの家の特徴量に基づいて、家の評価額を推定するものがあります。

回帰問題は、**回帰学習アルゴリズム**を用いて解かれます。これは、ラベル付けされたデータを入力としてとり、ラベル付けされていない入力データからターゲットとする値を出力で

---

[9]　1つのデータが持つラベルは1つであるのは同じです。

きるモデルを生成するものです。

1.3.8 モデルベースの学習とインスタンスベースの学習

教師あり学習アルゴリズムの多くは**モデルベース**です。代表的なモデルは、**サポートベク
ターマシン（SVM）**です。モデルベースの学習アルゴリズムは、訓練データを用いてモデル
を作成し、そのモデルは訓練データから学習したパラメータを持ちます。SVMの場合、パラ
メータは w（ベクトル）と b（実数）の2つです．モデルの訓練後、そのモデルはハードディ
スクに保存しておくことができるので、訓練データは破棄しても構いません。

インスタンスベースの学習アルゴリズムは、データセット全体をモデルとして使用します。
インスタンスベースのアルゴリズムとしては、**k近傍法**（kNN）がよく使われます。分類問
題で、入力データのラベルの予測する場合、kNNアルゴリズムでは、特徴量ベクトルから成
る空間内で入力データの近傍を調べ、その近傍で最も多く見られたラベルを出力します。

1.3.9 浅い学習と深い学習

浅い学習アルゴリズムは、訓練データの特徴量から直接モデルのパラメータを学習します。
ほとんどの機械学習アルゴリズムは浅い学習です。この例外として有名なものは**ニューラル
ネットワーク**による学習アルゴリズムで、特に、入力と出力の間に複数の**層**を持つニューラ
ルネットワークを作成するアルゴリズムです。このようなニューラルネットワークは、**深層
ニューラルネットワーク**と呼ばれます。深層ニューラルネットワーク学習（または、単に**深層
学習**、**ディープラーニング**）では、浅い学習とは逆に、ほとんどのモデルパラメータは、訓
練データの特徴量から直接学習されるのではなく、前の層の出力から学習されます。

1.3.10 訓練とスコアリング

機械学習アルゴリズムをデータセットに適用してモデルを作ることを、**モデルの訓練**また
は単に訓練といいます。

訓練したモデルを入力データ（場合によっては、一連のデータ群）に適用して予測値を得
たり、入力を何らかの形で変換したりすることを**スコアリング**といいます。

1.4 機械学習を使用する場合

　機械学習は、実際の課題を解決するための強力なツールです。しかし、他のツールと同様に、適切なコンテキストで使用する必要があります。すべての課題を機械学習で解決しようとするのは間違いです。

　以下の状況では機械学習の使用を検討するのがよいでしょう。

1.4.1 問題が複雑すぎてコーディングできない場合

　問題があまりにも複雑で大きく、解決するためのすべてのルールを書くことは難しい場合や、部分的には解決はできそうな場合は、機械学習を試してみることで解決できる可能性があります。

　1つの例はスパムメール検出です。スパムメールを効果的に検出し、本物のメールだけを受信箱に入れるようなロジックをコードで実装するのは不可能です。考慮すべき要素があまりにも多すぎるのです。例えば、連絡先に登録されていない人からのメッセージをすべて拒否するようにスパムフィルターを作成した場合、会議で名刺を交換した人からのメールが届かない危険性があります。また、自分の仕事に関連する特定のキーワードを含むメッセージを優先的に表示させた場合、子供の先生からのメッセージを見逃してしまう可能性があります。

　このような複雑な問題を解決するために、直接プログラミングを行うと、時間の経過とともに、条件が増加し、その条件からの例外がたくさんプログラムに含まれるようになり、コードを維持することができなくなってしまいます。このような状況では、分類器を「スパム」/「スパムでない」というデータで訓練することは論理的であり、唯一の実行可能な選択肢になります。

　コードによる問題解決のもう1つの難しさは、人間は、あまりにも多くのパラメータを持つ入力に基づく予測問題を解くのが苦手だということです。これは、それらのパラメータが未知の方法で**相関している**場合には特にそうです。例えば、ある借り手がローンを返済するかどうかを予測する問題を考えてみましょう。年齢、給料、口座残高、過去の支払い回数、結婚しているかどうか、子供の数、車のメーカーと年式、住宅ローンの残高など、何百もの数字がそれぞれの借り手を表しています。これらの数字の中には、判断材料として重要なものもあれば、単独ではあまり重要でなくても、いくつかの他の数字と組み合わせて考えると重要性が増すものもあります。

　このような判断をするコードを書くことは非常に難しく、専門家でさえ、人を表すすべての属性を最適な方法で組み合わせてそのような予測をする方法は自明ではないのです。

1.4.2 課題が常に変化する場合

　課題によっては、時間とともに変化し続けるものがあり、プログラムを定期的に更新しなければならない場合があります。このような性質は、その課題に取り組んでいるソフトウェアエンジニアにフラストレーションがたまり、エラーが入り込みやすくなります。さらに、「古い」ロジックと「新しい」ロジックを組み合わせることがだんだん困難になり、更新したシステムのテストとデプロイ費用が増大します。

　例えば、ウェブページから特定のデータ要素をスクレイピングしたいとします。ここでそれぞれのウェブページに対して、「<body>から3番目の<p>要素を選択し、その<p>内の2番目の<div>からデータを選択する」という形で固定したデータ抽出ルールを書いたとします。そのウェブサイトの所有者がデザインを変更すると、スクレイピングするデータが2番目や4番目の<p>要素に入ってしまう可能性があり、抽出ルールを間違ったものにしてしまうのです。スクレイピングするウェブページが大量にある場合（数千のURL）、毎日のように間違ったルールが発生し、そのルールを延々と修正することになります。言うまでもなく、このような作業を毎日行いたいと思うソフトウェアエンジニアはほとんどいないでしょう。

1.4.3 課題が知覚に関する場合

　今日では、機械学習を用いずに、音声認識、画像認識、動画認識などの**知覚に関する課題**を解決しようとするのは難しい問題です。画像を考えてみましょう。画像は何百万ものピクセルで表現されています。各ピクセルは、赤、緑、青のチャンネルの光の強度という3つの数値で表されます。従来、画像認識（何が写っているかを検出する）の問題を解決するために、エンジニアはピクセルから成る正方形領域に手製の「フィルター」を適用していました。例えば、草を検出するフィルターをたくさんのピクセルに適用した場合に高い値を示し、一方、茶色い毛皮を検出するフィルターがたくさんのピクセルで高い値を返したとすると、その画像は野原にいる牛を表している可能性が高いと言えます（少し単純化しています）。

　今日、知覚に関する課題は、ニューラルネットワークなどの機械学習モデルを用いて効率的に解決されています。ニューラルネットワークの訓練については、第6章で説明します。

1.4.4 研究されていない現象が対象の場合

　科学的に十分研究されていない現象を予測できるようにしたい場合があります。この場合、データが観測可能であれば、機械学習が適切な（場合によっては唯一の）選択肢となることがあります。例えば、機械学習を使って、患者の遺伝子や感覚器のデータから、個人に特化したメンタルヘルスの薬の組み合わせを生成することができます。医師は必ずしもそのようなデータを解釈して最適な組み合わせを行える必要はないかもしれませんが、機械は何千人

もの患者を分析することでデータのパターンを発見し、どの分子がその患者を助ける可能性が最も高いかを予測することができます。

また、観測可能ではあるもののまだ研究されていない現象の例として、複雑なコンピュータシステムやネットワークのログがあります。このようなログは、複数の独立した、あるいは相互に依存したプロセスによって生成されます。人間は、各プロセスとその相互依存関係のモデルがない限り、ログだけでシステムの将来の状態を予測することは困難です。過去のログが十分にたくさんあれば（よくあることですが）、機械はログに隠されたパターンを学習し、それぞれのプロセスについては何も知らなくても予測ができるようになります。

最後に、観察された行動に基づいて人を予測するのも難しい課題です。この課題では、私たちは人の脳のモデルを手に入れることはできませんが、その人の考えを表現したデータ（ネット上の投稿やコメントなど）はすぐに入手できます。ソーシャルネットワークに導入された機械学習モデルは、これらの表現だけから、コンテンツや他の人々とのつながりを推奨することができます。

1.4.5 問題の目的がシンプルな場合

機械学習は特に、Yes/Noの判断や1つの数字など、シンプルな目的を持つ課題として定式化できる課題の解決に適しています。これに対して、機械学習を使って、マリオのような一般的なテレビゲームやWordのようなワープロソフトとして動作するモデルを構築することはできないでしょう。これは、何をどこにいつ表示するか、ユーザの入力に反応して何を起こすべきか、ハードディスクに何を書き込むか、あるいはハードディスクから何を読み込むかなど、判断すべきことがあまりにも多すぎるためです。これらの判断のすべて（あるいはほとんど）を具体的に示すデータを収集することは現実的には不可能なのです。

1.4.6 費用対効果が高い場合

機械学習でかかる費用の主要な3つの要因は以下の通りです。

- データの収集、準備、データクレンジング
- モデルの訓練
- モデルを提供・監視するためのインフラの構築と運用、およびモデルを維持するための工数

モデルを訓練するためのコストには、人間の作業や、場合によっては深層モデルを訓練するのに必要な高価なハードウェアが含まれます。モデルのメンテナンスには、モデルの継続的な監視や、データを収集しモデルを最新の状態に保つための作業が含まれます。

1.5 機械学習を使ってはいけない場合

　機械学習を使って解決できない問題はたくさんありますが、そのすべてを説明することは困難です。ここではいくつかのヒントを考えるだけにします。

　以下のような場合は、おそらく機械学習を使うべきではありません。

- システムのすべての動作や決定が説明可能でなければならない場合
- システムの動作のすべての変化を、類似した過去の状況での動作と比較して説明できなければならない場合
- システムがエラーを起こした際のコストが高すぎる場合
- できるだけ早く市場に投入したい場合
- 正しいデータを得るのが難しい、または不可能である場合
- 従来のソフトウェア開発を用いるとより低いコストで問題を解決できる場合
- 単純なヒューリスティクス手法で、それなりにうまくいく場合
- その現象の結果があまりにもたくさんあり、それらを表現するための十分な量のデータを得ることができない場合（ビデオゲームやワープロソフトの例）
- 時間が経っても頻繁に改善する必要のないシステムを構築する場合
- 網羅的な参照表を人手で作成することができ、任意の入力に対して期待される出力を提供することができる（つまり、可能な入力値の数があまり多くないか、結果がすぐに安価に得られる）場合

1.6 機械学習エンジニアリングとは?

　機械学習エンジニアリング（MLE）とは、機械学習の科学的な原理、ツールや技術と従来のソフトウェアエンジニアリングを用いて、複雑なコンピューティングシステムを設計・構築することです。MLEは、データの収集から、モデルの訓練、製品や顧客が利用できるモデルの作成まで、すべてのステージを網羅します。

　通常、データアナリスト[10] は、ビジネス上の課題を理解し、それを解決するためのモデルを構築し、制限された開発環境でモデルを評価する仕事に関わります。一方、機械学習エンジニアが関わる仕事は、様々なシステムや場所からのデータの収集、前処理のプログラミン

---

[10]　2013年頃から、データサイエンティストは人気の職種となっています。残念ながら、この言葉の定義は、企業や専門家の間でまちまちです。代わりに、筆者は「データアナリスト」という言葉を使用しています。これは、分析の準備ができているデータに数値解析や統計解析を適用することができる人を指します。

グ、モデルの訓練であり、このモデルは本番環境で動作し、他の本番環境のプロセスとうまく共存し、安定性と保守性があり、様々な種類のユーザが様々な用途で簡単にアクセスできるようなものでなくてはなりません。

言い換えると、MLEには、機械学習アルゴリズムが本番環境で稼働するシステムの一部として実現することを可能にするあらゆる活動が含まれます。

実際、機械学習エンジニアが行う仕事には、データアナリストの書いたコードを動作の遅いRやPython[11]からより効率的なJavaやC++に書き換えたり、コードをスケーリングし、堅牢性を高めたり、コードをデプロイしやすいようにバージョン管理されたパッケージにしたり、機械学習アルゴリズムを最適化しながら、本番環境と整合性を保ちつつ、かつ、正しく動作するモデルを生成させるといったものが含まれます。

多くの組織では、データアナリストが、データの収集、変換、特徴量エンジニアリングなど、MLEのタスクの一部を行っています。一方、機械学習エンジニアは多くの場合、学習アルゴリズムの選択、ハイパーパラメータのチューニング、モデルの評価など、データ分析タスクの一部を行います。

機械学習のプロジェクトは、一般的なソフトウェアエンジニアリングのプロジェクトとは異なります。従来のソフトウェアでは、プログラムの動作は決定論的であることが多いのですが、機械学習アプリケーションでは、モデルの動作が時間の経過とともに劣化したり、異常な動作をすることがあります。このような異常な動作の原因には、入力データが根本的に変化した、特徴量抽出器が更新されて値の分布や種類が変わったなど、さまざまな理由が考えられます。機械学習システムはよく「静かに機能しなくなる」と言われます。機械学習エンジニアは、このような機能不全を防ぐ能力や、完全に防ぐことができない場合には、機能不全を検出して対処する方法を知っている必要があるのです。

1.7 機械学習プロジェクトのライフサイクル

機械学習プロジェクトは、ビジネスの目的を理解することから始まります。通常、ビジネスアナリストは、クライアント[12]やデータアナリストと協力して、ビジネス上の課題をエンジニアリングプロジェクトに変換します。このエンジニアリングプロジェクトには、機械学習の部分が含まれる場合とない場合があるでしょう。本書では、もちろん、機械学習を含むエンジニアリングプロジェクトを扱っていきます。

エンジニアリングプロジェクトが定義されると、ここからが、機械学習エンジニアリング

---

[11] Pythonの多くの計算モジュールなどは、実際には高速なC/C++で実装されています。しかし、そうであっても、データアナリストが自分で書いたPythonコードは遅いでしょう。

[12] 機械学習プロジェクトが、会社が開発・販売する製品で使われたり、サポートするものであれば、ビジネスアナリストはその製品開発責任者と協力し連携する必要があります。

の領域になります。一般的なエンジニアリングプロジェクトの範囲では、機械学習はまず明確に定義された**目標**を持つ必要があります。機械学習の目標とは、統計モデルが入力として何を受け取るか、出力として何を生成するか、許容できる（または許容できない）モデルの動作の基準を明確にしたものです。

　機械学習の目標は、必ずしもビジネス上の目的と同じである必要はありません。ビジネス上の目的とは、その会社が成し遂げたいことです。例えば、Gmailを提供しているGoogleのビジネス上の目的は、Gmailを世界で最も使われているメールサービスにすることでしょう。Googleは、そのビジネス上の目的を達成するために、複数の機械学習エンジニアリングプロジェクトを立ち上げるかもしれません。そのような機械学習プロジェクト中の1つのプロジェクトの目標は、90%以上の精度で重要なメールと広告メールの区別ができるようにすることかもしれません。

　機械学習プロジェクトのライフサイクルは、図1.4に示すように、次のステージで構成されています。

　1）目標の定義、2）データの収集と準備、3）特徴量エンジニアリング、4）モデルの訓練、5）モデルの評価、6）モデルのデプロイ、7）モデルの運用、8）モデルの監視、9）モデルの保守、です。

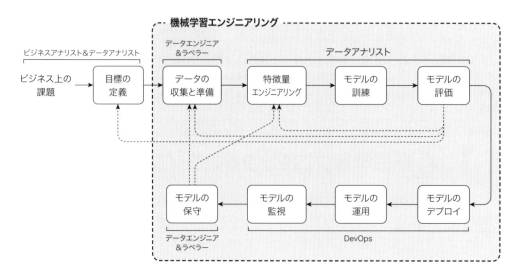

図1.4：機械学習プロジェクトのライフサイクル

　図1.4では、機械学習エンジニアリングの範囲（および本書の範囲）は、グレーで示されています。実線の矢印は、プロジェクトの各ステージの典型的な流れを示しています。破線の矢印は、いくつかのステージで、

　（1）そのプロセスに戻る、（2）よりたくさんのデータを収集するか、異なるデータを収集

する、(3) 特徴量を修正する（一部を廃止して、新しい特徴量をエンジニアリングする）という決定ができることを示しています。

　各ステージは、本書の以降の章で説明しますが、その前に、機械学習プロジェクトの優先順位をどのように付けるか、プロジェクトの目標をどのように定義するか、機械学習チームをどのように構成するかについて説明します。次の章では、この3つの質問に答えます。

1.8 まとめ

　モデルベースの機械学習アルゴリズムは、訓練データを入力とし、モデルを出力します。インスタンスベースの機械学習アルゴリズムは、訓練データセット全体をモデルとして使用します。訓練データは機械学習アルゴリズムの訓練で使用しますが、ホールドアウトデータでは訓練しません。

　教師あり学習アルゴリズムは、特徴量ベクトルを入力とし、その特徴量ベクトルに関する予測を出力するモデルを作成します。教師なし学習アルゴリズムは、特徴量ベクトルを入力として受け取り、それを何か役に立つものに変換するモデルを構築します。

　分類とは、入力されたデータに対して、有限個のクラスからなる集合の要素の1つを予測する問題です。一方、回帰は、ターゲットとする数値を予測する問題です。

　データは直接的もしくは間接的に使用されます。直接的に使用されるデータは、訓練用のデータセットを作成するベースとなり、間接的に利用されるデータは、訓練用のデータセットを充実させるのに利用されます。

　機械学習用のデータは整然データでなければなりません。整然データから成るデータセットとは、各行がデータで、各列がデータの持つ属性から成るスプレッドシートと見ることができます。整然データであることに加えて、ほとんどの機械学習アルゴリズムは、カテゴリーデータではなく、数値データを必要とします。特徴量エンジニアリングとは、データを機械学習アルゴリズムが利用できる形に変換するプロセスのことです。

　ベースラインは、モデルが単純なヒューリスティックな手法よりもより良いことを確認するために不可欠なものです。実際には、機械学習は、データ変換をつなぎ合わせたステージから成るパイプラインとして実装され、データ変換には、データの分割から欠損データの除去、クラスの不均衡と次元の削減、モデルの訓練までが含まれます。パイプライン全体のハイパーパラメータは最適化されており、パイプライン全体をデプロイして予測に使用することができます。

　モデルのパラメータは、訓練データをもとに、学習アルゴリズムによって最適化されます。ハイパーパラメータの値は、学習アルゴリズムでは習得できないため、検証データセットでチューニングされます。テストデータセットは、モデルの性能を評価し、クライアントや製品の開発責任者に報告する際に使用されます。

浅い学習アルゴリズムは、入力された特徴量から直接、予測を行うモデルを学習します。深い学習アルゴリズムは、多層構造のモデルを訓練します。このモデルでは、各層が前の層の出力を入力として自分の出力を生成します。

ビジネス上の課題を解決する際に機械学習の使用を検討すべきなのは次の場合です。課題が複雑すぎてコーディングできない場合、課題が常に変化している場合、知覚が関連する課題である場合、未知の課題である場合、課題の目的がシンプルである場合、費用対効果が高い場合です。

機械学習を使用すべきではないと思われる状況は数多くあります。例えば、説明可能性が必要な場合、予測エラーが容認できない場合、従来のソフトウェアエンジニアリングの方がコストがかからない場合、すべての入力と出力を列挙してデータベースに保存できる場合、データの入手が困難な場合やコストがかかりすぎる場合など、です。

機械学習エンジニアリング（MLE）とは、機械学習の持つ科学的な原理、ツール、技術、従来のソフトウェアエンジニアリングを用いて、複雑なコンピューティングシステムを設計・構築することです。MLEは、データ収集から、モデルの訓練、製品や消費者が使用できるモデルの作成まで、すべてのステージを含みます。

機械学習プロジェクトのライフサイクルは、次のステージで構成されています。

1）目標の定義、2）データの収集と準備、3）特徴量エンジニアリング、4）モデルの訓練、5）モデルの評価、6）モデルのデプロイ、7）モデルの運用、8）モデルの監視、9）モデルのメンテナンス、です。

本書のそれぞれの章で、これらのすべてのステージを扱います。

第**2**章

プロジェクトを始める前に

機械学習プロジェクトを開始する前に、優先順位を決める必要があります。優先順位付けは避けられません。チームや機器の能力は限られていますし、プロジェクトの作業リストは非常に長くなる可能性があるからです。

プロジェクトに優先順位をつけるためには、その複雑さを見積もる必要がありますが、機械学習では複雑さを正確に見積もることはほとんどできません。というのは、モデルに必要とされる品質が実際に実現できるかどうか、どのくらいのデータが必要で、どのような特徴量がどれくらい必要かなど、未知数がたくさんあるからです。

さらに、機械学習プロジェクトには、明確な目標が必要です。プロジェクトの目標に基づいてこそ、チームを適切に調整し、リソースを供給することができます。

本章では、機械学習プロジェクトを開始する前に注意しなければならないこれらの作業や関連する作業について説明します。

2.1 機械学習プロジェクトの優先順位付け

機械学習プロジェクトの優先順位を決める際に重要なのは、効果とコストです。

2.1.1 機械学習の効果

一般的なエンジニアリングプロジェクトで機械学習を使用した場合に効果が高まるのは、1）そのエンジニアリングプロジェクトの複雑な部分を機械学習で置き換えることができる場合や、2）安価に（しかしおそらく不完全な）予測を得ることに大きなメリットがある場合です。

例えば、既存のシステムにおける複雑な部分は、ルールベースである可能性があり、たくさんの入れ子になったルールや例外を持っています。このようなシステムを構築し維持することは、非常に難しく、時間がかかり、エラーが発生しやすくもあります。また、そのようなシステムのメンテナンスを頼まれたソフトウェアエンジニアにとっても、大きなフラストレーションの原因となるでしょう。ルールをプログラミングするのではなく、学習することはできそうですか？　既存システムを使って、簡単にラベル付けされたデータを生成できそ

うですか？　もしそれらが可能であれば、そのような機械学習プロジェクトは、高い効果を持ち、低コストで実現できるでしょう。

　不完全であっても安価な予測は、例えば、大量のリクエストを自動的に振り分けるシステムでは価値があります。ここで、そのようなリクエストの大半は「簡単」で、既存のシステムですぐに解決できるとします。残りのリクエストは「難しい」と考えられ、手動で対処しなければなりません。

　機械学習ベースのシステムが「簡単な」タスクを認識して既存のシステムに振り分けることで、人間の労力と時間を難しいリクエストだけに集中させることができ大幅に時間を節約することができます。この振り分け処理が予測を間違えたとしても、難しいリクエストは既存のシステムに届くのでシステムの処理が失敗し最終的に人間がそのリクエストを受け取ることになります。人間が誤って簡単なリクエストを受け取ったとしても、問題はありません。その簡単なリクエストは、再度既存のシステムに送られるか、人間によって処理されるからです。

2.1.2 機械学習のコスト

　機械学習プロジェクトのコストには、次の3つの要因が大きく影響します。

- 課題の難しさ
- データのコスト
- 求められる精度

　適切なデータを適切な量で入手するのは非常にコストがかかる可能性があります。特に、手作業でのラベル付けが必要な場合はそうです。また、モデルに高い精度が求められると、より多くのデータが必要になったり、より複雑なモデル（独自の**アーキテクチャ**を持つ深層ニューラルネットワークのや手間のかかる**アンサンブル**学習など）で訓練する必要が出てきます。

　課題の難易度を考えるときは、主に以下を考慮してください。

- その課題を解くことができる実装済みのアルゴリズムやソフトウェアライブラリがあるかどうか（あれば、課題は大幅に簡易化されます）。
- モデルの構築や、本番環境で実行するのに、大量の計算能力が必要かどうか。

　コストの2つ目の要因はデータです。次のような点を考慮する必要があります。

- データは自動的に生成できるか（可能であれば、課題は大幅に簡易化されます）。
- **アノテーション**（データに手動でラベルを付けること）にかかるコストはどのくらいか。
- データはどれぐらい必要か（通常、事前に知ることはできませんが、論文などの発表結果やこれまでの経験から推定することができます）。

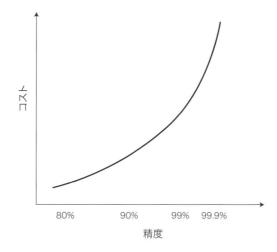

図2.1：必要とされる精度の関数としてのコストは超線形的に増加する

　最後に、最も影響力のあるコスト要因の1つは、モデルに必要とされる精度です。機械学習プロジェクトのコストは、図2.1に示されるように、必要とされる精度に応じて超線形的に増加します。また、精度が低いと、モデルをデプロイしても大きな損失の原因となるだけです。考慮すべき点は以下です。

- 予測を誤った場合のコストはどの程度か？
- 精度がどれくらいまで下がるとモデルが使い物にならなくなるか？

2.2　機械学習プロジェクトの複雑さの推定

　機械学習プロジェクトの複雑さを推定するのに標準的な方法はなく、これまでに行われたプロジェクトや、論文や文献で報告されている方法と比較する以外にありません。

2.2.1　答えの分からない問題

　過去に似たようなプロジェクトに携わったことがあったり、そのようなプロジェクトについて書かれたものを読んだことでもないと、（自信を持って）答えられないような問題があります。そのような問題には以下があります。

- 求められる品質が実際に達成できるかどうか
- 求められる品質に到達するためには、どれだけのデータが必要か

- モデルを十分に学習・汎化させるには、どのような特徴量がどれだけ必要か

- モデルはどのくらいの大きさにすべきか（特にニューラルネットワークやアンサンブル手法の場合）

- 1つのモデルを訓練するのにどれくらい時間（言い換えれば、1つの**実験**を行うのに必要な時間）がかかるか、望ましい性能に到達するために必要な実験回数は何回か

　ほぼ確実に言えることは、要求されるモデルの**正解率**（第5章5.5節で検討する一般的なモデル品質指標の1つ）が99%以上だと、ラベル付けされたデータが足りないというやっかいな問題が発生することが予想されることです。課題によっては、95%の精度でさえ達成するのが非常に難しい場合があります（ここではもちろん、データのバランスがとれている、つまりクラス間の不均衡がないとしています。**クラス間の不均衡**については、次章の3.9節で説明します）。

　もう1つ参考になる有用な情報は、人間がやった場合にそのタスクに対してどれくらいの性能を出すか、です。これは、みなさんが人間と同じような精度をモデルに出させたい場合には通常、難しい問題になります。

2.2.2 課題を単純化する

　経験に基づいた推測を行う1つの方法は、課題を単純化し、単純化した課題を最初に解いてみることです。例えば、文書を1000トピックに分類するという課題があるとします。まず10個のトピックに注目し、それ以外の990個のトピックに属する文書を「その他」とみなして、パイロットプロジェクトを行います[1]。この11個のクラス（10個のトピックと「その他」）に対してデータを手動でラベル付けします。人間にとっては、1000個のトピックの違いを覚えるよりも、10個のトピックの定義だけを覚えておく方がはるかに簡単だという前提です[2]。

　課題を単純化して11クラスにしたら、実際に解いてみて、各ステージにかかった時間を計測してみてください。11クラスの課題が解けることがわかれば、1000クラスの課題も解けるのではないかという期待が持てます。このようにして計測したデータをもとに、元の課題を解くのに必要な時間を見積もることができますが、この時間を単純に100倍するだけでは正確な見積もりにはなりません。より多くのクラスを識別できるようになるために必要なデータの量は、通常、クラスの数に応じて超線形的に増加するからです。

　潜在的に複雑な課題をより単純な課題にする別の方法として、データの自然な切れ目を利

---

[1] 990個のクラスに属するデータを1つのクラスに入れると、非常にバランスの悪いデータセットになります。そのような場合は、「その他」というクラスのデータをアンダーサンプリングしてください。データのアンダーサンプリングについては、次章の3.9節で説明します。

[2] さらに時間を節約するためには、ラベルのない文書全体にクラスタリングを適用し、1、もしくは2〜3のクラスタに属する文書だけに手動でラベルを付けるようにします。

用して、課題をいくつかの単純な課題に分割する方法があります。例えば、ある会社が複数の場所に顧客を抱えているとします。これらの顧客に関する何かを予測するモデルを訓練したい場合、1つの場所、または特定の年齢層の顧客だけを対象にして、その課題を解いてみてください。

2.2.3 進捗は非線形

　機械学習プロジェクトの進み具合は非線形です。予測誤差は通常、最初のうちは急速に減少しますが、その後は徐々に進捗が悪くなります[3]。時には、進捗が見られず、関連する可能性のある外部のデータベースや知識ベースから特徴量を追加する必要があることもあります。新しい特徴量を用意している間や、データのラベル付けを行っている間（またはこの作業を外部に委託している間）、モデルの性能は全く向上しません。

　このように進捗が非線形であるため、製品の開発責任者（やクライアント）に制約とリスクを理解してもらう必要があります。すべての作業を丁寧に記録し、かかった時間を確認します。これは、報告書を作成するときだけでなく、将来の同じようなプロジェクトを行う場合の複雑さの見積もりにも役立ちます。

2.3 機械学習プロジェクトの目標を定義する

　機械学習プロジェクトの目標は、ビジネス上の課題を解決する、または解決を手助けするモデルを構築することです。このプロジェクトでは、モデルはブラックボックスとみなされ、入力と出力の構造と（予測の精度や他の性能指標で測定される）最小許容レベルの性能だけが書かれたものになることがよくあります。

2.3.1 モデルができること

　このようなモデルは通常、何らかの目的を果たすシステムの一部として使用されます。特に、機械学習のモデルはより大きなシステム全体の中で用いられ、以下のことを行わせることができます。

- 自動処理（例えば、ユーザに代わって何かを行ったり、サーバー上で特定のアクティビティを開始または停止したりする）
- 警告や催促（例えば、アクションを取るべきかどうかをユーザに問い合わせたり、トラ

---

[3] 「80/20の法則」という言葉があります。80/20の法則とは、「80%の進歩は、最初の20%の資源を使って達成される」というものです。

フィックが疑わしいと思われる場合にシステム管理者に警告したりする)

- 整理。ユーザにとって有用と思われる順序項目を提示する (例: 写真や文書を、問い合わせとの類似性の高い順に並べたり、ユーザの好みに応じて並べたりする)
- アノテーション (例えば、表示された情報に関連するアノテーションを追加したり、ユーザのタスクに関連する単語を文書内で強調して表示したりする)
- 抽出 (例えば、文書中の固有名詞、会社、場所などの名前の付いた項目など、より大きな入力データの中から関連する小さな情報を検出する)
- 推薦 (例えば、大規模なコレクションの中からアイテムの内容や過去の推薦に対するユーザの反応に基づいて、関連性の高いアイテムを検出し、ユーザに提示する)
- 分類 (例えば、入力されたサンプルを、あらかじめ名前のつけられた1つ以上のグループ分類する)
- 定量化 (例えば、家などの対象物に価格などの数字を割り当てる)
- 合成 (例えば、新しいテキスト、画像、音声などの対象物に類似した別の対象物を生成する)
- 質問への回答 (例えば、「このテキストはその画像を説明していますか」や「この2つの画像は似ていますか」など)
- 入力の変換 (例えば、可視化処理のために次元を下げる、長い文章を短い要約に言い換える、文章を別の言語に翻訳する、画像にフィルタを適用して画像を増やすなど)
- 新しいものや異常なものの検出

機械学習で解決可能なビジネス上の課題のほとんどすべては、上記のリストのような形で定義することができます。ビジネス上の課題をこのような形で定義できない場合は、機械学習が最適なソリューションではない可能性があります。

2.3.2 成功するモデルの特性

成功するモデルには、以下の4つの特性があります。

- 入力と出力の仕様、および性能要件を満たしている
- 会社に利益をもたらす (コスト削減、売上・利益の増加などで計測される)
- ユーザの役に立つ (生産性、繋がり、消費で計測される)
- 科学的な厳密さを持つ

科学的に厳密なモデルは、(訓練に使用したデータに似た入力データに対して) 予測可能な動作をし、再現性があるという特徴があります。前者の性質 (予測可能性) とは、入力された特徴量ベクトルが訓練データと同じ分布から取り出されたものである場合、モデルが間違

う割合は平均して、モデルを訓練したときにホールドアウトデータで計測されたものと同じだということを意味します。後者の性質（再現性）とは、同じアルゴリズムとハイパーパラメータの値を用いて、同じ訓練データから類似の性質を持つモデルを再度簡単に構築できることを意味します。「簡単に」という言葉は、モデルを再構築するために、分析、ラベル付け、コーディングなどの追加作業の必要がないことを意味しています。

　機械学習の目標を定義する際には、正しい課題を解決するようにしてください。誤って定義された目標の例を示しましょう。顧客が猫と犬を飼っていて、猫を家に入れ、犬を外に出さないシステムを必要としているとします。みなさんは、猫と犬を区別するようにモデルを訓練しようとするかもしれません。しかし、このモデルは、自分の猫だけでなく、どんな猫でも家に入れるようにしてしまいます。そうではなく、この顧客は2匹の動物しか飼っていないので、その2匹を区別するモデルを訓練することにした方がよいでしょう。この場合、分類モデルは2クラスなので、アライグマは犬と猫のどちらかに分類されます。猫に分類された場合は、家の中に入れることになります [4]。

　機械学習プロジェクトの目標を1つに絞るのは難しいことです。通常、会社内には、プロジェクトに関心を持つステークホルダーが複数存在します。明らかなステークホルダーは、製品の開発責任を持つ社長です。彼らの目的は、ユーザがオンラインプラットフォームに費やす時間を少なくとも15%増加させることだとします。同時に、副社長は、広告収入を20%増やしたいと考えています。さらに、財務チームは、毎月のクラウドの費用を10%削減したいと考えています。機械学習プロジェクトの目標を定義する際には、これらの相反する可能性のある要求の適切なバランスを見つけ、それを元にモデルの入力と出力、**損失関数**、**性能指標**を選択する必要があります。

2.4 機械学習チームの構成方法

　機械学習チームの構成方法には、組織によって2つの文化があります。

2.4.1 2つの文化

　1つの文化は、機械学習チームは、データアナリストで構成され、データアナリストはソフトウェアエンジニアと密接に協力しなければならないというものです。このような文化では、ソフトウェアエンジニアは機械学習に関する深い専門知識を持つ必要はありませんが、データアナリストが使う専門用語を理解できる必要があります。

　もう1つの文化は、機械学習チームのすべてのエンジニアが、機械学習とソフトウェアエ

---

[4]　このように、分類問題に「その他」というクラスを設けることは、ほとんどの場合、良いアイデアなのです。

ンジニアリングのスキルの両方を兼ね備えていなければならないというものです。

　それぞれの文化には長所と短所があります。前者では、チームメンバーはそれぞれの領域の専門家でなければなりません。データアナリストは、たくさんの機械学習技術に精通し、理論を深く理解した専門家であり、ほとんどの課題に対して、迅速かつ最小限の労力で効果的な解決策を考え出します。同様に、ソフトウェアエンジニアは、さまざまなソフトウェアフレームワークを深く理解し、効率的で保守性の高いコードを書ける必要があります。

　後者の場合は、データサイエンティストとソフトウェアエンジニアリングチームとを統合するのが難しい場合があります。データサイエンティストは、自分の解決策が正確であることを重視するため、その解決策は、実用的ではなく、本番環境では効率的に実行できない場合がよくあります。また、データサイエンティストは通常、効率的で構造的に優れたコードを書かないため、それをソフトウェアエンジニアが実環境で使用するコードに書き直さなければなりません。プロジェクトにもよりますが、これは大変な作業となる場合があります。

2.4.2 機械学習チームのメンバー

　機械学習チームには、機械学習やソフトウェアエンジニアリングのスキルに加えて、データエンジニアリングの専門家（データエンジニアとも呼ばれる）やデータラベリングの専門家が加わることもあります。

　データエンジニアはETL（Extract, Transform, Load、抽出、変換、読み込み の略）処理を担当するソフトウェアエンジニアです。この3つのステップは、典型的なデータパイプラインの一部を構成します。データエンジニアはETL処理を用いて生データを自動的に分析可能なデータに変換するパイプラインを構築します。データエンジニアは、データを構造化したり、様々なリソースからのデータを統合する方法を設計します。データエンジニアは、データに対する問い合わせをオンデマンドで作成したり、頻繁に使用される問い合わせを高速なAPIに組み込んだりすることで、データアナリストや他のデータ利用者がデータに簡単にアクセスできるようにします。一般的に、データエンジニアは機械学習の知識は必要ありません。

　ほとんどの大企業では、データエンジニアは機械学習エンジニアとは別に、データエンジニアリングチームで働いています。

　データラベリングの専門家は、以下の4つの作業を担当します。

- ●データアナリストが提示した仕様に従って、ラベルのないデータに手動または半自動でラベルを付ける
- ●ラベリングツールの開発
- ●外注したラベリング作業者（ラベラー）の管理
- ●ラベル付けされたデータの品質の検証

ラベラー（labeler）とは、ラベリングされていないデータにラベルを付ける人のことです。また、大企業の場合、データラベリングの専門家は2〜3つの異なるチームに編成される場合があります。ラベラーからなるチームが1〜2チーム（ローカルに1チームとアウトソースに1チーム）と、ラベリングツールの構築を担当するソフトウェアエンジニアのチーム（ユーザエクスペリエンス（UX）スペシャリストを含む）です。

可能であれば、データサイエンティストやエンジニアと緊密に連携するために、ドメインエキスパート（内部領域専門家）を兼務させてください。モデルの入力、出力、特徴量などを決定する際には、ドメインエキスパートを参加させてください。彼らに、モデルが何を予測すべきかを聞いてみてください。みなさんがアクセスできるデータが、ある量を予測を可能にしたというだけでは、そのモデルがビジネスに役立つとは限らないのです。

ドメインエキスパートと話し合って、データから何が見つかれば特定のビジネス上の意思決定が行えるかを調べてください。これは、特徴量エンジニアリングで役に立ちます。また、顧客が何にお金を払っており、何が問題なのかも話し合ってください。これらは、ビジネス上の課題を機械学習の課題に変換するのに役立ちます。

最後に、**DevOps**（Development and Operations: 開発と運用）エンジニアがいます。彼らは機械学習エンジニアと密接に連携して業務を行い、モデルのリリース、読み込み、監視、臨時または定期的なモデルのメンテナンスを自動化してくれます。中小企業やスタートアップ企業では、DevOpsエンジニアが機械学習チームの一員であったり、機械学習エンジニアがDevOps作業の責任者であったりします。大企業では、機械学習プロジェクトに採用されたDevOpsエンジニアは、通常、より大きなDevOpsチームにも所属しています。一部の企業では、**MLOps**（DevOps + ML：Machine Learning、機械学習）エンジニアを導入しています。MLOpsエンジニアは、機械学習モデルを本番環境にデプロイしたり、モデルを更新したり、データ処理パイプライン（機械学習モデルを含む）を構築するのが仕事です。

2.5 機械学習プロジェクトが失敗する理由

2017年から2020年の間に行われた様々な試算によると、機械学習や高度な分析のプロジェクトの74%から87%が失敗するか、実務に至らないと言われています。失敗の理由は、組織的なものからエンジニアリング的なものまで様々です。この節では、その中でも最も影響の大きいものを説明しましょう。

2.5.1 経験者の不足

2020年現在、データサイエンスも機械学習エンジニアリングも比較的新しい分野です。それらを教える標準的な方法もありません。ほとんどの組織では、機械学習の専門家の採用方法

も、比較方法も分からないのです。市場に出ている人材のほとんどは、オンラインコースを修了した人たちで、実務経験はない人がほとんどです。かなりの割合を占めるのは、教室でトイデータセットを使って得た機械学習の表面的な専門知識を持っているだけの人です。ほとんどの人は、機械学習プロジェクトのライフサイクル全体を経験したことすらなく、一方、組織内に存在するソフトウェアエンジニアは経験豊富であっても、データや機械学習モデルを適切に扱うための専門知識を持っていないのです。

2.5.2 リーダーによるサポートの欠如

　前の2.4.1項の「2つの文化」で説明したように、データサイエンティストとソフトウェアエンジニアは、多くの場合、目標、動機、成功の基準が異なります。また、仕事の進め方も大きく異なります。典型的なアジャイル型組織では、ソフトウェアエンジニアリングチームは、期待される成果物が明確に定義され、不確実な要素がほとんどない状態で全力疾走で作業を行います。

　一方、データサイエンティストは不確実な要素が多い中で仕事をし、複数の試行錯誤を進めていきます。そのような試行錯誤のほとんどは成果に結びつかないため、リーダーの経験が浅いと進歩がないように見えてしまいます。また、モデルを訓練してデプロイしても、プロセス全体をやり直さなければならないこともあります。例えば、ビジネスが重視している指標が期待通りに良くならなかった場合です。この場合も、リーダーはデータサイエンティストの仕事を時間とリソースの無駄使いと認識するようになるでしょう。

　さらに、多くの組織では、データサイエンスや人工知能（AI）を担当するリーダー、特に副社長レベルのリーダーは、データサイエンティストでもなく、エンジニアでもありません。彼らはAIがどのように機能するかは知りませんし、知っていたとしても本やネットから得た非常に表面的で楽観的な理解しか持ちません。彼らは、技術的、人的に十分なリソースがあれば、どんな課題でもAIが短時間で解決してくれるというような考え方を持っている場合もあります。進捗が悪いと、簡単にデータサイエンティストを非難したり、関心を全く失って、AIは予測困難で不確実な結果をもたらす効果のないツールであると考えるようになったりします。

　多くの場合、この問題はデータサイエンティストが成果や何が難しいかを上層部に伝えられないことにあります。データサイエンティストと経営者の間には共通の用語がなく、技術的な専門知識のレベルも大きく異なるため、成功しても失敗したように見えてしまうのです。

　このため、成功している組織では、データサイエンティストはAIを普及させるスキルにも優れ、AIやアナリティクスを担当するトップレベルのマネージャーは、技術的または科学的なバックグラウンドを持っていることが多いのです。

2.5.3 データ基盤の欠如

データアナリストやデータサイエンティストは、データを使って仕事をします。機械学習プロジェクトが成功するためには、データの質が重要です。企業の保有するデータ基盤は、データアナリストが簡単な方法で訓練モデル用の質の高いデータが取り出せる必要があります。同時に、モデルが本番環境にデプロイされた後も、同様の品質のデータが利用可能でなければなりません。

しかし、実際にはそうなっていることはまれでしょう。データサイエンティストは、様々なスクリプトをその場その場で使って訓練用のデータを入手します。また、別のスクリプトやツールで様々なデータソースを組み合わせたりもします。モデルの準備ができると、今度は、本番環境のインフラでは、そのモデル用の入力データを十分な速度で（あるいは全く）生成できないことがわかったりします。データと特徴量の保存については、第3章と第4章で詳しく説明します。

2.5.4 データラベリングの課題

ほとんどの機械学習プロジェクトでは、データアナリストはラベル付きデータを使用します。このデータは通常特注であるため、ラベリングはプロジェクトごとに行われます。2019年現在、いくつかの報告書によると [5]、76％ものAIおよびデータサイエンスチームが独力で訓練データをラベリングし、63％が独自にラベリング、アノテーション用の自動化ツールを開発しています。

この結果、熟練したデータサイエンティストがデータのラベリングやラベリングツールの開発に費やす時間はかなりのものになります。これは、AIプロジェクトを効果的に遂行する際の大きな課題です。

一部の企業は、データラベリングをサードパーティに委託しています。しかし、適切な品質検証を行わないと、データのラベルが低品質であったり、全く間違っていたりすることがあります。データセット間で品質と一貫性を維持するためには、公式かつ標準された方法で社内やサードパーティのラベラーをトレーニングする必要があります。その結果、機械学習プロジェクトの進行が遅れる可能性があります。しかし、同じレポートによると、データのラベリング作業を外部委託している企業は、機械学習プロジェクトを**本稼働**にまで持って行ける可能性が高いという結果が出ています。

---

[5]　Alegion and Dimensional Research, "What data scientists tell us about AI model training today," 2019.

2.5.5 サイロ化した組織とコラボレーション不足

　機械学習プロジェクトに必要なデータは、多くの場合、企業内の異なる組織にあるだけでなく、所有者も異なり、セキュリティの制約があり、また、フォーマットも異なる形で存在しています。サイロ化した組織 (Siloed Organization)［訳注］では、それぞれのデータの責任者がお互いを知らない場合があります。信頼関係やコラボレーションが不足していると、ある部門が別の部門に保存されているデータへのアクセスを必要とする際に、摩擦が生じます。さらに、部署が異なると予算も異なり、コラボレーションが複雑になります。というのは、どの部署も自分の予算を他の部署のためには使おうとはしないからです。

　組織の1つの部門内でも、機械学習プロジェクトには異なる段階で複数のチームが関わることがよくあります。例えば、データエンジニアリングチームはデータや個々の特徴量へのアクセス方法を提供し、データサイエンスチームはモデルの開発に取り組み、ETLやDevOpsエンジニアはデプロイやモニタリングを担当し、自動化ツールや内部ツールチームはモデルを継続的に更新するためのツールやプロセスを開発します。これらのチーム間でのコラボレーションが十分でないと、プロジェクトが長期にわたって止まってしまう可能性があります。チーム間で不信感が発生する理由には、データサイエンティストが使用しているツールや手法をエンジニアが理解していないことや、ソフトウェアエンジニアリングの優れた取り組みやデザインパターンをデータサイエンティストがよく分かっていない（あるいは明らかに知らない）ことがあります。

2.5.6 技術的に実現不可能なプロジェクト

　多くの機械学習プロジェクトは（専門知識やインフラストラクチャーに）高いコストがかかるため、組織によっては「投資を回収する」ために、無謀な目標を設定することがあります。例えば、組織や製品を全く異なるものに変容させることや、非現実的な利益や投資を生み出すことなどです。このような場合、複数のチーム、部門、サードパーティが連携する非常に大規模なプロジェクトになり、チームの限界を越えてしまいます。

　その結果、このようなプロジェクトは、完了までに数ヶ月から数年かかることもあり、リーダーやデータサイエンティストなどの主要なメンバーがプロジェクトへの関心を失い、組織を去ってしまうこともあります。また、プロジェクトの優先順位が下がったり、完成しても市場に出るのに時間がかかったりする可能性もあります。少なくとも初期の段階では、達成可能なプロジェクトに集中するのがベストです。チーム間のコラボレーションが簡単で、スコープの設定が容易で、シンプルなビジネス目標をターゲットにしたプロジェクトです。

［訳注］　ここでは組織が縦割り構造で、部門ごとに自己完結し連携していないような状態。

2.5.7 技術チームとビジネスチームとの整合性の不足

多くの機械学習プロジェクトは、技術チームがビジネス上の目的を明確に理解していない状態で始まってしまいます。データサイエンティストは通常、課題を技術的な目標（高い正解率や低い平均二乗誤差、など）を持つ分類や回帰の問題にしてしまいがちです。ビジネスチームがビジネスの目的（クリック率の向上やユーザ維持率の向上など）の達成状況を継続的にフィードバックしておかないと、多くの場合、データサイエンティストは（技術的な目標に基づいて）初期レベルのモデルの性能までは実現するのですが、その後、自分たちの行っていることは役に立つのかや、さらに労力をさいていくべきかどうかがわからなくなってしまいます。このような状況では、プロジェクトは結局棚上げされてしまうのです。時間とリソースを費やしたにもかかわらず、その成果がビジネスチームに必要なものではないからです。

2.6 まとめ

機械学習プロジェクトを始める前に、優先順位を決め、プロジェクトに取り組むチームをつくる必要があります。機械学習プロジェクトの優先順位を決める際に考慮すべき点は、効果とコストです。

機械学習を使った場合に効果が高いのは、1）機械学習がエンジニアリングプロジェクトの複雑な部分を置き換えることができる、2）（完璧でなくとも）安価に予測が得られることに大きなメリットがある、などの場合です。

機械学習プロジェクトのコストは、3つの要素に大きく影響されます。1）問題の難易度、2）データのコスト、3）必要なモデルの性能です。機械学習プロジェクトがどれだけ複雑かを推定する標準的な方法はなく、これまでに会社が行った他のプロジェクトや文献で報告されているものと比較するくらいしかできません。また、目標とする性能がそのモデルで実際に達成できるかどうか、その性能レベルに到達するためにはどれだけのデータが必要か、どのような特徴量がどれだけ必要か、モデルの規模はどれくらいにすべきか、求められる性能レベルに到達するために実験を行う場合、1回の実験にどれだけの時間がかかり、どれだけの実験が必要かなど、推測することがほとんど不可能な問題もあります。

このような推測をより根拠のあるものにする1つの方法は、問題を単純化して、よりシンプルな問題を解いてみることです。

機械学習プロジェクトの進捗は非線形的です。通常、最初のうちは誤差が急速に減少しますが、その後は精度の向上に時間がかかるようになります。このため、クライアントに制約やリスクを理解してもらった方が良いでしょう。すべての作業を丁寧に記録し、かかった時間をチェックしてください。これは報告の際だけでなく、将来的に同様のプロジェクトの複

雑さを見積もる際にも役立ちます。

　機械学習プロジェクトの目標は、何らかのビジネス上課題題を解決するモデルを構築することです。具体的には、このようなモデルは、幅広いシステムの中で使用することができ、自動化、警告や催促、構造化、アノテーション、抽出、推奨、分類、定量化、合成、質問への回答、入力データの変換、新規性や異常性の検出などを行わせることができます。機械学習の目標がこれらに当てはまらない場合は、おそらく最適なソリューションではないでしょう。

　成功するモデルとは、1）入出力の仕様と最低限の性能要件を満たし、2）組織とユーザにメリットをもたらし、3）科学的に厳密なものです。

　機械学習チームの構成は、組織によって2つの文化があります。1つは、機械学習チームは、ソフトウェアエンジニアと密接に協力するデータアナリストで構成するというものです。このような文化では、ソフトウェアエンジニアは機械学習に関する深い専門知識を持つ必要はありませんが、データアナリストやデータサイエンティストが使う専門用語を理解する必要があります。もう1つの文化は、機械学習チームのすべてのエンジニアは、機械学習とソフトウェアエンジニアリングのスキルを兼ね備えている必要があるというものです。

　機械学習とソフトウェアエンジニアリングのスキルを持っているメンバー以外に、機械学習チームにはデータラベリングの専門家やデータエンジニアリングの専門家が含まれることもあります。DevOpsエンジニアは機械学習エンジニアと密接に連携し、モデルのリリース、読み込み、監視、および臨時または定期的なモデルのメンテナンスの自動化を担当します。

　機械学習プロジェクトは様々な理由で失敗する可能性があり、実際にほとんどが失敗しています。典型的な失敗の理由には以下があります。

- 経験豊富な人材の不足
- リーダーによるサポートの不足
- データ基盤の欠如
- データのラベリングの問題
- サイロ化した組織とコラボレーションの不足
- 技術的に実現不可能なプロジェクト
- 技術チームとビジネスチームの連携の不足

第**3**章

データの収集と準備

どのような機械学習プロジェクトであっても、開始する前に、データを収集して準備をしておく必要があります。利用できるデータは必ずしも「正しい」ものではありませんし、必ずしも機械学習アルゴリズムでそのまま利用できる形をしていません。本章では、機械学習の第2ステージであるデータ収集と準備に焦点を当てます。

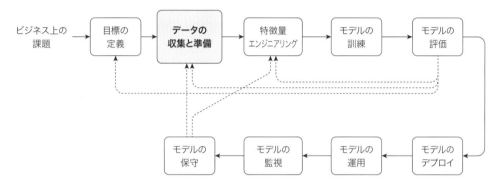

図3.1：機械学習プロジェクトのライフサイクル

本章では、特に、良質なデータが持つ特性、データセットが持つ典型的な問題、機械学習のためのデータの準備と保存の方法について 機械学習のためのデータの準備と保管方法について説明します

3.1 データに関する質問

機械学習の目標を明確化し、モデルの入力、出力、目標が達成できたかを判断する成功基準が明確に定義できたら、モデルの訓練に必要なデータの収集を始めることができます。しかし、データの収集を始める前に、いくつかチェックすべき項目があります。

3.1.1 データへのアクセスは可能か?

　みなさんが必要とするデータはすでにありますか?　ある場合、それは（物理的、契約的、倫理的、コストの観点から）アクセス可能ですか?　他からデータを購入したり、再利用する場合、そのデータがどのように使われたり、共有されるかを考慮しましたか?　データを所有する会社と新しいライセンスを契約する必要がありますか?

　データがアクセス可能な場合、そのデータは著作権などの法律で保護されていますか?　保護されている場合、そのデータの著作権は誰が所有しているかを確認しましたか?　共有著作権になっていませんか?

　そのデータは機密性が高いものですか（例：組織のプロジェクト、顧客、パートナーに関するデータや政府によって機密扱いにされているデータ）?　プライバシーの問題が発生する可能性がありますか?　みなさんが収集したデータを回答した人と、データ共有についての話し合いは終わっていますか?　個人情報を長期的に保存し、将来的に利用することは可能ですか?

　モデルとデータを一緒に保持する必要がありますか?　その場合、モデルの所有者や回答者から書面による同意を得る必要がありますか?

　データを分析したり共有できるように、**個人を特定できる情報（PII、Personally Identifiable Information）**を削除するなど、データの匿名化 [1] が必要ですか?

　必要なデータを入手することが物理的に可能であっても、上記の質問がすべて解決されるまでは、そのデータを使用しないことをお勧めします。

3.1.2 データのサイズは十分か?

　みなさんが本当に知りたいのは、データが十分にあるかどうかでしょう。しかし、すでに述べたように、特にモデルが最低限持つべき品質要求が厳しい場合、通常、その目標を達成するのにどれだけのデータが必要なのかはわかりません。

　十分なデータがすぐに手に入るかどうかわからない場合は、新しいデータがどのくらいの頻度で得られる（生成される）かを調べてみてください。プロジェクトによっては、最初に入手できたデータで作業を始めることができ、特徴量エンジニアリング、モデルの開発など関連する技術的な課題に取り組んでいる間に、新しいデータが徐々に入ってくることもあります。新しいデータは、観測可能なプロセスや測定可能なプロセスの結果として自然に入ってくることもあれば、データラベリングの専門家やサードパーティのデータプロバイダから

---

[1]　分かりやすい例として、Twitterのコンテンツ再配布ポリシーが挙げられます。このポリシーでは、ツイートIDとユーザID以外のツイート情報の共有を制限しています。Twitter社は、データの利用者にTwitter APIを使用して常に新しいデータを取得してほしいのです。このような制限を設ける理由として考えられるのは、特定のツイートが炎上した場合、ユーザの気が変わりツイートを削除したいと思うことがあるからです。そのツイートがすでにダウンロードされており、パブリックドメインで共有されている場合、そのユーザは他の人から攻撃されやすくなるでしょう。

徐々に提供されることもあります。

このプロジェクトに必要な時間の見積もりを考えてみましょう。その時間内に十分なサイズのデータセット[2]を集めることができるのでしょうか？　似たようなプロジェクトに取り組んだ経験や、文献で報告されている結果に基づいて考えてみてください。

十分なデータを集められたかどうかを確認する方法として、学習曲線をプロットする方法があります。具体的には、図3.2に示すように、訓練データの数を変えて、学習アルゴリズムの訓練時のスコアと検証時のスコアをプロットしてみます。

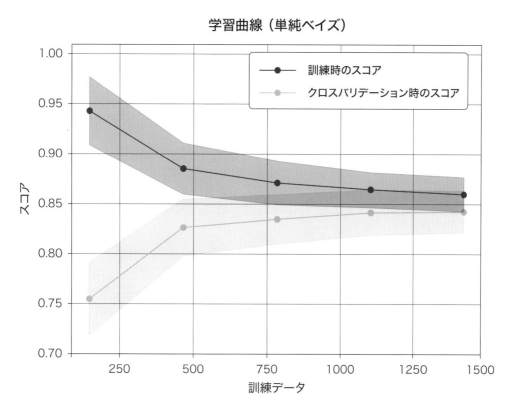

図3.2：scikit-learnの標準的な手書き数字のデータセットに適用したナイーブベイズによる学習アルゴリズムの学習曲線

この学習曲線を見ると、訓練データの数がある一定の数に達すると、モデルの性能が頭打ちになることがわかります。その数に達すると、訓練データを増やしても効果が薄れはじめるのです。

---

[2]　見積もりの際に忘れてはならないのは、訓練データだけでなく、ホールドアウトデータも必要だということです。ホールドアウトデータは、訓練で用いなかったデータでのモデルの性能を検証するためのものです。統計的な意味で信頼性の高いモデル品質を推定するには、ホールドアウトデータの量も大きくなければなりません。

学習アルゴリズムの性能が頭打ちになりはじめるということは、これ以上データを集めて、モデルを訓練してもよくはならないということかもしれません。ここで「かもしれない」という表現を使ったのは、これには別の2つの説明が可能だからです。

- 特徴量が学習アルゴリズムがより性能の高いモデルを構築するのに十分な情報量を持っていなかった。
- 手持ちのデータでは十分に複雑なモデルを訓練することができないような学習アルゴリズムを用いていた。

　前者の場合、既存の特徴量をうまく組み合わせて新しい特徴量を作ったり、間接的なデータソース（ルックアップテーブルや地理データベースなど）からの情報を利用することが考えられます。特徴量を作成する方法については、第4章の4.6節で説明します。

　後者の場合には、アンサンブル学習を使ったり、深層ニューラルネットワークで訓練を行うことなどが考えられます。しかし、深層ニューラルネットワークは、浅い学習アルゴリズムに比べて、訓練データがよりたくさん必要になります。

　経験則を用いて、ある課題に必要な訓練データ数を推定している人もいます。通常は、次のいずれかに適用される倍率です。

- 特徴量の数
- クラスの数
- モデルが持つ訓練対象となるパラメータの数

　このような経験則は多くの場合有効ですが、問題領域が異なると経験則も異なります。データアナリストは経験に基づいてこれらの数値を調整します。みなさんは、自分に合った「魔法のような」倍率を経験から見つけ出すことになりますが、様々なオンラインの情報源で最も頻繁に引用されている数字には以下があります。

- 特徴量数の10倍（これは訓練セットのサイズを実際に必要なものよりも多くしてしまうことも多いですが、上限としては問題ありません）。
- クラス数の100または1000倍（これはデータセットのサイズを過小評価することがよくあります）。
- 訓練対象パラメータ数の10倍（通常、ニューラルネットワークに適用されます）。

　なお、ビッグデータがあるからといって、そのすべてを使うべきではないことに注意してください。ビッグデータから取り出した小さなサンプルを利用することで、実際には良い結果が得られ、より良いモデルの探索を加速させることができます。ただし重要なのは、使用

しているデータがビッグデータ全体を代表しているかどうかを確認することです。**層化サンプリング**や**等間隔サンプリング**などのサンプリング手法は、より良い結果が得られます。データサンプリング手法については、3.10節で説明します。

3.1.3 データは使い物になるか?

データの品質は、モデルの性能に影響を与える主要な要因の1つです。例えば、人の名前からその人の性別を予測するモデルを訓練したいとします。性別情報を含むデータセットを入手できる場合もあるでしょう。しかし、このデータセットをやみくもに使うと、いくらモデルの品質を高めても、新しいデータに対する予測性能が低くなる場合があります。その理由は何なのでしょうか?

答えは、性別の情報が、実際のデータではなく、品質の低い統計的分類器を使って得られた推定値である場合などです。この場合、そのモデルは、その低品質の分類器の性能くらいの性能しか達成できないでしょう。

データセットがスプレッドシートの形で提供されている場合、最初に確認するのは、スプレッドシートのデータが整然データ（tidy data）であるかどうかです。冒頭で述べたように、機械学習に使用するデータセットは整然データでなければなりません。データがそうなっていなければ、すでに述べたように、特徴量エンジニアリングを使って整然データに変換する必要があります。

データセットは、**欠損値**が含まれる場合があります。欠損値を埋めるために、**データ補完**技術を検討してみてください。これについては、3.7節で説明します。

人間が集めたデータセットでよく起こる問題は、欠損値を9999や-1のような**マジックナンバー**で表すと勝手に決めていたりすることです。このような状況は、データの可視化分析で発見される必要があり、これらのマジックナンバーは、適切なデータ補完技術で置き換えられる必要があります。

データセットに**重複**が含まれているかどうかもチェックしてください。重複データは、通常削除されますが、**不均衡問題**のバランスをとるために意図的に追加した場合は別です。この問題と、それを軽減する方法については、3.9節で説明します。

データは有効期限が**切れて**いたり、更新されていない場合があります。例えば、みなさんの目標が、プリンタのような複雑な電子機器の動作の異常を検知するモデルを訓練することだとします。プリンタの正常時と異常時の測定値があります。しかし、これらの測定値は一世代前のプリンタで記録されたものであり、最新のプリンタはその後何度も大幅に改良されています。このような旧世代のプリンタのデータを使って訓練されたモデルを、最新のプリンタで使用すると性能が低下するでしょう。

最後に、データが**不完全**であったり、対象とする現象を**表していない**場合があります。例えば、動物の写真のデータセットには、夏にしか撮影されていない写真や、特定の地域でしか

撮影されていない写真が含まれている可能性があります。自動運転車システムのための歩行者のデータセットは、エンジニアが歩行者を装って作成されているかもしれません。このようなデータセットには、ほとんどの場合、若い男性だけのデータしかなく、子供や女性、高齢者のデータはほとんどないか、全く存在しないでしょう。

　表情認識の研究を行っている企業では、研究開発のオフィスが白人の多い場所にあるため、データセットには白人の男性と女性の顔しかなく、黒人やアジア人はあまりありません。また、カメラの姿勢認識モデルを開発しているエンジニアは、顧客は通常、屋外でカメラを使用するにもかかわらず、訓練データセットは室内で人物を撮影したものを用いるかもしれません。

　実際には、データは前処理を経て初めてモデルの開発に利用できるようになります。そのため、モデルの開発を始める前にデータセットを可視化して分析することが重要です。例えば、ニュース記事のトピックを予測するという課題に取り組むとします。おそらく、みなさんはニュースサイトからデータを収集することになるでしょう。ニュース記事のテキストと同じ文書にダウンロードした日付も保存しがちです。また、データエンジニアが、そのウェブサイトで及われているニューストピックをループ処理で、1日に1つのトピックをスクレイピングすることにしたと想像してみてください。例えば、月曜日には芸術関連の記事、火曜日にはスポーツ関連の記事、水曜日には技術関連の記事、というようにです。

　このようなデータの場合、日付を削除するなどの前処理を行わないと、モデルが日付とトピックの相関性を学習してしまいます。このようなモデルは実用的ではありません。

3.1.4 データは理解可能か?

　性別予測の例で示したように、データセットの各属性がどこから来たのかを理解することは非常に重要です。また、各属性が正確に何を表しているかを理解することも同様に重要です。実際によく見られる問題として、予測しようとする変数が、特徴量ベクトルの中に含まれている場合があります。なぜそのようなことが起こるのでしょうか?

　ある住宅の価格を、寝室数、表面積、立地、建設年などの属性から予測する課題に取り組んでいるとします。各住宅の属性は、クライアントである大手オンライン不動産販売プラットフォームから提供されています。データはエクセルのスプレッドシートになっています。各列の分析にあまり時間をかけずに、属性から取引価格だけを取り出し、その値を予測学習の対象としたとします。みなさんは、すぐに、モデルがほぼ完璧であることに気がつきます。そのモデルをクライアントに納品し、クライアントはそれを本番環境で使いましたが、テストの結果、モデルはほとんどの場合間違っていることがわかりました。何が起こったのでしょうか?

　これは、**データ漏洩**(**ターゲット漏洩**とも呼ばれる)と呼ばれる現象です。データセットをよく調べてみると、スプレッドシートの列の1つに不動産業者の手数料が含まれていたの

です。モデルはこの属性を住宅価格に完璧に変換することを簡単に学習してしまったのです。しかし、手数料は販売価格に依存するため、住宅が販売される前の本番環境では、この情報は使えません。3.2.8節では、データ漏洩の問題をより詳しく説明します。

3.1.5 データは信頼できるか?

データセットの信頼性は、そのデータセットを集めるのに使われた手法によって変わります。ラベルは信頼できますか? データがMechanical Turk（いわゆるturkers：ターカー）[訳注] で作成されたものであれば、そのデータの信頼性は非常に低いかもしれません。場合によっては、特徴量ベクトルに割り当てられたラベルが、複数のターカーの多数決（や平均）で決められたものである可能性もあります。この場合には、そのデータはより信頼性が高いでしょう。しかし、データセットからランダムに小さなサンプルを取り出してみて品質を検証してみた方が良いでしょう。

一方、いくつかの測定器で測定されたデータの場合、各測定器の精度の詳細情報は、対応する測定器の技術資料に記載されています。

また、ラベルの信頼性は、ラベルの**遅延**や**間接性**（間接的なものかどうか）にも影響を受けます。ラベルが付与された特徴量ベクトルが、ラベルの観測時よりもかなり前に起こったことを表している場合、ラベルは遅延していると考えられます。

具体的に、**解約予測**（チャーン予測、churn prediction）問題を考えてみましょう。この場合、顧客を表す特徴量ベクトルがあり、その顧客が未来のある時点（通常は半年から1年後）で解約するかどうかを予測したいとします。特徴量ベクトルは、その顧客について現在分かっていることを表していますが、ラベル（「解約」または「契約中」）は将来割り当てられます。これは重要な特性です。というのも、現在と未来の間には、特徴量ベクトルに反映されていない多くのイベントが起こり、それが顧客の「契約中」または「解約」の決定に影響を与える可能性があるからです。したがって、遅延したラベルはデータの信頼性を低下させます。

ラベルが直接的か間接的かは、信頼性にも影響しますが、もちろん何を予測しようとしているかによっても異なります。例えば、ウェブサイトの訪問者があるウェブページに興味を持つかどうかを予測することが目標だとします。ユーザやウェブページに関する情報、特定のユーザが特定のウェブページに興味を持っているかどうかを示す 「興味あり」/「興味なし」 というラベル情報を含むデータセットを入手します。直接的なラベルは実際に興味があることを示しますが、間接的なラベルは **何らかの** 興味を持っていそうなことを示唆します。例えば、ユーザが「いいね！」ボタンを押した場合、直接的には興味を示していることになります。しかし、ユーザがリンクをクリックしただけであれば、何らかの関心を示す指標となり得ますが、それは間接的な指標です。ユーザが間違ってクリックしたのかもしれません

[訳注] 　Amazon Mechanical Turk　https://www.mturk.com/ Amazonによるラベリングなどのクラウドソーシングサービス

し、リンクテキストがクリックベイト[訳注]だったのかもしれません。確実なことはわからないのです。

　かを予測するには信頼性が低くなりますが、クリックの予測には信頼性の高いデータとなります。

　データの信頼性を低下させるもう1つの原因は、**フィードバックループ**です。フィードバックループとはシステム設計上の特性で、モデルを訓練するのに使用するデータが、そのモデル自身から得られたものである場合を指します。例えば、あるウェブサイトのユーザがそのコンテンツを気に入るかどうかを予測するという課題に取り組んでいて、クリック数という間接的なラベルしか持っていないとします。このモデルがすでにそのウェブサイトに導入されており、ユーザがそのモデルが勧めたリンクをクリックしたとします。この新しく得られたデータは、そのユーザのコンテンツへの関心だけでなく、モデルがどれだけ集中的にそのコンテンツを推奨したかを間接的に反映してしまいます。そのモデルが、ある特定のリンクが重要であり、たくさんのユーザに推奨する必要があると判断すると、そのリンクをクリックするユーザがさらに増える可能性が高くなります。このようなお勧めが数日から数週間の間に繰り返し行われた場合は特にそうです。

3.2 データの一般的な問題

　これまで見てきたように、使用するデータには問題がある場合があります。この節では、これらの問題のうち最も重要なものを挙げ、それを軽減するのに何ができるかを説明します。

3.2.1 高コスト

　ラベル付けされていないデータの入手にもコストはかかりますが、データのラベル付けは、特に手作業で行う場合、最もコストのかかる作業です。

　ラベル付けされていないデータを集める作業は、みなさんの扱っている課題に特化して収集する必要があるため、コストがかかる可能性があります。例えば、みなさんの目標が、ある都市のどこでどのような種類の商売が行われているかを知ることだとします。最も良い解決方法は、政府機関からこのデータを購入することです。しかし、様々な理由により、それは複雑な作業となり、入手が不可能な場合もあります。最新のデータを得るためには、カメラを搭載した車を街中に走らせる方法が考えられます。この車は、通りにあるすべての建物の写真を撮ってくれます。

　ご想像の通り、このような作業にはお金がかかります。建物の写真を集めるだけではすみま

[訳注]　バナー広告など意図的にページの内容とは関連性の乏しい内容を見せるなどしてユーザにクリックさせようとするリンク

せん。すべてのビルに、どのような商業施設が入っているかという情報が必要なのです。そのためには、「喫茶店」、「銀行」、「食料品店」、「ドラッグストア」、「ガソリンスタンド」などのラベルの付いたデータが必要です。これらは手作業で付けなければならず、その作業のために人を雇うと高くつきます。一方、Googleは、reCAPTCHAという無料のサービスで、ラベル付けをさまざまな人にアウトソーシングするうまい方法を持っています。reCAPTCHAは、ウェブ上のスパムを減らし、Googleにラベル付けされたデータを安価に提供するという2つの問題を解決しているのです。

元の写真 　　　　　　　　　　　　　　　ラベル付き写真

図3.3：ラベルのない空中写真とラベルの付いた空中写真。提供：Tom Fisk.

　図3.3から、1枚の画像にラベルを付けるのに必要な作業が分かります。ここでの目標は、「大型トラック」、「車または小型トラック」、「ボート」、「建物」、「コンテナ」、「その他」というラベルを各ピクセルに割り当て、画像をセグメンテーションすることです。図3.3の画像のラベル付けには、約30分かかりました。「バイク」、「木」、「道路」など、種類が増えればもっと時間がかかるでしょうし、その費用も増えることになるでしょう。

　良いラベリングツールを使うと、マウスの使用を最小限に抑え（マウスのクリックで作動するメニューなどで）、ホットキーを最大限に活用し、データにラベルを付ける作業のスピードを上げることで費用を削減してくれます。

　可能な限り、意思決定をはい/いいえの答えに縮退してください。「文章内で価格を表す数字をすべて見つけてください」と頼むのではなく、テキストからすべての数字を抽出して、それぞれの数字を1つずつ表示して、図3.4のように「この数字は価格ですか？」と尋ねるのです。ラベラーが「はっきりしない」をクリックした場合、このデータを保存し後で分析することもできますし、このようなデータをモデルの訓練に使わないようにすることもできるのです。

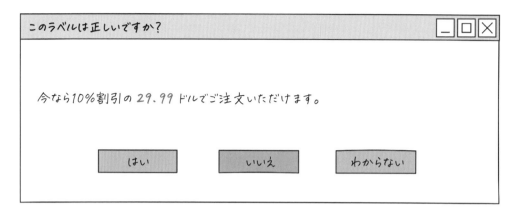

図**3.4**：シンプルなラベリングインターフェース

　ラベル付けを加速する1つの方法は、**誤りを含む事前ラベリング**です。これは、その時に手に入る最も良いモデルを使ってデータを事前にラベル付けする手法です。この場合は、ある量のデータを「ゼロから」（つまり、何もサポートを使用せずに）ラベル付けすることから始めます。次に、この最初のラベル付けされたデータセットを使って、適度に機能するモデルを作成します。次に、このモデルを使って、人間のラベラーの代わりに新しいデータにラベルを付け [3]、この自動的に割り当てられたラベルが正しいかどうかを尋ねるのです。ラベラーが「はい」をクリックした場合、そのデータを通常通り保存され、「いいえ」をクリックした場合は、手動でラベル付けするように依頼します。

　図 3.5のワークフローを見てください。優れたラベリングプロセス設計の目標は、ラベル付けをできる限り合理化することなのです。また、ラベラーを飽きさせないことも重要です。ラベル付けした数や、その時点の最も良いモデルの品質など進捗が分かるようにしてください。そうすることで、ラベラーを取り込み、ラベリングに目的を持たせることができるのです。

---

［3］　これが「誤りを含む」事前ラベリングと呼ばれる理由です。最適ではないモデルを使ってデータに割り当てられたラベルはすべて正しいとは限らず、人間による検証が必要なのです。

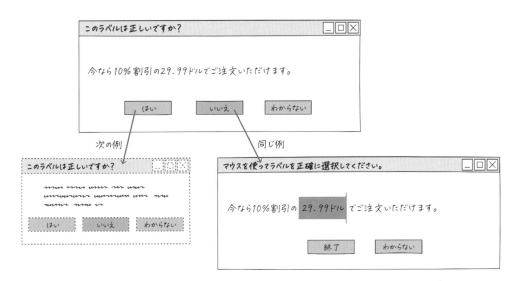

図3.5：誤りを含む事前ラベリングの作業の流れ

3.2.2 品質不良

　データの品質は、モデルの性能に影響を与える大きな要因の1つであることを忘れてはいけません。このことはいくら強調しても足りません。

　データの品質には、生データの品質とラベリングの品質という2つの要素があります。

　生データの一般的な問題としては、ノイズ、バイアス、予測能力の低さ、古い例、外れ値、漏洩などがあります。

3.2.3 ノイズ

　データの**ノイズ**とは、データが壊れていることです。画像はぼやけたり、不完全だったりします。テキストは、フォーマットが失われ、一部の単語がくっついていたり分割されたりします。音声データでは、背景にノイズが入ることがあります。世論調査の回答は、不完全であったり、回答者の年齢や性別などの属性が欠けていたりします。ノイズとは不規則に起こるプロセスで、多くの場合、データセット内の他のデータとは無関係に各データの質を下げるものです。

　整然データに属性の欠落がある場合、**データ補完**技術は、それらの属性の値を推測するのに役立ちます。データ補完技術については、3.7.1項で説明します。ぼやけた画像は、画像からぼかしを取るアルゴリズムを使用して先鋭にすることができますが、ニューラルネットワークなどの深層学習モデルは、先鋭化処理を学習することができます。オーディオデータのノイズについても同じことが言え、アルゴリズムで抑えることができます。

ノイズは、データセットが比較的小さい（数千以下）場合に問題となります。というのは、ノイズの存在が、**過学習**を引き起こす可能性があるからです。すなわち、アルゴリズムが訓練データに含まれるノイズをモデル化するように学習してしまう場合があるのです。これは、望ましくありません。一方、ビッグデータでは、データセット内の他のデータとは無関係にランダムに適用されるノイズは、通常、複数のデータ間で「平均化」されます。後者の場合、ノイズは、学習アルゴリズムが入力特徴量の部分集合に依存しすぎないようにする正則化する効果をもたらしてくれる場合があります [4]。

3.2.4 バイアス

　データの**バイアス**とは、データが表すもの（現象）との不整合のことです。この不整合は、いくつかの理由で発生します（これらの理由は相互に排他的ではありません）。

バイアスの種類

　選択バイアスは、データソースが、入手しやすいもの、便利なもの、費用対効果の高いものに偏ることです。例えば、新刊本の読者の意見を知りたいとします。そこで、前作の読者のメーリングリストに、最初の章をいくつか送ることにしました。この選ばれたグループが新刊を気に入ってくれる可能性は高いでしょう。しかし、この情報では一般の読者のことはほとんどわかりません。

　選択バイアスの実例として、ニューラルネットワークモデルを用いて画像のアップスケーリング（高解像度化）を行う**PULSE**（Photo Upsampling via Latent Space Exploration）アルゴリズムが生成した画像があります。インターネットユーザがこのアルゴリズムを試したところ、図3.6に示したバラク・オバマ氏の写真をアップスケーリングした写真のように、黒人の画像が、白人になる場合があることがわかりました。

---

[4]　これが、深層学習におけるドロップアウト（dropout）正則化技術がもたらす性能向上の理論的根拠なのです。

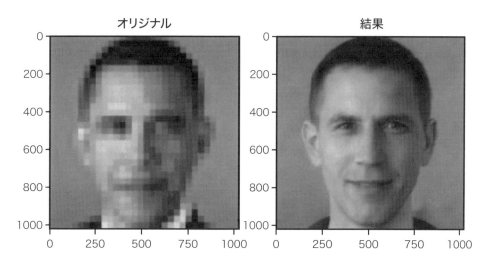

図3.6：選択バイアスが学習したモデルに与える影響　画像：Twitter / @Chicken3gg

　上記の例は、機械学習のアルゴリズムが公平であり、そのモデルがデータに基づいて訓練されているからといって、機械学習モデルが正しいとは仮定できないことを示しています。データに偏りがあれば、それがモデルに反映される可能性が高いのです。

　自己選択バイアスは選択バイアスの一種であり、データを提供することを「志願」した情報源から入り込むものです。ほとんどの世論調査データには、この種のバイアスがあります。例えば、成功した起業家の行動を予測するモデルを作成したいとします。まず、起業家に成功しているかどうかを尋ねることにします。そして、成功していると宣言した人から得られたデータだけを残します。ここで問題になるのは、本当に成功している起業家は質問に答える時間がないということと、成功していると言っている人が実は成功していない可能性があるということです。

　別の例を挙げてみましょう。例えば、ある本が読者に好かれるかどうかを予測するモデルを訓練したいとします。過去に似たような本にユーザがつけた評価を使うことができるでしょう。しかし、本に満足しなかったユーザは非常に低い評価をつける傾向があることがわかります。図3.7に示すように、データは、中程度の評価に比べて、非常に低い評価がたくさんあるという偏りを持つことになるでしょう。このバイアスは、私たちが何かを評価しようと思うときは、非常に良い体験をした場合と非常に悪い体験をした場合だけ、という傾向があるので、さらにひどくなります。

Customer reviews

★★★★☆ 4 out of 5 ˅

617 customer ratings

5 star	66%
4 star	6%
3 star	6%
2 star	7%
1 star	15%

図3.7：Amazonで人気のAI書籍に対する読者からの評価の分布

　欠落変数バイアスは、特徴量化されたデータに、正確な予測に必要な特徴量がない場合に起こります。例えば、解約予測モデルを作成していて、顧客が6ヶ月以内に契約を解約するかどうかを予測したいとします。モデルを訓練し、十分な精度が得られましたが、導入してから数週間後、予期せぬ偽陰性（解約する人を誤ってしないと予測した）が多発しました。モデルの性能低下を調査すると、競合他社がよく似たサービスを低価格で提供していることがわかりました。この特徴量は当初、モデルでは利用できなかったため、正確な予測を行うための重要な情報が欠落していたのです。

　スポンサーバイアスや**助成金バイアス**は、スポンサーから資金提供を受けている側が作成したデータに影響を与えます。例えば、有名なゲーム会社が、ゲーム業界に関するニュースを提供する通信社のスポンサーになっているとします。ゲーム業界に関する予測をしようとすると、この通信社が作成した記事がデータに含まれてしまうでしょう。

　しかし、この通信社は、スポンサーの悪いニュースを抑えたり、スポンサーの功績を誇張したりする傾向があります。その結果、モデルの性能は最適なものではなくなってしまいます。

　サンプリングバイアス（**分布シフト**や**データセットシフト**とも呼ばれる）は、訓練に使用したデータの分布が、本番環境で使用されるデータの分布を反映していない場合に発生します。このようなバイアスは、実際によく見られます。例えば、文書を数百種類のトピックに分類するシステムを開発しているとします。各トピックを代表する文書が同じ量になるように文書のデータセットを作成することにします。モデルの作成が完了した時点で、5%のエラーが発生しました。リリース後すぐに、約30%の文書のトピックが間違っていることがわかりました。なぜこのようなことが起こったのでしょうか？

　考えられる理由の1つは、サンプリングバイアスです。本番環境のデータでは頻繁に使用されるトピックは1つか2しかなく、それが全入力の80%を占めることがあります。これらの頻出トピックに対してモデルがうまく機能しない場合、システムは本番で当初の予想以上の予測エラーを起こすことになります。

　先入観や**ステレオタイプバイアス**は、書籍や写真アーカイブなどの歴史的な情報や、SNS、オンラインフォーラム、ブログへのコメントなどのオンラインで得られるデータでよく見ら

れます。

　男性と女性を識別するモデルを訓練するために写真アーカイブを使用すると、例えば、男性は仕事や屋外での活動が多く、女性は家の中での活動が多いことがわかります。このような偏ったデータを使用すると、モデルは屋外にいる女性や家にいる男性を認識するのが難しくなります。

　この種の偏りの有名な例は、**word2vec**のようなアルゴリズムで学習された**単語埋め込み**（第4章の4.7.1節参照）を使って、単語の関連性を探すことです。このモデルでは、king-man + woman ≒ Queenと予測されますが、同時に、programmer - man + woman ≒ homemakerとも予測されます。

　システム的な値の歪みとは、通常、測定や観測を行う装置で発生するバイアスのことです。この歪みにより、機械学習モデルが本番環境にデプロイされると、最適ではない予測を行うことになります。

　例えば、白が黄色く見えるホワイトバランスを持つカメラで訓練データを収集したとします。しかし、本番環境ではエンジニアが、白を白として「写す」高品質のカメラを使用することにしました。モデルは低品質の写真で訓練されているので、高品質の画像を入力として使って予測した場合、次善の結果しか得られないでしょう。

　これをノイズ（間違い）の多いデータと混同しないようにしてください。ノイズは、データを歪ませる不規則なプロセスの結果です。十分な大きさのデータセットがあれば、ノイズは平均化される可能性があるため、問題にはなりません。一方で、測定値が常に一方向に偏っている場合は、訓練データにダメージを与え、最終的にモデルの質が悪くなってしまいます。

　実験者バイアスとは、自分の事前の信念や仮説を裏付けるような方法で情報を探し、解釈し、好んで使ったり、使わなかったりする傾向のことです。機械学習では、実験者バイアスは、データセットのデータが、特定の人が行ったアンケートの回答からのものである場合に発生することがあります。

　通常、アンケートには複数の質問が含まれています。質問形式は、回答に大きな影響を与えます。質問が回答に影響を与える最も単純な方法は、回答の選択肢を限定することです。「どのピザが好きですか？　ペパロニ、オールミート、ベジタリアン」。これでは、別の答えも「その他」という選択肢もありません。

　あるいは、アンケートの質問は、意図的に偏向して作られていることもあります。実験者バイアスを持つデータアナリストは、「リサイクルしますか」と尋ねる代わりに、「リサイクルは嫌いですか」と尋ねるかもしれません。回答者は前者の方が後者に比べて正直に答えてくれる可能性が高くなります。

　さらに、実験者バイアスは、データアナリストが事前に説明を受けて、特定の結論（例えば、「いつも通り」が有利になる結論）を支持するように言われている場合にも起こる可能性があります。このような状況では、特定の変数を信頼性がない、あるいはノイズとして分析から外すようにしてください。

第**3**章

データの収集と準備

ラベリングバイアスとは、バイアスされたプロセスや人がデータのラベル付けを行った場合に起こります。例えば、複数のラベラーに「文書を読んでトピックを割り当てる」ように依頼した場合、一部のラベラーは確かに文書をしっかり読んで、よく考えられたラベルを付けることができますが、ラベラーによっては、文章を素早く「斜め読み」して、いくつかのキーフレーズを見つけ、それらに最もよく対応するトピックを選択しようとする人もいるのです。人間の脳は、特定ドメインのキーフレーズには注意を払い、それ以外の領域にはあまり注意を払わないため、文章をしっかり読まずに斜め読みしたラベラーが付けたラベルには偏りが生じやすいのです。

　また、ラベラーの中には、自分が好きなトピックの文書だけを読みたいと思う人もいるでしょう。そうすると、ラベラーは興味のない文書を読み飛ばしてしまい、その文書がデータにあまり入らなくなってしまうことになります。

バイアスを回避する方法

　データセットにどのようなバイアスがあるかを正確に知ることはほとんど不可能です。さらに、バイアスがあることが分かっていても、それを避けるのは難しい課題です。まず、バイアスが入っていると思ってください。そして、誰がデータを作成したのか、その動機や品質基準は何だったのか、さらに重要なのは、そのデータがどのようにして、どのような理由で作成されたのかなど、あらゆることを疑ってみるのが良いでしょう。データが何らかの研究の結果である場合は、その研究方法が、上で述べたようなバイアスの原因になっていないことを確認してください。

　選択バイアスは、特定のデータソースを選んだ理由を系統的に調べることで回避することができます。その理由が入手の簡単さだったり、費用が安いことであれば、注意が必要です。ある顧客がみなさんの新サービスを利用するかどうかという例を思い出してください。現在みなさんのサービスを利用している顧客のデータだけを使用してモデルを訓練することは、おそらく余り良い考えではありません。というのは、すでにみなさんの顧客である人はランダムに選んだ潜在的な顧客よりも、みなさんのブランドに対して好意的だからです。みなさんはモデルの品質を非常に楽観的に推定することになるでしょう。

　自己選択バイアスを完全に排除することはできません。自己選択バイアスは通常、アンケート調査に現れます。回答者が質問に答えることに同意するだけで、自己選択バイアスが発生します。アンケートが長ければ長いほど、回答者が高い関心を持って答えてくれる可能性は低くなります。そのため、アンケートは短くし、質の高い回答をするためのインセンティブを与えるようにしてください。回答者を事前に選ぶだけでも自己選択バイアスを減らせます。起業家に「自分は成功していると思うか」と聞くのはやめましょう。むしろ、専門家や出版物から得た情報をもとにリストを作成し、その人に連絡を取るようにしてください。

　欠落変数バイアスを完全に防ぐことは困難です。「分からないことは分からない」と言われるからです。1つの方法は、入手可能なすべての情報を利用する、つまり、不要と思われ

るものも含めて、可能な限り多くの特徴量を特徴量ベクトルに含めることです。そうすると、特徴量ベクトルの次元が非常に大きくなり、疎に（ほとんどの次元で値が0になる）なる可能性があります。さらに、よくチューニングされた正則化処理を使用すれば、モデルはどの特徴量が重要で、どの特徴量が重要でないかを「決定」できるようにもなります。

あるいは、ある変数が正確な予測に重要で、モデルから外すと欠落変数バイアスが発生する可能性があるとします。このデータの入手が難しい場合、この変数の代わりに別の変数を使ってみてください。例えば、中古車の価格を予測するモデルを構築する際に、車の使用年数が得られない場合は、代わりに現在の所有者が所有していた期間を使用します。現在の所有者がその車を所有していた期間は、その車の使用年数の代わりとなる可能性があります。

スポンサーバイアスは、データソース、特にデータの所有者がデータを提供する動機を調べることで減らすことができます。例えば、たばこや医薬品に関する出版物は、たばこ会社や製薬会社、またはその反対派がスポンサーになっていることが非常に多いことが知られています。同じことがニュースを配信する会社についても言えます。特に広告が収入の中心だったり、ビジネスモデルが公開されていない会社については注意が必要です。

サンプリングバイアスは、本番環境で得られるデータが持つ属性の割合を実際に調査し、訓練データも同様な割合になるようにサンプリングすることで回避することができます。

先入観や**ステレオタイプバイアス**は抑制可能です。例えば、男女の写真を分類する訓練モデルを開発する場合、室内にいる女性の数を少なくしたり、家にいる男性の数を多くしたりすることができるでしょう。言い換えれば、先入観やステレオタイプバイアスは、訓練アルゴリズムに均等な分布を持つデータで訓練することで軽減することができます。

システム的な値の歪みバイアスは、複数の測定器を用意するか、測定器や観測器の出力を比較する訓練をうけた人間を雇うことで軽減できるでしょう。

実験者バイアスは、アンケートの質問内容を複数の人でチェックすることで回避できます。自分に「自分ならこの質問に答えるのに不安や制約を感じるだろうか」問いかけてみてください。

また、分析は難しくなりますが、はい/いいえや複数の選択肢からなる質問ではなく、自由形式の質問を選ぶようにしましょう。それでも回答者に回答の選択肢を与えたい場合は、「その他」という選択肢と、それ以外の回答を記入する欄を設けてください。

ラベリングバイアスは、複数のラベラーで同じデータにラベルを付けてもらうことで回避することができます。ラベルが異なった場合、ラベラーにそのラベルを付けた理由を聞いてみてください。文書全体を言い換えようとするのではなく、特定のキーフレーズを参照しているラベラーがいれば、誰が、ちゃんと読まずに、ざっと目を通しただけかが分かります。

また、異なるラベラー間で、ざっと目を通しただけでラベルを付けた文書の数を比べることもできます。あるラベラーのそうした文書数が平均よりも高いことがわかったら、技術的な問題があったのか、あるいは単にいくつかのトピックに興味がなかったのかを聞いてみてください。

データに関するバイアスを完全に避けることはできません。狼男を倒す銀の弾丸はないのです。一般的なルールとして、特にモデルが人々の生活に影響を与える場合は、このループ内に人間が介在するようにしてください。

機械学習モデルは本質的に公平である、と仮定したいという誘惑があることを思い出してください。これは、人間が、混乱したり不合理な判断を下すことが多いのとは対照的に、証拠（正しいデータ）と数学に基づいて判断を行うからです。しかし、残念ながら必ずしもそうとは限りません。バイアスされたデータで学習したモデルは、必然的に偏った結果をもたらします。

出力に公平である（偏りがない）ことを保証するのは、モデルを訓練する人がやらなくてはならないことです。では、公平であるとはどういうことでしょうか？　残念ながら、公平でないことを常に検出できる銀の弾丸のような測定方法はありません。モデルが公平かどうかは、常に課題に依存し、人間の判断が必要なのです。第7章の7.6節では、機械学習における**公平性**に関するいくつかの定義を紹介します。

データの収集と準備のすべてのステージに人が関与することは、機械学習が引き起す可能性のある損害を最小限に抑えるための最も良い方法です。

3.2.5 予測能力の低さ

予測能力の低さは、多くの場合、良いモデルを訓練しようと無意味なエネルギーを費やしてしまうまで考慮されることがない問題です。モデルに十分な表現力がないために、性能が低下しているのではないでしょうか？　データにはモデルが学習するのに必要な情報が十分に含まれているのでしょうか？　わからないですよね。

例えば、音楽ストリーミングサービスで、リスナーが新曲を気に入るかどうかを予測することが目標だとします。データは、アーティスト名、曲名、歌詞、その曲がプレイリストに入っているかどうかです。このデータを使って訓練するモデルは、完璧とは言えません。

リスナーのプレイリストに入っていないアーティストは、モデルから高いスコアを得られないでしょう。加えて、多くのリスナーは、特定のアーティストの曲をプレイリストに追加するだけです。リスナーの音楽の好みは、曲のアレンジ、楽器の選択、効果音、声のトーン、音色の微妙な変化、リズム、ビートなどに大きく影響されます。これらは、歌詞やタイトル、アーティスト名からは得られない楽曲の特性であり、楽曲ファイルから抽出する必要があるのです。

一方で、これらの特徴をオーディオファイルから抽出するのは非常に難しい問題です。現代のニューラルネットワークをもってしても、音の聞こえ方に基づいて曲を推薦するのは人工知能にとって難しい課題であると考えられています。一般的には、別のリスナーのプレイリストを比較し、似たような構成のものを見つけることで楽曲の推薦を行っています。予測性能が低い別の例を考えてみましょう。例えば、望遠鏡をどこに向ければ何か面白いものを

観察できるかを予測するモデルを訓練したいとします。データは、過去に珍しいものが撮影された空のいろいろな領域の写真です。これらの写真だけでは、そのような現象を正確に予測するモデルを訓練することはできません。しかし、このデータに、別の場所からの高周波信号（すなわち、粒子の爆発）を測定するセンサーなど、さまざまなセンサーの測定値を加えれば、より良い予測ができる可能性が高くなります。

　データセットを初めて扱うときは、特に大変でしょう。許容できる結果が得られない場合は、モデルがどれだけ複雑になっても、予測性能が低いという問題を考慮する必要があるでしょう。可能な限りたくさんの特徴量を作成し追加してみてください（創造性を発揮してください！）。特徴量ベクトルを充実させるために、間接的なデータソースの使用を検討してみてください。

3.2.6 古くなったデータ

　モデルを構築し、本番環境に導入すると、通常、モデルはしばらくの間、良好な性能を発揮します。この期間の長さは、みなさんがモデリングしている現象に完全に依存します。

　一般的には、第9章の9.4節で説明するように、特定のモデル品質監視手法を本番環境に導入します。不安定な動作が検出された場合は、新しい訓練データを追加してモデルを調整します。その後、モデルを再学習して再度デプロイします。

　多くの場合、予測エラーの原因は訓練データセットの少なさにあると考えられます。このような場合には、訓練データを追加することでモデルを安定させることができます。しかし、多くの場合、実運用では、**概念ドリフト**（concept drift）によりモデルが予測エラーを起こし始めます。概念ドリフトとは、特徴量とそれが持つラベル間の統計的な関係が根本的に変ってしまうことです。

　例えば、ユーザがあるウェブサイトの特定のコンテンツを好むかどうかを予測するモデルがあったとします。時間の経過とともに、ユーザの好みが変化し始めるかもしれません。おそらく、ユーザが年をとったり、新しいものを見つけたりしたことなどが原因でしょう（筆者は、3年前はジャズを聴かなかったのに、今は聴くようになりました！）。過去に訓練データに追加されたデータは、そのユーザの好みを反映しなくなり、モデルの性能を良くするどころか、逆に悪い影響を及ぼすようになります。これが概念ドリフトです。新しいデータでモデルの性能が低下する傾向がある場合は、まずこれを考えてみてください。

　訓練データから古くなったデータを削除して、モデルを修正してください。訓練データを新しい順に並べ替え、追加のハイパーパラメータ（最新のデータの何%をモデルの再訓練に使うか）を定義し、**グリッドサーチ（グリッド探索）**やその他のハイパーパラメータチューニング手法を使用してチューニングしてみてください。

　概念ドリフトは、分布シフトと呼ばれるより大きな問題の1つです。5.6節と6.3節では、ハイパーパラメータチューニングと他の分布シフトについて説明します。

第3章 データの収集と準備

3.2.7 外れ値

外れ値とは、データセットの大部分のデータとは異なって見えるデータのことです。「似ていないこと」の定義はデータアナリストによってさまざまです。一般的に、非類似性は**ユークリッド距離**などの距離指標で測られます。

しかし、実際には、元の特徴量ベクトル空間では外れ値に見えるものでも、**カーネル関数**などを用いて変換した特徴量ベクトル空間では典型的なデータであることがあります。特徴量ベクトル空間の変換は、**サポートベクターマシン（SVM）**などのカーネルベースのモデルによって明示的に行われることもあれば、深いニューラルネットワークによって暗黙的に行われることもあります。

線形回帰やロジスティック回帰などの浅いアルゴリズムや、AdaBoostなどのアンサンブル手法は外れ値に特に敏感です。SVMは、外れ値の影響を受けにくい性質があります。特別な正則化パラメータが、**決定境界**（正例と負例を分離する架空の超平面）で誤分類されたデータ（外れ値であることが多い）の影響を調整してくれるのです。このペナルティの値を小さくすると、SVMアルゴリズムは決定境界を描く際に、外れ値を完全に無視することができます。ペナルティの値が小さすぎると、外れ値でないデータであっても、決定境界の間違った側に入ってしまう可能性があります。このようなハイパーパラメータの値には何が最適かは、ハイパーパラメータチューニングを使って見つける必要があります。

十分に複雑なニューラルネットワークでは、データセット内の外れ値に対して異なる動作をし、同時に、外れ値ではないデータに対してもうまく動作するように学習させることができるでしょう。しかし、これは、モデルがタスクに対して不必要に複雑になってしまうため望ましくはありません。複雑になればなるほど、学習や予測に時間がかかり、本番環境にデプロイした後での汎化が進まなくなります。

訓練データから外れ値を除外するか、外れ値に強い機械学習アルゴリズムやモデルを使用するかは議論の余地があります。データセットからデータを除外することは、特に小さなデータセットでは、科学的にも方法論的にも良い方法とは考えられていないからです。一方、ビッグデータでは、通常、外れ値がモデルに大きな影響を与えることはありません。

実用的な観点からは、いくつかの訓練データを除外することで、ホールドアウトデータでのモデルの性能が向上する場合、除外するのが正しいと考えてよいでしょう。どのデータを除外するかは、類似度に基づいて決定することができます。このような類似度を得る最新の方法は、**オートエンコーダー**を作成し、再構成誤差の値 [5] を（非）類似度として使用する方法です。与えられたデータの再構成誤差が大きいほど、そのデータはデータセットと似ていないことになります。

---

[5] オートエンコーダーは、**埋め込み**ベクトルから入力を再構成するように訓練されます。つまり、オートエンコーダーのハイパーパラメータは、ホールドアウトデータの再構成誤差を最小化するようにチューニングされるのです。

3.2.8 データ漏洩

データ漏洩（**ターゲット漏洩**とも呼ばれる）は、データの収集からモデルの評価まで、機械学習のライフサイクルの様々なステージに影響を与える問題です。この節では、この問題がデータの収集と準備のステージでどのような形で現れるかについて説明します。以降の章では、他の形について説明します。

図3.8：データ漏洩の概要

教師あり学習でのデータ漏洩とは、本来利用できないはずの情報が意図せずに入ってしまうことです。私たちはこれを「汚染」と呼んでいます（図3.8）。汚染されたデータを使って訓練すると、モデルの性能に過大な期待を持ってしまうことになります。

3.3 良いデータとは

データを収集し始める前に行うべきデータに関する質問と、データアナリストが遭遇するデータに関して共通する問題についてはすでに説明してきました。しかし、機械学習プロジェクトに適したデータとは何でしょうか？　以下では、良いデータのいくつかの特性を見てみましょう。

3.3.1 良いデータは情報量が多い

良いデータには、モデルの訓練に利用できる十分な情報が含まれています。例えば、顧客が特定の商品を購入するかどうかを予測するモデルを訓練したい場合、対象となる商品の特性と、その顧客が過去に購入した商品の特性の両方が必要です。商品の特性と顧客の住所と名前しかない場合に、同じ場所に住むユーザの予測結果は同じになります。

訓練データが十分にあれば、モデルは名前から性別と民族を導き出し、男性、女性、場所、民族ごとに異なる予測をすることができる可能性がありますが、顧客一人一人に対する予測はできません。

3.3.2 良いデータはカバーする範囲が広い

　良いデータは、モデルでやりたいことを十分にカバーしています。例えば、モデルを使ってウェブページをトピック別に分類しようとしていて、対象トピックが1,000個ある場合、データには1,000個のトピックそれぞれに関するウェブページのデータが十分に含まれていて、アルゴリズムがトピック間の違いを学習できる必要があります。

　別の状況を考えてみましょう。あるトピックについて、1〜数個のウェブページしかないとします。それぞれのページには、テキスト中に一意なIDが含まれているとします。このような状況では、学習アルゴリズムは、どのトピックに属しているかを理解するために、ウェブページのどこを見ればよいのかわかりません。IDでしょうか？　IDは良い差異化要因のように思えます。このアルゴリズムがIDを使ってこれらのデータを残りのデータセットから分離することに決めたら、この学習済みモデルは汎化できないでしょう。このようなIDは二度と見ることはできないからです。

3.3.3 良いデータは実際の入力データを反映する

　良いデータとは、モデルが本番環境で出会う実際の入力データの性質を反映したものです。例えば、道路を走っている車を認識するシステムを開発する場合、手持ちの写真がすべて勤務時間中に撮影されたものであれば、夜の写真はそんなに多くないでしょう。しかし、本番環境にモデルをデプロイすると、1日中写真が撮られるようになり、夜の写真でモデルが頻繁に間違いを起こすようになるでしょう。また、猫、犬、アライグマの問題を思い出してください。モデルがアライグマについて何も知らない場合、モデルはアライグマの写真を犬か猫のどちらかであると予測します。

3.3.4 良いデータはバイアスがない

　良いデータとは、可能な限りバイアスのないデータです。この特性は、先ほどの特性と似ています。しかし、訓練で使用するデータにも、本番環境でモデルに入力されるデータにも、バイアスが存在する可能性があります。

　3.2節では、データのバイアスの原因とその対処法について説明しました。また、ユーザインターフェースもバイアスの原因となります。例えば、ニュース記事の人気度を予測したい場合、クリック率を特徴量として使用します。下の方のニュース記事が上の方の記事より魅力的なものであったとしても、上の方に表示された記事のクリック数の方が、下の方の記事よりも多くなりがちです。

3.3.5 良いデータはフィードバックループから得られたものではない

良いデータは、モデル自身が生み出したものではありません。これは、前述の**フィードバックループ**の問題と同じです。例えば、人の名前からその人の性別を予測するモデルを訓練して、その予測を新しい訓練データのラベル付けに使用することはできません。

あるいは、モデルを使って、どのメールがユーザにとって重要であるかを判断し、重要なメッセージをハイライト表示する場合、メールのクリックをそのメールが重要であるという情報としてそのまま使うべきではありません。モデルがハイライト表示したからユーザがクリックしたのかもしれないのです。

3.3.6 良いデータはラベルが一貫している

良いデータはラベルが一貫しています。ラベリングの一貫性の欠如には、いくつかの原因が考えられます。

- 異なる人が異なる基準でラベル付けを行っている。同じ基準を使っていると思っていても、人によって解釈が異なることが多いのです。[6]
- いくつかのクラスの定義は、時間の経過とともに変化する。その結果、非常によく似た2つの特徴量ベクトルに異なるラベルが付くという現象が起きてしまいます。
- ユーザの動機の誤認。例えば、ユーザが推薦されたニュースを無視したとします。その結果、このニュースにはネガティブなラベルが付けられます。しかし、ユーザがこの推薦を無視したのは、その記事をすでに知っていたからで、その記事のトピックに興味がなかったからではないかもしれないのです。

3.3.7 良いデータは十分に大きい

良いデータとは、汎化できるだけの量があるということです。モデルの精度を上げるためには、何もできないこともあります。学習アルゴリズムにどれだけのデータを投入してもです。

これは、データに含まれる情報が持つ予測能力が低いことを意味します。しかし、数千のデータから数百万、数億のデータになると、非常に精度の高いモデルが得られることが多くなります。どのくらいのデータが必要なのかは、課題に取り組み始め状況を見てからしかわかりません。

---

[6]　3.1節で説明したMechanical Turkの例を思い出してください。異なる人が付けたラベルの信頼性を高めるには、複数のラベラーの多数決（または平均値）を利用することができます。

3.3.8 良いデータのまとめ

今後の参考のために、良いデータの特性をもう一度書いておきます。

- モデルの訓練に使用できる十分な情報が含まれている。
- モデルでやりたいことを十分にカバーしている。
- モデルが本番環境で遭遇する実際の入力データを反映している。
- 可能な限りバイアスがない。
- モデル自身が生成したものではない。
- ラベルに一貫性がある。
- 汎化するのに十分な量がある。

3.4 インタラクションデータへの対応

インタラクションデータとは、みなさんのモデルを用いたシステムに対するユーザのインタラクションから収集できるデータです。ユーザとシステムのインタラクションから良いデータを収集できれば、それは幸運なことだと言えます。

良いインタラクションデータには、次の3つの情報が含まれています。

- インタラクションのコンテキスト
- そのコンテキスト内でのユーザの行動
- インタラクションの結果

例えば、みなさんが検索エンジンを開発し、みなさんのモデルがそれぞれのユーザの検索結果にランク付けするとしましょう。ランク付けモデルは、ユーザが入力したキーワードに基づいて検索エンジンから返されたリンクのリストを入力とし、その項目の順序を入れ替えたリストを出力します。通常、ランク付けモデルは、ユーザとその好みに関する何かを「知って」おり、各ユーザの検索結果を、そのユーザから学習した好みに応じて並べ替えることができます。ここでのコンテキストは、検索で行った問い合わせ内容と、ユーザに特定の順序で提示された100個のウェブページです。ユーザの行動とは、ユーザがウェブページへのリンクをクリックすることです。結果は、ユーザがそのウェブページを読むのに費やした時間と、「戻る」を押したかどうかです。もう1つの行動は、「次のページ」のリンクをクリックすることです。

直感的には、ユーザがあるリンクをクリックして、そのページを読むのに時間を費やした

場合、そのランク付けは良いものであるということになります。ユーザがリンクをクリックして、すぐに「戻る」をした場合は、ランキングはあまり良くなかったということでしょう。また、ユーザが「次のページ」のリンクをクリックした場合は、ランク付けは良くなかったということです。このデータは、ランキングアルゴリズムを改善し、さらにパーソナライズするのに使用することができます。

3.5 データ漏洩の原因

ここでは、データの収集や準備の際に起こりやすい、3つの**データ漏洩**の原因について説明します。

1）目的変数が特徴量の関数になっている、2）特徴量に目的変数が隠されている、3）未来から来た特徴量、です。

3.5.1 目的変数が特徴量の関数である場合

国内総生産（GDP）は、ある国のある期間におけるすべての製品とサービスに関する金銭的尺度として定義されます。ここでは、ある国のGDPを、面積、人口、地域などの様々な属性に基づいて予測することを目標とします。このようなデータの例を図3.9に示します。図3.9のデータでは、各属性とGDPとの関係を慎重に分析しないと、データ漏洩が生じます。図3.9のデータでは、「人口」と「一人当たりのGDP」の2つの列を掛け合わせるとGDPになります。みなさんが訓練したモデルはこの2つの特徴量だけを見てGDPを完全に予測するでしょう。一人あたりのGDPを特徴量の1つとしたことは、わずかに修正された形ではありますが（人口から導き出せるため）、汚染を構成しており、データ漏洩につながります。

国	人口	地域	...	一人当たりのGDP	GDP
フランス	67M	ヨーロッパ	...	38,800	2.6T
ドイツ	83M	ヨーロッパ	...	44,578	3.7T
...	...	...	...	...	...
中国	1386M	アジア	...	8,802	12.2T

図3.9：目標値（GDP）が、2つの特徴量（人口と一人当たりのGDP）の単純な関数であることを示す例

もっと簡単な例は、特徴量のうち対象となるものを別の形でコピーしただけのものがある場合です。例えば、社員の属性から年収を予測するモデルを訓練するとします。訓練データは、月給と年収の両方を含むテーブルで、それ以外の属性もたくさん含まれています。月給

を特徴量のリストから削除するのを忘れていたら、その属性だけで年収を完璧に予測してしまい、みなさんは、そのモデルは完璧だと思い込んでしまうでしょう。このモデルを導入しても、月給の情報が入力されることはないでしょう。入力されるのであればモデルは必要ないのです。

3.5.2 特徴量に目的変数が隠されている

目的変数は1つまたは複数の特徴量の関数ではなく、特徴量の1つに「隠されている」場合があります。図3.10のデータセットを考えてみましょう。

顧客ID	グループ	年間支出額	年間ページビュー数	...	性別
1	M18-25	1350	11,987	...	M
2	F25-35	2365	8,543	...	F
...	...	...	...	...	...
8879	F65+	3653	6,775	...	F

図3.10：特徴量の1つに目的変数が隠されている場合の例

ここで、顧客データから性別を予測することにします。「グループ」という列を見てください。「グループ」列のデータをよく調べてみると、既存の顧客の性別や年齢を表していることがわかります。顧客の性別や年齢データが（本番環境で使われる別のモデルが推測したものではなく）実データであれば、予測したい値が特徴量の値の中に「隠されている」いるので、「グループ」はデータ漏洩の一形態となります。

一方、「グループ」の値が、別の（精度の低い）モデルが予測した値であれば、この属性を使用して、より強力なモデルを作成することができます。これは**スタッキング学習**と呼ばれ、第6章の6.2節で説明します。

3.5.3 未来から来た特徴量

　未来から来た特徴量は、一種のデータ漏洩ですがビジネスの目的を明確に理解していないと見つけにくいものです。あるクライアントから、年齢、性別、学歴、給与、配偶者の有無などの属性に基づいて、借り手がローンを返済するかどうかを予測するモデルの訓練を依頼されたとします。このようなデータの例を図3.11に示します。

借主ID	グループ	学歴	...	支払い遅延の督促	ローンを返済するか
1	M35-50	高等学校	...	0	Y
2	F25-35	修士	...	1	N
...	...	...	...	...	...
65723	M25-35	修士	...	3	N

図3.11：予測時には利用できない特徴量「支払い遅延の督促」

　みなさんのモデルが使用されるビジネスコンテキストを理解するようにしないと、みなさんは「ローンを返済するか」列の値を予測するために、「支払い遅延の督促」列のデータを含む、すべての属性を使おうとしてしまうでしょう。テスト時にはモデルの予測は正確なように見えたので、そのモデルをクライアントに送りましたが、クライアントからは本番環境ではモデルがうまく機能しないという報告がくるでしょう。

　調査の結果、本番環境では「支払い遅延の督促」の値は常に0であることがわかりました。これは、借り手がローンを借りる前にクライアントがモデルを使用しているため、まだ督促が行われていないからです。しかし、みなさんのモデルは、「支払い遅延の督促」の値が1以上のときに「いいえ」を予測するように学習してしまい、他の特徴量にはあまり注意を払わないのです。

　別の例を見てみましょう。ニュースサイトを運営していて、ユーザに提供するニュースのランキングを予測して、記事のクリック数を増やしたいとします。訓練データの中に、過去に配信されたそれぞれのニュースの表示位置（例えば、ウェブページ上のタイトルや要約のx-y座標）の特徴量があっても、そのような情報は配信時には利用できません。ランキングを付ける前は記事の位置がわからないからです。

　このように、データ漏洩を防ぐためには、そのモデルが利用されるビジネスコンテキストを理解することが重要なのです。

3.6 データの分割

第1章の1.3.3項で説明したように、実用的な機械学習では、通常、3つの分割したデータセット、すなわち、訓練セット、検証セット、テストセットを使用します。

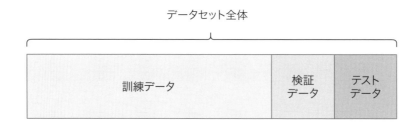

図3.12：データセット全体を訓練セット、検証セット、テストセットに分割したもの

訓練セットは、機械学習アルゴリズムがモデルを訓練するのに使用します。

検証セットは、機械学習パイプラインの最適なハイパーパラメータを見つけるのに必要です。データアナリストは、ハイパーパラメータのさまざまな値の組み合わせを1つずつ試し、その組み合わせを用いてモデルを訓練し、検証セットでのモデルの性能を評価します。モデルの性能を最大化するハイパーパラメータを用いて、本番用のモデルを訓練します。ハイパーパラメータのチューニング方法については、第5章の5.6節で詳しく説明します。

テストセットは性能などの報告に用います。最適なモデルができたら、そのモデルの性能をテストセットでテストし、結果を報告します。

検証セットとテストセットは、**ホールドアウトセット**と呼ばれることもあり、学習アルゴリズムの訓練時には使用されないデータから成ります。

図3.12に示したように、データセット全体をこれらの3つのセットにうまく分割するためには、分割はいくつかの条件を満たす必要があります。

条件1：分割を生データで行っている。

生のサンプルデータにアクセスできたら、何よりも先に分割を行います。こうすることで、後で述べるように、データの漏洩を防ぐことができます。

条件2：分割する前にデータの順番をランダムに入れ替えている。

まずデータをランダムにシャッフルしてから、分割を行います。

条件3：検証セットとテストセットが同じ分布をしている。

みなさんは、検証セットを使用して最適なハイパーパラメータの値を決める際、そのパラメータでモデルが本番環境でもうまく機能するようにしたいはずです。テストセットのデータは、本番環境でのデータを最もよく表したものです。そのため、検証セットとテストセットは同じ分布である必要があります。

条件4：分割時の漏洩が回避されている。

データ漏洩は、データの分割中にも起こり得ます。以下では、どのような形で漏洩が起こるのかを見ていきます。

データ分割の比率には理想的なものはありません。ビッグデータ以前の古い文献では、70％：15％：15％ や 80％：10％：10％（訓練セット、検証セット、テストセットそれぞれのデータセット全体に対する割合）といった分割方法が推奨されていました。

インターネットと労働力が安価に得られる（Mechanical Turkやクラウドソーシングなど）時代になった今、企業や研究者、個人でも、何百万もの訓練データにアクセスできるようになりました。そのため、利用可能なデータの70％や80％を訓練に使うだけではもったいないのです。

検証データとテストデータは、モデルの性能を表す統計データを算出するためにだけ使用されます。この2つのデータセットは、信頼性の高い統計データを得るのに十分な大きさである必要があります。どのくらいかは議論の余地がありますが、最低限、クラスごとに十数個のデータがあるとよいでしょう。2つのホールドアウトセットそれぞれに、1クラスあたり100個のデータがあれば、しっかりとしたセットアップができ、そのセットに基づいて計算された統計データは信頼できるものとなります。

また、分割の割合は、選択した機械学習アルゴリズムやモデルによっても異なります。深い学習モデルは、訓練データが多ければ多いほど、大幅に性能が改善する傾向があります。これは、浅いアルゴリズムやモデルではあまり当てはまりません。

割合はデータセットのサイズにも左右されます。1,000データ以下の小さなデータセットであれば、90％のデータを訓練に使用するのがよいでしょう。このような場合は、検証セットは持たずに、**クロスバリデーション法**で評価を行うことになるでしょう。これについては、第5章の5.6.5節で詳しく説明します。

時系列データを3つのデータセットに分割する際には、データのシャッフル時に、各データが観測された順番が変わらないように分割する必要があります。そうしないと、ほとんどの予測問題でデータが壊れてしまい、訓練ができなくなってしまいます。時系列データについては、第4章の4.2.6節で詳しく説明します。

3.6.1 分割時の漏洩

　ご存知のように、データ漏洩は、データの収集からモデル評価まで、どの段階でも起こり得ます。データ分割も例外ではありません。

　グループ漏洩は分割中に発生する可能性があります。例えば、複数の患者の脳のMRI画像があるとします。それぞれの画像には特定の脳疾患のラベルが付けられており、同じ患者が異なる時間に撮影された複数の画像で表わされている場合があります。前述の分割手法（シャッフル後、分割する）を適用すると、同じ患者の画像が訓練データとホールドアウトデータの両方に現れる可能性があります。

　このモデルは、病気ではなく、患者の特殊性を学習するかもしれません。モデルは、患者Aの脳には特定の脳の凸部があることを記憶し、その患者が訓練データで特定の病気にかかっていた場合、脳の凸部だけで患者Aを認識することで、検証データからこの病気をうまく予測してしまうのです。

　グループ漏洩の解決策は、**グループ分割**することです。これは、すべての患者のデータを、訓練用またはホールドアウト用のいずれかのセットにまとめておくというものです。このように、データについてできるだけ多くのことを知ることがデータアナリストにとっていかに重要かがわかります。

3.7 欠損属性への対応

データがExcelのスプレッドシートのような整った形で入手できることがありますが、一部の属性が欠落していることがあります[7]。これは、データセットが手作業で作成されていて、担当者がいくつかの値を入力するのを忘れたり、測定しなかったりした場合によく起こります。

ある属性の値が欠けている場合の典型的な対処法は以下の通りです。

- データセットから属性が欠けているデータを削除する（データセットが十分に大きく、データを安全に犠牲にできる場合に可能です）。
- 属性が欠けていても問題のない学習アルゴリズムを使う（決定木学習アルゴリズムなど）。
- **データ補完**を行う。

3.7.1 データの補完方法

欠損した属性値を補完する1つの方法は、欠損した値を残りの属性の平均値で置き換えることです。数学的には次のようになります。jをデータセット内でデータに無い属性とし、$S^{(j)}$は大きさ$N^{(j)}$の集合で、データセットの中でjの属性の値が存在するデータだけを含むものとします。すると、属性jの欠損値$\hat{x}^{(j)}$は次のように与えられます。

$$\hat{x}^{(j)} \leftarrow \frac{1}{N^{(j)}} \sum_{i \in S^{(j)}} x_i^{(j)}$$

ここで、$N^{(j)} < N$であり、属性jの値が存在するデータだけで総和をとります。この手法の例を図3.13に示します。ここでは、2つのデータ（1行目と3行目）で身長の属性が欠けています。空のセルには平均値177が入力されます。

行	年齢	体重	身長	給料
1	18	70		3,5000
2	43	65	175	2,6900
3	34	87		7,6500
4	21	66	187	9,4800
5	65	60	169	1,9000

$$\hat{身長} \leftarrow \frac{1}{3}(175 + 187 + 169) = 177$$

図3.13：欠損値をデータセット内の属性の平均値で置き換える

---

[7] 生のデータセットがExcelのスプレッドシートになっているからといって、そのデータが整然データであるとは限りません。整然データであることの特性の1つは、各行が1つのデータを表していることです。

もう１つの方法は、欠損値を通常の値の範囲外の値で置き換えることです。例えば、通常の値の範囲が[0, 1]であれば、欠損値を2か-1に設定することができます。また、属性が曜日のようにカテゴリーに分かれるものであれば、欠損値を“Unknown”という値に置き換えることができます。こうすると、学習アルゴリズムは、属性が通常の値とは異なる値を持っている場合にどうすべきかを学習します。また、属性が数値の場合は、欠損値を範囲の真ん中の値で置き換えるという方法もあります。例えば、属性の範囲が[-1, 1]の場合、欠損値を0に設定することができます。ここでは、範囲の真ん中の値は予測に大きな影響を与えないという考え方に基づいています。

より高度なテクニックとして、欠損値を回帰問題の目的変数として使用する方法があります（この場合、すべての属性は数値だとします）。残りの属性 $[x_i^{(1)}, x_i^{(1)}, ..., x_i^{(j-1)}, x_i^{(j+1)}, ..., x_i^D]$ を用いて、特徴量ベクトル $\hat{x}_i$ を作り、$\hat{y}_i \leftarrow x_i^{(j)}$ を設定します（ここで j は欠損値を持つ属性）。次に、$\hat{x}$ から $\hat{y}$ を予測する回帰モデルを作ります。もちろん、訓練データ $(\hat{x}, \hat{y})$ を作成する際には、元のデータセットから属性 j の値が存在するデータだけを使用します。

最後に、データセットが非常に大きく、値が欠落している属性が少ない場合、その属性ごとに2値の指標を追加することができます。例えば、データセットのデータが D 次元で、$j=12$ の属性が欠損しているとします。各データ x に対して、$j = D+1$ に属性を追加します。この属性は、$j=12$ の属性の値が x に存在する場合は1、そうでない場合は0になります。欠けている値は、0やみなさんが選んだ任意の値で置き換えます。

予測の際、データが完全でない場合は、訓練データで使用した技術と同じデータ補完方法を用いて、欠損値を埋める必要があります。

実際に課題に取り組んでみないと、どのデータ補完手法が最も効果的かはわかりません。いくつかの手法を試し、いくつかのモデルを作成し、検証セットでモデルを比較し、最も効果的なものを選択してください。

3.7.2 補完時の漏洩

データを補完する際に、1つの属性の統計量を平均値などで計算したり、または複数の属性の統計量を回帰問題で計算する場合、この統計量を計算するのにデータセット全体を使用するとデータ漏洩が発生します。すべてのデータを使用すると、検証データやテストデータからの情報で訓練データが汚染されます。

この種の漏洩は、先に述べたものほど重大ではありません。しかし、最初にデータ分割を行い、訓練セットだけで補完用の統計量を計算することで、この問題を回避することができます。

3.8 データ拡張

　データによっては、ラベル付けしなくても簡単にラベル付きデータを増やすことができます。この手法は**データ拡張**と呼ばれ、画像に適用すると効果的です。これは、元の画像に対して、切り取りや反転などの簡単な操作を行い、新しい画像を作り出すというものです。

図**3.14**：データ拡張の例　写真提供：Alfonso Escalante.

3.8.1 画像のデータ拡張

　図3.14では、与えられた画像に適用して複数の新しい画像を得ることができる操作の例として、反転、回転、切り取り、カラーシフト、ノイズ追加、視点変更、コントラスト変更、情報削除を示しています。

　反転はもちろん、画像の意味が保たれる軸に対してだけで行わなければなりません。サッカーボールであれば、両方の軸に対して反転させることができますが[8]、車や歩行者であれ

---

[8]　草むらのように、水平軸に沿って反転させることが無意味な場合もあります。

ば、垂直軸に対してだけ反転させるべきです。

　回転は、水平線が正しく補正されていない状況をシミュレートするために、わずかな角度で適用する必要があります。画像はどちらの方向にも回転させることができます。

　切り取りは、同じ画像に複数回、ランダムに適用することができます。その際、切り取られた画像には対象物の重要な部分が残るようにします。

　カラーシフトでは、赤 - 緑 - 青（RGB）の値を微妙に変えて、異なる照明条件をシミュレーションします。また、同じ画像に、コントラストの変化（減少、増加）や強度の異なる**ガウスノイズ**を複数回適用することができます。

　画像の一部をランダムに削除することで、物体は認識できるが、障害物で完全には見えない状況をシミュレーションすることができます。

　直感に反するように見えますが、実際には非常によく機能するデータ増強のもう1つの評判の良い手法が**ミックスアップ**です。その名が示すように、この手法では、訓練セットの画像を合成したものでモデルを訓練します。正確には、生の画像でモデルを訓練するのではなく、2つの画像（同じクラスでもそうでなくてもよい）の線形結合を訓練に用いるのです。

ミックスアップされた画像 $= t \times$ 画像$_1 + (1 - t) \times$ 画像$_2$

　ここで、t は0から1の間の実数です。この合成画像の目的変数（ラベル）は、同じ t の値を用いて元の目的変数を組み合わせたものです。

ミックスアップされた目的変数 $= t \times$ 目的変数$_1 + (1 - t) \times$ 目的変数$_2$

ImageNet-2012、**CIFAR-10** などいくつかのデータセットを用いた実験[9] では、ミックスアップによってニューラルネットワークモデルの汎化性能が向上することが示されています。また、ミックスアップの考案者は、ミックスアップが**敵対的なデータ**に対する堅牢性を高め、**敵対的生成的ネットワーク（GAN）** の学習を安定させることも明らかにしています。

　図3.14に示した手法に加えて、本番環境でのシステムの入力画像が非可逆圧縮されている場合は、よく使われる非可逆圧縮法やファイル形式（JPEGやGIFなど）を用いて、非可逆圧縮をシミュレーションすることができます。

　データ拡張は訓練データだけに行ってください。事前にこのような追加データをすべて生成して保存しておくことは現実的ではないので、実際には、訓練中に、その場で元のデータを用いてデータを拡張するようにします。

---

[9]　ミックスアップ技術の詳細については次を参照。Zhang, Hongyi, Moustapha Cisse, Yann N. Dauphin, and David Lopez-Paz. "mixup: Beyond empirical risk minimization." arXiv preprint arXiv:1710.09412 (2017).

3.8.2 テキストデータの拡張

テキストデータの拡張は、それほど単純ではありません。自然言語で書かれた文の文脈や文法構造を維持するために、適切な変換手法を用いる必要があります。

1つの手法として、文中のランダムな単語を、その近い同義語に置き換えるというものがあります。例えば、「車がショッピングモールの近くで止まった」という文の場合、次のような文が考えられます。

「自動車はショッピングモールの近くで止まった」
「乗用車はショッピングセンターの近くで止まった」
「車はモールの近くで止まった」

同様の手法として、同義語の代わりに**上位語**を使用する方法があります。上位語とは、より一般的な意味を持つ単語のことです。例えば、「哺乳類」は「クジラ」と「猫」の上位語であり、「乗り物」は「車」と「バス」の上位語です。上記の例から、次のような文章を作ることができます。

「乗り物がショッピングモールの近くで止まった」
「乗用車は建物の近くで止まった」

データセット内の単語や文書を**単語埋め込み**や**文書埋め込み**で表現した場合、ランダムに選ばれた埋め込み特徴量にわずかなガウスノイズをかけることで、同じ単語や文書のバリエーションを作ることができます。修正する特徴量の数やノイズの強度をハイパーパラメータとしてチューニングし、検証データで性能を最適化することができます。

また、文中の任意の単語 w を置き換えるために、単語埋め込み空間で単語 w に最も近い k 近傍を見つけ、単語 w をそれぞれの近傍値で置き換えることで、k 個の新しい文を生成することができます。最近傍は、**コサイン類似度**や**ユークリッド距離**などの尺度を使って見つけることができます。どのような尺度を使うかと k の値は、ハイパーパラメータとして最適化することができます。

上で説明した k 最近傍法に代わる最新の手法として、**BERT**（Bidirectional Encoder Representations from Transformers）などの事前学習済みの深層モデルを用いる方法があります。BERTのようなモデルは、文中にあるマスクされた単語を他の単語から予測するように訓練されています。BERTを使用して、マスクされた単語に対して最も可能性の高い予測を k 個生成し、それらを同義語として使用することでデータを増やすことができます。

同様に、文書分類を行うためにモデルを訓練している場合、ラベリングされていない文書は大量にあるが、ラベリングされた文書はあまりない場合、次のようにすることができます。

まず、大量にある文書すべてを用いて文書埋め込みを作成します。これには**doc2vec**などの文書埋め込み技術を用います。次に、ラベリングされた文書dに対して、文書埋め込み空間内で最も近い、k個のラベリングされていない文書を見つけ、それらにdと同じラベルを付けます。ここでも、検証データでkの値を最適化します。

この他にも有用なテキストデータ拡張方法として**逆翻訳**があります。まず、英語で書かれたテキスト（文でも文書でもよい）を、機械翻訳システムを使って他の言語lに翻訳します。次に、言語lから英語に翻訳し直します。逆翻訳で得られたテキストが原文と異なる場合は、原文と同じラベルを付けてデータセットに追加します。

また、音声や動画などに対しても、ノイズの追加、音声や動画クリップの時間的な移動、減速や加速、音声のピッチ変更、動画のカラーバランスの変更などでデータを増やすことができます。これらの技術を詳細は本書の範囲外ですが、データ拡張は、画像やテキストに限らず、あらゆるメディアデータに適用できることを覚えておいてください。

3.9 不均衡なデータを扱う

クラスの不均衡は、どのような学習アルゴリズムでも、モデルの性能に大きな影響を与えます。問題は、訓練データ中のラベルの分布が非常に不均等なことです。

例えば、偽物の電子商取引を判別するための分類を行う場合を考えます。この場合、本当の取引のデータの方がはるかに多く存在します。機械学習アルゴリズムは、ほとんどの訓練データを正しく分類しようとします。機械学習アルゴリズムがそうせざるを得ないのは、**損失関数**を最小化する必要があり、この関数は誤分類されたデータに正の損失値を割り当てるからです。この損失が、データ数の少ないクラスのデータを誤分類したものと、データ数の多いクラスを誤分類したものとが同じであれば、学習アルゴリズムはデータ数の多いクラスでの誤分類を少なくするために、たくさんの少数派クラスを「あきらめる」ことを決定する可能性が非常に高くなります。

不均衡なデータの正式な定義はありませんが、次のような経験則を考えてみましょう。2つのクラスがある場合、バランスの取れたデータとは、データセットの半分がそれぞれのクラスを表していることを意味します。多少のクラスの不均衡は、通常は問題になりません。つまり、60％のデータが一方のクラスに属し、40％のデータが他方のクラスに属する場合、機械学習アルゴリズムを標準的な形で使用しても、大きな性能低下は起こらないはずです。しかし、クラスの不均衡が大きい場合、例えば、90％のデータが一方のクラスに属し、10％が他方のクラスに属する場合、通常は両方のクラスで生じた間違いを均等に重み付けする標準的な学習アルゴリズムを用いても、効果が低く、修正が必要になるでしょう。

3.9.1 オーバーサンプリング

クラスの不均衡を緩和するためによく使われる手法に**オーバーサンプリング**があります。図3.15（左）のように、データ数の少ないクラスのデータを複数コピーすることで、その割合を増します。また、少数派クラスの複数のデータの特徴量をサンプリングすることでデータを合成したり、それらを組み合わせてそのクラスの新しいデータを作成することもできます。データを作成することで、少数派クラスをオーバーサンプリングする2つの有名なアルゴリズムがあります。**SMOTE**（Synthetic Minority Oversampling Technique: 合成少数派オーバーサンプリング）と**ADASYN**（Adaptive Synthetic Sampling Method: 適応型合成サンプリング手法）です。

SMOTEとADASYNは多くの点で類似しています。少数派クラスのデータ x_i に対して、k 個の最近傍を選びます。このk個のデータの集合を S_k とします。合成データ x_{new} は、$x_i + \lambda (x_{zi} - x_i)$ と定義され、x_{zi} は S_k からランダムに選ばれた少数派クラスのデータです。補間用のハイパーパラメータ λ は、[0, 1]の範囲の任意の数です（図3.16の $\lambda = 0.5$ の例を参照してください）。

SMOTEもADASYNも、データセットに含まれるすべて x_i の中からランダムに取り出します。ADASYNでは、各 x_i に対して生成されるデータの個数は、S_k の中で少数派クラスではないデータの数に比例します。そのため、少数派クラスのデータが少ない領域では、より多くのデータが生成されます。

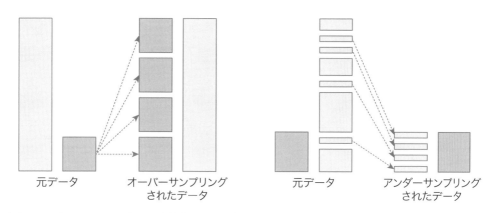

元データ　　オーバーサンプリング　　　　元データ　　アンダーサンプリング
　　　　　　されたデータ　　　　　　　　　　　　　　されたデータ

図3.15：オーバーサンプリング（左）とアンダーサンプリング（右）

3.9.2 アンダーサンプリング

　反対に、**アンダーサンプリング**とは、多数派のクラスのデータを訓練セットから取り除くことです（図3.15、右）。

　アンダーサンプリングはランダムに行うことができます。つまり、多数派クラスから取り除くデータをランダムに選ぶことができます。あるいは、多数派クラスから外すデータをある特性に基づいて選択することができます。そのような特性の1つが**Tomekリンク**です。2つの異なるクラスに属する2つの例 x_i と x_j の間にTomekリンクが存在するのは、データセットの中で、x_i と x_j のどちらかに、後者の2つがお互いに接しているよりも近い他のデータ x_k が存在しない場合です。この近さは、コサイン類似度や**ユークリッド距離**などの指標を用いて定義することができます。

　図3.17では、Tomekリンクに基づいて多数派のクラスのデータを削除することで、2つのクラスのデータ間に明確な違いを作り出すことができます。

　クラスターベースのアンダーサンプリングは次のように行います。アンダーサンプリングの結果、多数派のクラスに入れたいデータの数を決めます。その数字を k とします。k をクラスター数として、多数派のデータだけに**重心ベースのクラスタリングアルゴリズム**を実行します。そして、多数派のクラスのすべてのデータを k 個の重心で置き換えます。重心ベースのクラスタリングアルゴリズムとして、**k近傍法**があります。

3.9.3 ハイブリッド方式

ハイブリッド方式（オーバーサンプリングとアンダーサンプリングの両方を組み合わせたもの）を開発すると、より良い結果が得られる可能性があります。そのような方法の1つは、ADASYNでオーバーサンプリングを行い、Tomekリンクでアンダーサンプリングを行うことです。

また、クラスターベースのアンダーサンプリングとSMOTEを組み合わせる方法も考えられます。

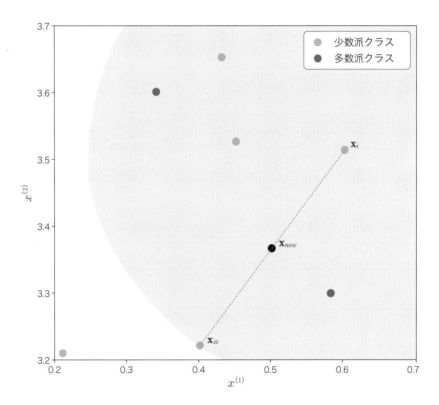

図3.16：SMOTEとADASYNの合成データ生成（Guillaume Lemaitre氏のスクリプトを使用して作成）

3.10 データサンプリング方法

　いわゆるビッグデータと呼ばれる大規模なデータがある場合、そのデータ全体を使うのは必ずしも現実的ではなく、また必要でもありません。代わりに、学習に十分な情報を含む小さなサンプルを抽出することができます。

　同様に、データの不均衡を調整するために多数派クラスをアンダーサンプリングする場合、サンプリングされたデータは多数派クラス全体を代表するものでなくてはなりません。この節では、いくつかのサンプリング手法、その特性、利点、欠点について説明します。

　主要なサンプリング手法に、確率的サンプリングと非確率的サンプリングの2つがあります。**確率的サンプリング**では、すべてのデータが選ばれる可能性があります。この手法は、ランダム性を伴います。

　非確率的サンプリングはランダムではありません。これは、ヒューリスティクスに基づく固定の方法でサンプルを抽出します。このため、いくらサンプルを作成しても、選択されることがないデータができてしまうことを意味します。

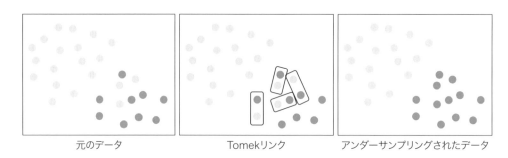

元のデータ　　　　　　　　Tomekリンク　　　　アンダーサンプリングされたデータ

図**3.17**：Tomekリンクによるアンダーサンプリング

　歴史的に見て、非確率的サンプリングは人間が手で行うのに適していました。今日では、この利点はあまり意味がありません。ビックデータであってもサンプリングは、コンピュータとソフトウェアを使用して非常に簡単に行えます。非確率的サンプリングの欠点は、代表的でないサンプルが含まれてしまい、重要なデータがシステム的に除外されてしまう可能性があることです。このような欠点は、非確率的サンプリングの利点を上回っています。このため、本書では確率的なサンプリングだけを紹介します。

3.10.1 単純ランダムサンプリング

　単純ランダムサンプリングは最もわかりやすい方法で、筆者が「ランダムにサンプリングする」と言うときはこれを指しています。ここでは、データセット全体からそれぞれのデー

タが純粋にランダムに選ばれ、各データが選ばれる確率は等しくなります。

　単純にランダムなサンプルを得る方法の1つは、各データに番号を割り当て、乱数発生器を使ってどのデータを選択するかを決めることです。例えば、データセットに1000個のデータが含まれていて、0から999までのタグが付けられている場合、乱数発生器の3つの数字を使ってデータを選択します。例えば、乱数発生器からの最初の3つの数字が0、5、7だった場合、57番の例を選択するといった具合です。

　このサンプリング方法の最大の利点は、単純さであり、乱数発生器として機能するプログラミング言語であればどれでも簡単に実装することができます。単純ランダムサンプリングの欠点は、特定の特性を持つデータが十分に選ばれない可能性があることです。例えば、大規模で不均衡なデータセットからサンプルを抽出する場合を考えてみましょう。そうすると、少数派クラスから十分な個数のデータを取り出せなかったり、あるいは全く取り出せないことがあります。

3.10.2 系統的サンプリング

　系統的サンプリング（**等間隔サンプリング**とも呼ばれる）を行うには、すべてのデータを含むリストを作成します。そのリストの最初のk個の要素から最初のデータx_{start}をランダムに選択します。次に、x_{start}から始まるリストのk番目の要素をすべて選びます。必要なサイズのサンプルが得られるようにkの値を決めます。

　単純ランダムサンプリングと比較した場合の系統的サンプリングの利点は、全範囲の値からデータを抽出できることです。しかし、データのリストに周期性や繰り返しのパターンがある場合は、系統的サンプリングはあまり適していません。後者の場合、得られたサンプルに偏りが生じる可能性があります。しかし、データのリストがランダムである場合は、系統的サンプリングの方が、多くの場合、単純ランダムサンプリングよりも良いサンプルが得られます。

3.10.3 層化サンプリング

　データにいくつかのグループ（性別、場所、年齢など）が存在することがわかっている場合、それらのグループのそれぞれからサンプルを用意する必要があります。**層化サンプリング**では、まずデータセットをグループ（層と呼ばれる）に分割し、次に各層から（単純ランダムサンプリングのように）サンプルをランダムに選択します。各層から選択するデータの数は、層の大きさに比例します。

　層化サンプリングは、偏りを減らすことでサンプルの代表性を向上させることが多く、最悪の場合でも、得られたサンプルは単純ランダムサンプリングの結果に劣らない品質を持ちます。しかし、層を定義するために、データセットの特性を理解する必要があります。その

上、どの属性で層を定義するかを決めるのは難しいことです。

　層を定義する方法がわからない場合は、**クラスタリング**を利用することができます。みなさんが決めなくてはならないのは、いくつのクラスタが必要かということだけです。この手法は、人間のラベラーにラベルの付いていないデータを送りラベリングさせる場合に、どのデータをラベリングさせるかを決めるのにも役立ちます。ラベル付けされていないデータが何百万もあり、ラベリングに使える人員が少ないということはよくあります。各層やクラスタがラベル付きデータで表現されるように、慎重にデータを選んでください。

　層化サンプリングは、いくつかの独立した層を扱うため、3つの方法の中で最も時間がかかります。しかし、得られたサンプルに偏りの少ないという利点は、その欠点を上回るものです。

3.11 データの保存

　データの安全な保管は、みなさんのビジネスに対する保険です。災害や人為的なミス（モデルの入ったファイルを誤って消去または上書きした）など、何らかの理由でビジネスに重要なモデルが失われてしまった場合、データがあればそのモデルを簡単に再構築することができます。

　顧客やビジネスパートナーから機密データや個人を特定できる情報（PII）が提供された場合には、安全なだけでなく、安心できる場所に保管しなければなりません。データベース管理者（DBA）やDevOpsエンジニアと連携することで、機密データへのアクセスをユーザ名で制限できることはもちろん、必要に応じてIPアドレスで制限することができます。また、リレーショナルデータベースへのアクセスは、行ごと、列ごとに制限することもできるでしょう。

　また、アクセスを読み取り専用や追加専用の操作に制限することも推奨されます。これは、書き込みや消去の操作を特定のユーザに限定することで行えます。

　モバイル機器でデータを収集する場合は、Wi-Fiに接続するまでモバイル機器にデータを保存しておく必要があるでしょう。このデータは、他のアプリケーションがアクセスできないように暗号化する必要があるかもしれません。ユーザが無線LANに接続した後は、TLS（Transport Layer Security）などの暗号化プロトコルを使用して、データを安全なサーバと同期させる必要があります。モバイル機器上の各データには、サーバ上のデータとの適切に同期できるように、タイムスタンプを付ける必要があります。

3.11.1 データフォーマット

　機械学習用のデータは、さまざまな形式で保存することができます。辞書や地理データベースどの間接的に使用されるデータは、リレーショナルデータベースのテーブル、KVS (Key-

Valueストア)、または構造化テキストファイルとして保存されます。

整然データは通常、カンマ区切りの値(CSV)またはタブ区切りの値(TSV)ファイルとして保存されます。この場合、すべてのデータが1つのファイルに保存されます。また、XMLファイルやJSONファイルの場合は、1つのファイルに1つのデータが格納されます。

一般的な機械学習パッケージの中には、汎用的なフォーマットに加えて、独自のデータフォーマットで整然データを保存するものもあります。他の機械学習パッケージでは、このような独自のデータフォーマットに対するAPIが提供されています。最も良くサポートされているフォーマットは、**ARFF**(Attribute-Relation File Format used in the Weka machine learning package: Weka機械学習パッケージで使用されている属性関連ファイルフォーマット)と**LIBSVM**(Library for Support Vector Machines)フォーマットで、これは機械学習ライブラリでLIBSVMと**LIBLINEAR**(Library for Large Linear Classification: 大規模線形分類用ライブラリ)使用されるデフォルトフォーマットです。

LIBSVM形式は、すべてのデータを含む1つのファイルで構成されています。ファイルの各行は、以下の形式のラベル付き特徴量ベクトルを表しています。

> ラベル index1:value1 index2:value2 ...

ここで `indexX:valueY` は、位置(次元)Xにある特徴量の値Yを指定しています。値が0の場合は省略することができます。このデータ形式は、ほとんどの特徴量の値が0である**疎なデータ**で特に便利です。

さらに、プログラミング言語によっては、**データのシリアライズ機能**が備わっているものがあります。プログラミング言語やライブラリが提供するシリアライズオブジェクトや関数を使って、特定の機械学習パッケージ用のデータをハードディスクに保持することができます。必要に応じて、データを非シリアライズすることで元の形に戻すことができます。例えば、Pythonでは汎用的なシリアライズモジュールとして**Pickle**、RではsaveRDSとreadRDSという組み込み関数があります。また、さまざまなデータ分析パッケージが独自のシリアライズ/非シリアライズ用のツールを提供しています。

Javaでは、`java.io.Serializable`インターフェースを実装したオブジェクトは、ファイルにシリアライズすることができ、必要に応じて非シリアライズすることができます。

3.11.2 データ保存レベル

データをどこにどのように保存するかを決める前に、適切な**保存レベル**を決めることが重要です。ストレージは、最も低いレベルのファイルシステムから、データレイクのような最高レベルのものまで、さまざまな抽象度のレベルで構成することができます。

ファイルシステムは、ストレージの基本レベルです。このレベルではデータの基本単位はファイルです。**ファイル**は、テキストまたはバイナリで、バージョン管理されておらず、簡

単に消去または上書きすることができます。

　ファイルシステムには、ローカルとネットワーク上のものがあります。ネットワーク上のファイルシステムは、単純なものから分散型のものまであります。

　ローカルファイルシステムは、機械学習プロジェクトに必要なすべてのファイルを含む、ローカルにマウントされたディスクと同じくらい単純なものです。

　NFS（Network File System）、**CephFS**（Ceph File System）、**HDFS**などの**分散ファイルシステム**は、複数の物理マシンや仮想マシンからネットワーク経由でアクセスできます。分散ファイルシステムのファイルは、ネットワーク上の複数のマシンに保存され、アクセスされます。

　ファイルシステムレベルのストレージは、その単純さにもかかわらず、以下のようなたくさんのユースケースに適しています。

ファイル共有

　ファイルシステムレベルのストレージはその単純さと、標準的なプロトコルのサポートにより、最小限の労力でデータを保存し、少人数で共有することができます。

ローカルアーカイビング

　ファイルシステムレベルのストレージは、データをアーカイブするための費用対効果の高い選択肢です。これは、NASが利用でき、スケールアウト可能だからです。

データ保護

　ファイルシステムレベルのストレージは、冗長性や複製機能を組み込むことで、データ保護が実現できます。

　このようなファイルシステムレベルのデータへの並列アクセスは、検索は速く、保存は遅いため、小規模なチームやデータには適切なストレージレベルになります。

　オブジェクトストレージは、ファイルシステム上に定義されたAPIです。このAPIを使えば、ファイルが実際にどこに保存されているかを気にすることなく、GET、PUT、DELETEなどのファイル操作をプログラムで実行することができます。このようなAPIは通常、ネットワーク上で利用可能な**APIサービス**によって提供され、**HTTP**やより一般的な**TCP/IP**など、さまざまな通信プロトコルでアクセス可能です。

　オブジェクトストレージのデータの基本単位は**オブジェクト**です。オブジェクトは通常バイナリであり、画像、音声、動画ファイルなど特定のフォーマットを持つデータです。

　APIサービスには、バージョン管理や冗長性などの機能を組み込むことができます。オブジェクトストレージに格納されたデータへのアクセスは、多くの場合、並行して行うことができますが、ファイルシステムレベルのような高速性はありません。

オブジェクトストレージの代表的な例は、**Amazon S3**や**GCS**（Google Cloud Storage）です。これ以外にも、**Ceph**は、分散コンピュータクラスタ上にオブジェクトストレージを実装したストレージプラットフォームで、オブジェクトレベルとファイルシステムレベルの両方のストレージ用のインターフェースを提供します。オンプレミスのコンピューティングシステムでは、S3やGCSの代わりに使用されることがよくあります。

データベースレベルのデータストレージは、**構造化されたデータ**を永続的、高速、スケーラブルに保存することができ、保存と検索の両方で高速な並列アクセスが可能です。

最新のデータベース管理システム（**DBMS**）では、データはランダムアクセスメモリ（**RAM**）に保存されますが、ソフトウェアによって、データがディスクに永続的に保存され（かつ、データに対する操作が記録され）、失われることはありません。

このレベルのデータの基本単位は**行**です。行は一意のIDを持ち、列に値を持ちます。リレーショナルデータベースでは、行は**テーブル**を構成し、同じテーブルや別のテーブルの行への参照を持つことができます。

データベースはバイナリデータの格納にはあまり適していませんが、小さなバイナリオブジェクトを**blob**（Binary Large OBjectの略）の形で格納できる場合があります。blobは、複数のバイナリデータから構成され、それが1つのデータとして保存されます。しかし、行には、別の場所（ファイルシステムやオブジェクトストレージなど）に保存されているバイナリオブジェクトへの参照が格納される場合の方がよくあります。

業界で最も良く使われているDBMSは、Oracle、MySQL、Microsoft SQL Server、PostgresSQLの4つです。これらのDBMSはいずれもSQL（Structured Query Language）をサポートしており、これを介してデータベースに保存されているデータへのアクセスや修正、データベースの作成、修正、削除などを行うことができます。[10]

データレイクとは、生の形式（通常はオブジェクトのblobやファイル形式）で保存されたデータから成るリポジトリです。データレイクは通常、複数のソースからのデータを集めたもので、それらのデータは構造化されていません。このようなソースには、データベース、ログ、元のデータをお金をかけて変換した中間データなど、があります。

データレイクには、生の形式（構造化されたデータを含む）でデータが保存されています。データレイクからデータを読み出すためには、プログラムを書いて、ファイルやblobで保存されたデータを読み出し解析する必要があります。データファイルやblobを解析するスクリプトを書くことは、DBMSでは、**スキーマオンリード**と呼ばれるやり方で、これと逆のものに**スキーマオンライト**があります。DBMSでは、データのスキーマがあらかじめ定義されており、書き込みのたびに、DBMSがそのデータがスキーマに対応しているかどうかを確認します。

第**3**章 データの収集と準備

---

[10]　SQL Serverでは独自のT-SQL（Transact SQL）を使用し、OracleではPL/SQL（Procedural Language SQL）を使用します

3.11.3 データのバージョン管理

　データが複数の場所で保持・更新される場合、バージョン管理をする必要があるでしょう。また、データの収集が自動化されており、モデルを頻繁に更新する場合には、データのバージョン管理が必要になります。例えば、自動運転、スパム検出、パーソナライズされたレコメンデーションなどの場合がそうです。新しいデータは、人間が車を運転したり、ユーザが電子メールを整理したり、最近の見たビデオなどから得られます。データが更新されると、モデルの性能が低下することがあります。そのような場合、みなさんは、その原因をデータのバージョンを変えて調査する必要があります。

　データのバージョン管理は、複数のラベラーがラベリングを行うような教師あり学習でも重要です。ラベラーによっては、似たようなデータに全く異なるラベルを付ける場合があり、これは一般的にモデルの性能を低下させます。みなさんは、ラベリングされたデータをラベラーごとに保管し、モデルの訓練時にマージをするだけにしようと考えるかもしれません。そのモデルの性能を注意深く分析することで、ラベラーの付けたラベルの質が低いことや、一貫したラベル付けがされていなかったことがわかる場合があります。そのようなデータは訓練データから除外するか、ラベルを付け直す必要があります。データにバージョンを付けておくと、最小限の労力でこれが可能になります。

　データのバージョン管理は、最も基本的なものから最も複雑なものまで、いくつかのレベルで実装することができます。

● レベル0：データがバージョン管理されていない

　このレベルでは、データはローカルファイルシステムやオブジェクトストレージ、データベースに保存されています。バージョン管理されていないデータの利点は、データを扱う際の手軽さと単純さにあります。しかし、この利点は、モデル訓練時に発生する問題で相殺されてしまいます。まず最初の問題は、モデルのデプロイのバージョン管理できないことでしょう。第8章で説明するように、モデルのデプロイはバージョン管理が必要です。デプロイされる機械学習モデルは、コードとデータが混在しています。コードがバージョン管理されている場合、データもバージョン管理されている必要があります。そうしないと、デプロイ自体をバージョン管理できません。

　デプロイをバージョン管理していないと、モデルに問題が発生した場合に、前のモデルに戻すことができません。したがって、バージョン管理されていないデータはお勧めできません。

● レベル1：データが、訓練時のスナップショットとしてバージョン管理されている

　このレベルでは、モデルの訓練に必要なすべてのスナップショットを訓練時に保存することで、データをバージョン管理します。この方法だと、デプロイされたモデルのバージョンを管理することができ、前のモデルに戻すことができます。それぞれのバージョンは、Excel

のスプレッドシートなど、何らかの文書で管理する必要があります。その文書には、コードとデータの両方のスナップショットの場所、ハイパーパラメータの値、実験を再現するのに必要なメタデータを書いておきます。モデルの数が少なく、頻繁に更新しないのであれば、このバージョン管理方法は有効ですが、そうでない場合は、お勧めできません。

●レベル2：データとコードの両方が1つのアセットとしてバージョン管理されている

このレベルのバージョン管理では、小さなアセット（辞書や地理データベース、小さなデータセットなど）は、コードと一緒に**Git**や**Mercurial**などのバージョン管理システムに保存されます。大規模なデータは、固有のIDを付けて**S3**や**GCS**などのオブジェクトストレージに保存します。訓練データは、JSONやXMLなどの標準的なフォーマットで保存され、関連するメタデータ（ラベル、ラベラーのID、ラベリングの時間、データのラベル付けに使用したツールなど）を含みます。

Git LFS（Large File Storage）のようなツールは、オーディオ、ビデオ、グラフィックスなどの大容量のファイルをサーバーに保存し、自動的にそれを指すテキストポインタに置き換えてくれます。

データセットのバージョンは、コードとデータファイル用の**gitの署名**で定義されます。また、タイムスタンプを追加することで、必要なバージョンを簡単に特定することができます。

●レベル3：専用のデータバージョン管理ソリューションを使用または構築する。

DVCや**Pachyderm**のようなデータバージョン管理ソフトウェアは、データバージョン管理用の追加ツールです。これらは、通常、Gitのようなバージョン管理ソフトウェアと一緒に用いられます。

レベル2のバージョン管理は、ほとんどのプロジェクトで推奨されるバージョン管理方法です。レベル2で十分ではないと思われる場合は、レベル3を検討するか、自分で構築することを検討してください。そうでない場合は、この方法は推奨しません。すでに複雑になっているエンジニアリングプロジェクトをさらに複雑にしてしまうからです。

3.11.4 文書とメタデータ

機械学習プロジェクトに取り組んでいる間は、詳細なことでもデータに関する重要なことは覚えていることが多いでしょう。しかし、そのプロジェクトが本運用に入り、別のプロジェクトに切り替えると、この情報はいずれ忘れ去られてしまいます。

別のプロジェクトに取りかかる前に、他の人がみなさんのデータを理解し、適切に使用できるかどうかを確認する必要があります。

データが自明なものであれば、文書化しなくてもよいでしょう。しかし、データセットを

作成していない人がデータセットを見ただけで簡単に理解し、使い方が分かることはほとんどありません。

　モデルの学習に使用されたデータアセットには、文書を付ける必要があるのです。この文書には、以下の情報が含まれている必要があります。

- 何のデータか
- データの収集方法、すなわち、データの作成に使用された方法（ラベラーへの指示や品質管理の方法）
- 訓練・検証・テストデータの分割方法の詳細
- 前処理の詳細
- 除外したデータの説明
- データの保存に使われているフォーマット
- 属性や特徴量の種類（各属性や特徴量にどのような値が許されるか）
- データ数
- ラベルに使用できる値、数値に使用できる範囲

3.11.5 データのライフサイクル

　データの中には、保存期限のないものもありますが、ビジネスによっては、特定の期間だけしか保存することができなく、その後は消去しなければならないデータもあります。扱うデータにそのような制限がある場合は、何らかの警告システムを導入する必要があります。このシステムは、データの消去責任者に連絡を取ったり、責任者が不在の場合に備えてバックアッププランを用意しておく必要があります。忘れないようにしてほしいのは、データを消去しなかった場合、会社にとって非常に面倒な問題になることがあることです。

　機密性の高いデータについては、**データのライフサイクルに関する文書**に、その内容とそのデータに（プロジェクト開発中および開発後に）アクセスできる人の範囲、データの保存期間、明示的に破棄する必要があるかどうかも書いておく必要があります。

3.12 データ操作のベストプラクティス

本章の締めくくりとして、残りの2つ、「再現性」と「データが第一、アルゴリズムはその次」のベストプラクティスについて考えます。

3.12.1 再現性

再現性は、データの収集と準備を含むすべての作業において重要なポイントです。手でデータを変換しないようにしてください。例えば、テキストエディターやコマンドラインシェルが提供する強力なツール（正規表現、その場限りのawkやsedコマンド、パイプなど）の使用は避けるべきです。

通常、データの収集と変換の作業には、複数のステージあります。例えば、Web APIやデータベースからのデータをダウンロードする、複数の単語で構成される表現を一意なトークンに置き換える、ストップワードやノイズを除去する、画像の切り取りや先鋭化、欠損値の補完などです。このような多段階のプロセスから成る作業はそれぞれ、PythonやRのスクリプトなどのスクリプトとして実装しておく必要があります。このようにみなさんの行った作業を整理しておけば、データがどのように変更されたかがすべて把握できます。どのステージであっても、データに何か問題が発生した場合には、スクリプトを修正し、データ処理パイプライン全体を最初から実行することができます。

一方で、人手が介在している場合には、再現が難しい場合があります。人手による作業は、更新されたデータに適用したり、（よりたくさんのデータや別のデータセットを入手できた場合に）たくさんのデータに対応できるようにすることは困難です。

3.12.2 データが第一、アルゴリズムはその次

学会とは異なり、業界では「データが第一、アルゴリズムその次」であることを忘れてはいけません。みなさんの労力と時間は、学習アルゴリズムから最大限の効果を引き出そうとすることにではなく、多種多様で高品質なデータをより多く入手することに費やしてください。

最適なハイパーパラメータやモデルを見つけ出すことよりも、**データ拡張**がうまく実装されていれば、ほとんどの場合、モデルの品質は大きく向上します。

3.13 まとめ

データの収集を開始する前に、次の5つの質問を考えてみてください。扱うデータにアクセスできるか、サイズは十分か、利用可能か、理解可能か、信頼できるかです。

データに関する一般的な問題は、高コスト、バイアス、予測能力の低さ、古いデータ、外れ値、漏洩などです。

良いデータとは、モデルの訓練に使用できる十分な情報を含み、モデルで行いたいことを十分にカバーし、モデルが実際に使用される環境での入力データの性質を持つものです。また、可能な限りバイアスがなく、モデルが生成したものではなく、一貫したラベルを持ち、汎化に十分な量があるものです。

優れたインタラクションデータには、「インタラクションのコンテキスト」、「そのコンテキストでのユーザの行動」、「インタラクションの結果」という3つの情報が含まれています。

データセット全体をうまく訓練セット、検証セット、テストセットに分割するにはいくつかの条件を満たす必要があります。1）分割前のデータがランダムになっていること、2）生データを分割していること、3）検証セットとテストセットが同じ分布を持つこと、4）漏洩が回避されていること、です。

データ補完は、データから抜けている属性を埋めるのに使用されます。データを拡張することで、手動でラベル付けをすることなく、たくさんのラベリングされたデータを得ることができます。この技術は通常、画像データに適用されますが、テキストやその他の知覚データにも適用できます。

クラスの不均衡は、モデルの性能に大きな影響を与えます。訓練データのクラスが不均衡だと、学習アルゴリズムは最適な結果を得られません。クラスの不均衡を解消するには、オーバーサンプリングやアンダーサンプリングなどの手法が有効です。

ビッグデータを扱う場合、すべてのデータを使うことは必ずしも現実的ではなく、また必要でもありません。代わりに、学習に十分な情報を含む少量のサンプルを抽出してください。そのためには、単純ランダムサンプリング、系統的サンプリング、層化サンプリング、クラスタの抽出など、さまざまなデータサンプリング手法を用いることができます。

データは、さまざまなデータ形式やさまざまなレベルで保存することができます。データのバージョン管理は、教師あり学習において重要な要素であり、複数のラベラーによってラベリングが行われている場合は特にそうです。

ラベルの品質はラベラーによって異なる場合があるので、誰がどのデータをラベリングしたかを記録しておくことが重要です。データのバージョン管理は、基本的なものから複雑なものまで、いくつかのレベルで実装することができます。バージョン管理なし（レベル0）、トレーニング時のスナップショットとしてのバージョン管理（レベル1）、データとコードの両方を含む1つのアセットとしてのバージョン管理（レベル2）、専用のデータバージョン管

理システムの使用または構築によるバージョン管理（レベル3）です。

　ほとんどのプロジェクトではレベル2が推奨されます。

　モデルの訓練に使用されたデータには、文書を付ける必要があります。この文書には、データの内容、収集方法、作成方法（ラベラーへの指示、品質管理方法）、訓練データ・検証・テストデータの分割方法の詳細、すべての前処理ステップの説明が含まれている必要があります。また、除外したデータの説明、データがどのようなフォーマットで保存されているか、属性や特徴量の種類、データ数、ラベルに使用できる値や数値の許容範囲などが書かれている必要があります。

　機密性の高いデータ資産については、データのライフサイクルに関する文書に、そのデータ、プロジェクト開発中および開発後にそのデータにアクセスできる人の範囲を書いておく必要があります。

第4章

特徴量エンジニアリング

特徴量エンジニアリングは、データの収集と準備に次いで、機械学習で重要な作業です。また、機械学習プロジェクトのライフサイクルにおける3番目のステージでもあります。

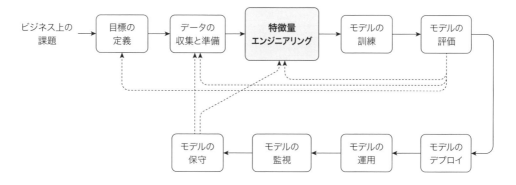

図4.1：機械学習プロジェクトのライフサイクル

特徴量エンジニアリングとは、まず概念的に、次にプログラム的に生データを特徴量ベクトルに変換するプロセスのことです。特徴量を概念化し、（間接的なデータなどを用いて）生データ全体を特徴量に変換するコードを書く作業から成ります。

4.1 なぜ特徴量をエンジニアリングするのか

ここでは具体的に、「ツイートの中の映画タイトルを認識する」という課題を考えてみましょう。膨大な映画タイトルの一覧があるとします。これは**間接的**に使用するデータです。また、ツイートのデータもあり、このデータは**直接**使用します。まず、映画タイトルのインデックスを作成し、文字列照合が高速に行えるようにします[1]。次に、ツイートの中で映画のタイトルに一致するものをすべて見つけます。ここで、みなさんの持つデータには一致す

---

[1] 高速な文字列照合用のインデックスを作成するには、例えば、Aho-Corasickアルゴリズムを使用します。

るものがあると仮定し、機械学習が扱う課題は、一致したものが映画か、映画でないという2値分類であるとします。

次のようなツイートを考えてみましょう。

図**4.2**：Kyleのツイート

先ほど作成した映画タイトルのインデックスは、"avatar"、"the terminator"、"It"、"her" のような映画のタイトルに一致するものを見つけるのに役立ちます。これで、ラベルのないデータが4つ出来ました。この4つのデータにラベルを付けることができます。例えば、{(avatar, False), (the terminator, True), (It, False), (her, False)} となります。しかし、機械学習アルゴリズムは、映画のタイトルだけでは何も学習できません（人間もそうです）。みなさんは、一致した単語の前の5単語と後の5単語が、十分な情報を持つコンテキストだと考えるかもしれません。機械学習の専門用語では、このようなコンテキストを、一致する単語の周りの「10単語のウィンドウ」と呼んでいます。このウィンドウの幅をハイパーパラメータとしてチューニングすることができます。

これで、みなさんのデータは、それぞれのコンテキストの中でラベル付けされたものになりました。しかし、このようなデータに学習アルゴリズムを適用することはできません。機械学習アルゴリズムは、特徴量ベクトルにしか適用できないのです。これが、特徴量エンジニアリングが必要な理由です。

4.2 特徴量をどのようにして抽出するか

特徴量エンジニアリングは、データアナリストが想像力、直観、その領域の専門知識を駆使して行う創造的なプロセスです。今回の例題である「ツイート中の映画タイトル識別」では、直感的な判断で、一致した箇所周囲のウィンドウの幅を10に固定しました。今度は、文字列を数値ベクトルに変換するのにさらに一層の工夫が必要です。

4.2.1 テキストの特徴量エンジニアリング

データサイエンティストやエンジニアは、テキストに関しては、シンプルな特徴量エンジニアリングの手法をよく使用します。そのような手法として、one-hotエンコーディングとBag-of-wordsがあります。

一般的に、**one-hotエンコーディング**は、カテゴリーに分けられた属性をいくつかの2値属性に変換するものです。例えば、データセットに「色」という属性があり、「赤」、「黄」、「緑」という値があるとします。それぞれの値を、以下のように3次元の2値ベクトルに変換します。

$$赤 = [1, 0, 0]$$
$$黄 = [0, 1, 0]$$
$$緑 = [0, 0, 1]$$

スプレッドシートでは、「色」という属性を持つ列を1つ持つ代わりに、「1」か「0」の値を持つ列を3つ使用します。こうすることの利点は、使える機械学習アルゴリズムの幅が広がることです。というのは、ほんの一握りの学習アルゴリズムしかカテゴリー属性をサポートしていないからです。

Bag-of-wordsは、one-hotエンコーディングをテキストデータに一般化し適用したものです。1つの属性を2値ベクトルで表現する代わりに、この技術を使って文書全体を2値ベクトルで表現します。その仕組みを見てみましょう。

以下のような6つの文書があるとします。

文書1	Love, love is a verb
文書2	Love is a doing word
文書3	Feathers on my breath
文書4	Gentle impulsion
文書5	Shakes me, makes me lighter
文書6	Feathers on my breath

図4.3：6つの文書

ここでの課題は、トピック別のテキスト分類器を構築することとします。分類学習アルゴリズムは、入力がラベル付きの特徴量ベクトルなので、文書の集まりを特徴量ベクトルの集まりに変換する必要があります。Bag-of-wordsを使えば、それが可能になります。

まず、テキストを**トークン化**（Toknization）します。トークン化とは、テキストを「トークン」と呼ばれる断片に分割する処理です。**トークナイザー**は、文字列を入力とし、その文字列から抽出されたトークン列を返すソフトウェアです。一般的にトークンは単語ですが、厳密には単語である必要はありません。句読点であったり、単語であったり、場合によっては、会社（例：McDonald's）や場所（例：Red Square）などの単語の組み合わせであったりします。単語を抽出し、それ以外のものを無視する単純なトークナイザーを使ってみましょう。次のようなデータが得られます。

文書 1	[Love, love, is a verb]
文書 2	[Love, is, a, doing, word]
文書 3	[Feathers, on, my, breath]
文書 4	[Gentle, impulsion]
文書 5	[Shakes, me, makes, me lighter]
文書 6	[Feathers, on, my, breath]

図4.4：トークン化された文書群

次のステップは、語彙の構築です。ここでは次の16個のトークンが含まれています[2]。

a	breath	doing	feathers
gentle	impulsion	is	lighter
love	makes	me	my
on	shakes	verb	word

次に、語彙を何らかの方法で順番に並べ、各トークンに固有のインデックスを割り当てます。ここではトークンをアルファベット順に並べました。

---

[2]　ここでは、大文字を無視することにしましたが、"Love" と "love" という2つのトークンをそれぞれ別の語彙として扱ってもよいでしょう。

a	breath	doing	feathers	gentle	impulsion	is	lighter	love	makes	me	my	on	shakes	verb	word
1	2	3	4	5	6	7	8	9	10	11	12	13	14	15	16

図4.5：順序付けされ、インデックス付けされたトークン

語彙の各トークンは、1から16までの一意なインデックスを持っています。これを、次のように、2値の特徴量ベクトルの集まりに変換します。

	1	2	3	4	5	6	7	8	9	10	11	12	13	14	15	16
文書1	1	0	0	0	0	0	1	0	1	0	0	0	0	0	1	0
文書2	1	0	1	0	0	0	1	0	1	0	0	0	0	0	0	1
文書3	0	1	0	1	0	0	0	0	0	0	0	1	1	0	0	0
文書4	0	0	0	0	1	1	0	0	0	0	0	0	0	0	0	0
文書5	0	0	0	0	0	0	0	1	0	1	1	0	0	1	0	0
文書6	0	1	0	1	0	0	0	0	0	0	0	1	1	0	0	0

a ... word

図4.6：特徴量ベクトル

対応するトークンがテキスト中に存在する場合、その位置に1を割り当て、それ以外の場合は、その位置の特徴量は0になります。

例えば、文書1「Love, love is a verb」は、次のような特徴量ベクトルで表されます。

$$[1, 0, 0, 0, 0, 0, 1, 0, 1, 0, 0, 0, 0, 0, 1, 0]$$

このようにラベル付けされた特徴量ベクトルを訓練データとして使用することで、どのような分類学習アルゴリズムでも訓練することができます。

Bag-of-wordsにはいくつかの種類があります。先ほど説明した2値モデルは多くの場合でうまく機能します。2値以外に、1）トークンの数、2）トークンの頻度、3）**TF-IDF**（term frequency-inverse document frequency）などが使えます。トークンの数を使う場合、文書1の"Love, love is a verb"の"love"の特徴量は2となり、これは"love"という単語が文書中に何回出てくるかを表しています。トークンの頻度を適用すると、"love"の値は 2/5 = 0.4 となります。これは、トークン化で"love"という2つのトークンが抽出化され、文書1から合計5個のトークンが抽出されたと仮定した場合の話です。TF-IDF値は、文書内の単語の頻度に比例して増加し、その単語を含むコーパス内の文書の数が多いほど減少します。これにより、前置詞や代名詞などの一部の単語が頻繁に出現しやすいことを調整しています。TF-IDFについてはこれ以上詳しく説明しませんが、興味のある方はオンラインの詳細な情報をご覧になってください。

Bag-of-wordsを拡張したものが**Bag-of-n-grams**です。N-gramとは、コーパスから取り出したn個の単語の並びのことです。仮にn=2とし、句読点を無視した場合、"No, I am your father."というテキストに含まれるすべての2グラム（通常**バイグラム**（bigram）と呼ばれる）は、["No I", "I am", "am your", "your father"] となります。3グラムは ["No I am", "I am your," "am your father"] です。あるnまでのすべてのN-gramを1つの辞書内のトークンと混ぜ合わせることで、Bag-of-wordsモデルを扱うのと同じ方法でトークン化できるBag-n-gramが得られます。

単語の並びは、個々の単語よりも同じものが少ないことが多いため、N-gramを使用すると、より**疎**な特徴量ベクトルが作成されます。同時に、N-gramは、機械学習アルゴリズムがより微妙な意味を捉えるモデルを学習することを可能にします。例えば、"This movie was not good and boring"と"This movie was good and not boring"という表現は、意味は逆ですが、単語だけだとBag-of-wordsベクトルは同じベクトルになります。単語のバイグラムを考えると、この2つの表現のバイグラムからなるBag-of-wordsベクトルは異なるものになります。

4.2.2 Bag-of-wordsが有効な理由

特徴量ベクトルは、一定のルールに従った場合にだけ有効に機能します。1つのルールは、特徴量ベクトルの j の位置にある特徴量が、データセットのすべてのデータで同じ属性を表すことです。例えば、あるデータセットで、ある人の身長（cm）を表す特徴量があったとして、それぞれのデータが異なる人を表す場合、他のすべてのデータでも同じ属性である必要があ

ります。j の位置にある特徴量は、常に cm 単位の身長を表していなければならないのです。

Bag-of-words も同様です。それぞれの特徴量は、テキストの同じ属性、つまり特定のトークンがテキストに存在するかしないかを表しています。

もう1つのルールは、特徴量ベクトルが類似しているものは、データセット内で類似したものを表していなければならないということです。この性質は、Bag-of-words を用いる場合でも同じです。同じテキストが2つあれば、同じ特徴量ベクトルを持つことになります。同様に、同じトピックに関する2つのテキストは、異なるトピックに関する2つのテキストよりも共通する単語が多いため、類似した特徴量ベクトルを持つ可能性が高くなります。

4.2.3 カテゴリー特徴量の数値への変換

カテゴリー特徴量を数値に変換する方法は、one-hot エンコーディングだけではありません。**平均値エンコーディング（ビンカウント**や**特徴量補正**とも呼ばれる）もその手法の1つです。まず、そのラベルの**平均値**を、その特徴量の値が z であるすべてのデータを使って計算し、カテゴリー特徴量の値 z をその平均値で置き換えます。この手法の利点は、データの次元が増加しないことと、その数値にラベルに関するなんらかの情報が含まれていることです。

2値に分類する課題に取り組む場合、平均値に加えて、その他の有用な量を使うことができます。例えば、与えられた z の値に対する正クラスの個数、**オッズ比**、**対数オッズ比**です。オッズ比（OR）は、通常、2つの確率変数の間で定義されます。一般的に、OR は、2つの事象 A と B の間の関連性の強さを定量化する統計量です。OR が1の場合、つまり、一方の事象のオッズが他方の事象の有無にかかわらず同じである場合、2つの事象は独立であると考えられます。

カテゴリー特徴量に定量化を応用すると、カテゴリー特徴量の値 z（事象 A）と正のラベル（事象 B）とのオッズ比を算出することができます。例で説明しましょう。電子メールのメッセージがスパムかそうでないかを予測するとします。ラベル付けされたメールのデータセットがあり、特徴量エンジニアリングを行い、各メールで最も頻繁に使われている単語を含む特徴量を取り出してあるとします。この特徴量のカテゴリー値 infected」（感染した）を置き換える数値を見つけてみましょう。まず、「infected（感染した）」と「スパム」の分割表を作成します。

	スパム	スパムでない	総数
"infected" を含む	145	8	153
"infected" を含まない	346	2909	3255
総数	491	2917	3408

図4.7：「infected」と「スパム」の分割表

「infected」と「スパム」のオッズ比は次のように与えられます。

$$\text{オッズ比 (infected, spam)} = \frac{145/8}{346/2909} = 152.4$$

　お分かりのように、オッズ比は分割表の値によって、極めて小さい値（0に近い値）にも、極めて大きい値（大きい正の値）にもなります。多くの場合、数値がオーバーフローしないように対数オッズ比を使用します。

$$\text{対数オッズ比 (infected, spam)} = \log(145/8) - \log(346/2909)$$
$$= \log(145) - \log(8) - \log(346) + \log(2909) = 2.2$$

　これで、上記のカテゴリー特徴量の「infected」という値を2.2という値に置き換えることができます。その特徴量が持つ他のすべての値についても同じようにして対数比の値に変換することができます。

　カテゴリー特徴量には順序はあっても、周期はない場合があります。例えば、学校の成績（「A」から「E」まで）や、勤続年数（「短い」、「中間」、「長い」）などです。これらをone-hotエンコーディングで表現するのではなく、意味のある数字で表現すると便利です。「短い」は1/3、「中間」は2/3、「長い」は1というように、[0, 1]の範囲で一律な数字を使用します。いくつかの値が離れていた方がいい場合は、異なる比率で反映させることができます。例えば、「長い」と「中間」が、「中間」と「短い」より離れている場合、「短い」には1/5、「中間」には2/5、「長い」には1を使用することができます。これが、ドメインに関する知識が重要な理由です。

　カテゴリー特徴量が周期的な場合、整数でエンコーディングしてもうまくいきません。例えば、月曜日から日曜日を1から7の整数に変換してみましょう。日曜日と土曜日の差は1であるのに対し、月曜日と日曜日の差は -6です。しかし、私たちは、月曜日は日曜日を1日過ぎただけなので、差は同じ1だと考えます。

　代わりに、**サイン・コサイン変換**を用います。これは、周期的な特徴量を2つの特徴量に変換します。周期的特徴量の整数値を p とします。この p の値を次の2つの値で置き換えます。

$$p_{sin} = \frac{sin(2 \times \pi \times p)}{\max(p)} \quad 、 \quad p_{cos} = cos\left(\frac{2 \times \pi \times p}{\max(p)}\right)$$

下の表は、1週間のうち7日間の p_{sin} と p_{cos} の値を示しています。

p	p_{sin}	p_{cos}
1	0.78	0.62
2	0.97	−0.22
3	0.43	−0.9
4	−0.43	−0.9
5	−0.97	−0.22
6	−0.78	0.62
7	0	1

図4.8は、上記の表を使って作成した散布図です。2つの新しい特徴量に周期性があることがわかります。

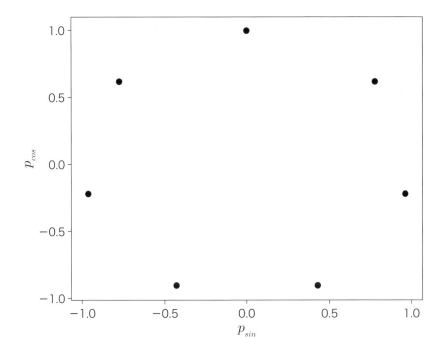

図4.8：曜日を表す特徴量をサイン・コサイン変換したもの

さて、整然データの中で、「月曜日」を2つの値 [0.78, 0.62] に、「火曜日」を [0.97, -0.22] に、というように置き換えてみましょう。データセットは次元が増えましたが、モデルの予測品質は、整数のエンコーディングに比べて大幅に向上します。

4.2.4 特徴量のハッシュ化

特徴量のハッシュ化（ハッシュトリック）は、テキストデータや多くの値を持つカテゴリー属性を、任意の次元の特徴量ベクトルに変換します。one-hotエンコーディングやBag-of-wordsには、一意な値が多いと高次元の特徴量ベクトルになってしまうという欠点があります。例えば、文書に100万個の一意なトークンがある場合、Bag-of-wordsは100万の次元を持つ特徴量ベクトルを生成します。このような高次元のデータを扱うには、計算コストが非常に高くなるでしょう。

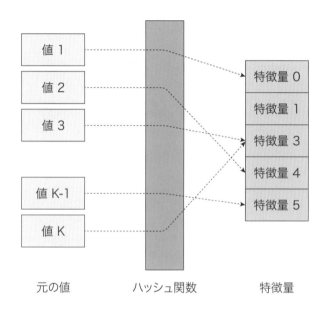

図4.9：属性の値の元の基数Kに対して、必要な次元を5とした場合のハッシュトリックを示す

データを管理しやすくするには、次のようなハッシュトリックがあります。まず、特徴量ベクトルで必要な次元数を決めます。次に、**ハッシュ関数**を使って、カテゴリー属性のすべての値（または、文書に含まれるすべてのトークン）を数字に変換し、その数字を特徴量ベクトルのインデックスに変換します。このプロセスを図4.9に示します。

ここでは、"Love is a doing word"というテキストを特徴量ベクトルに変換する方法を説明します。文字列を入力とし、非負の整数を出力するハッシュ関数hを用意し、必要な次元数を5とします。各単語にハッシュ関数を適用し、5の剰余（mod）を適用して単語のインデックスを得ることにします。結果は、次のようになります。

$$h(\text{love}) \bmod 5 = 0$$
$$h(\text{is}) \bmod 5 = 3$$
$$h(\text{a}) \bmod 5 = 1$$
$$h(\text{doing}) \bmod 5 = 3$$
$$h(\text{word}) \bmod 5 = 4$$

そうすると特徴量ベクトルは次のように作ることができます。

$$[1, 1, 0, 2, 1]$$

実際、h(love) mod 5 = 0は、特徴量ベクトルの0次元に1つの単語があることを意味し、h(is) mod 5 = 3とh(doing) mod 5 = 3は、特徴量ベクトルの3次元に2つの単語があることを意味します。ご覧のように、"is"と"doing"という単語は**衝突**しており、どちらも3で表現されています。次元数が低ければ低いほど、衝突の可能性は高くなります。これは、学習の速さと質のトレードオフになります。

一般的に使用されるハッシュ関数は、**MurmurHash3**、**Jenkins**、**CityHash**、**MD5**です。

4.2.5 トピックモデリング

トピックモデリングは、通常、ラベルのないデータ（自然言語のテキストの形をしている）を使用する技術の一種です。このモデルは学習することで、テキストをトピックのベクトルとして表現することができるようになります。例えば、ニュース記事のトピックには、「スポーツ」、「政治」、「娯楽」、「金融」、「技術」の5つの主要なトピックがあります。それぞれのニュースは、5次元の特徴量ベクトルとして表現されます。各次元はトピックに対応しています。

$$[0.04, 0.5, 0.1, 0.3, 0.06]$$

上記の特徴量ベクトルは、「政治」（重み0.5）と「金融」（重み0.3）という主要なトピックが2つ混在するニュースであることを表しています。**潜在的意味解析法**（Latent Semantic Analysis: LSA）や**潜在的ディリクレ配分法**（Latent Dirichlet Allocation: LDA）などのトピックモデリングアルゴリズムは、ラベルのないテキストを分析することで学習します。この2つのアルゴリズムは、似たような出力をしますが、異なる数学的モデルに基づいています。LSAでは、単語から文書までの行列（2つのBag-of-wordsやTF-IDFを用いて作成される）の**特異値分解**（SVD）を使用します。LDAは階層型ベイズモデルを使用しています。それぞれの手法は、各文書は複数のトピックのから成るものであり、トピックに起因して、含まれる単語が決まると考えます。

PythonとRでその仕組みを説明しましょう。以下はLSAのPythonコードです。

```python
1   from sklearn.feature_extraction.text import TfidfVectorizer
2   from sklearn.decomposition import TruncatedSVD
3
4   class LSA():
5       def __init__(self, docs):
6           # 文書を TF-IDF ベクトルに変換する
7           self.TF_IDF = TfidfVectorizer()
8           self.TF_IDF.fit(docs)
9           vectors = self.TF_IDF.transform(docs)
10
11          # LSAのトピックモデルを作成する
12          self.LSA_model = TruncatedSVD(n_components=50)
13          self.LSA_model.fit(vectors)
14          return
15
16      def get_features(self, new_docs):
17          # 新しい文書のトピックベースの特徴量を得る
18          new_vectors = self.TF_IDF.transform(new_docs)
19          return self.LSA_model.transform(new_vectors)
20
21  # 本番環境で、LSAモデルをインスタンス化する
22  docs = ["This is a text.", "This another one."]
23  LSA_featurizer = LSA(docs)
24
25  # new_docsに対するトピックベースの特徴量を得る
26  new_docs = ["This is a third text.", "This is a fourth one."]
27  LSA_features = LSA_featurizer.get_features(new_docs)
```

対応するRのコード [3] を以下に示します。

```r
1   library (tm)
2   library (lsa)
3
4   get_features <- function (LSA_model, new_docs){
5       # new_docsはtm::Corpusオブジェクトかベクトルとして渡される
6       # これらは、文書を表す文字列を保持する
7       if (! inherits (new_docs, "Corpus")) new_docs <- VCorpus
          ( VectorSource (new_docs))
8       tdm_test <- TermDocumentMatrix (
9         new_docs,
```

---

[3] LSAとLDAのRコードはJulian Amon氏の厚意による。

```
10       control = list (
11         dictionary = rownames (LSA_model$tk),
12         weighting = weightTfIdf
13       )
14     )
15     txt_mat <- as.textmatrix ( as.matrix (tdm_test))
16     crossprod ( t ( crossprod (txt_mat, LSA_model$tk)), diag (1/LSA_model$sk))
17   }
18
19   # docsを用いてLSAモデルを訓練する
20   docs <- c ("This is a text.", "This another one.")
21   corpus <- VCorpus ( VectorSource (docs))
22   tdm_train <- TermDocumentMatrix (
23   corpus, control = list (weighting = weightTfIdf))
24   txt_mat <- as.textmatrix ( as.matrix (tdm_train))
25   LSA_fit <- lsa (txt_mat, dims = 2)
26
27   # 本番環境で、new_docs用のトピックベースの特徴量を得る
28   new_docs <- c ("This is a third text.", "This is a fourth one.")
29   LSA_features <- get_features (LSA_fit, new_docs)
```

以下は、LDA用のPythonのコードです

```python
1   from sklearn.feature_extraction.text import CountVectorizer
2   from sklearn.decomposition import LatentDirichletAllocation
3
4   class LDA():
5       def __init__(self, docs):
6           # 文書をTF-IDFベクトルに変換する
7           self.TF = CountVectorizer()
8           self.TF.fit(docs)
9           vectors = self.TF.transform(docs)
10          # LDAのトピックモデルを作成する
11          self.LDA_model = LatentDirichletAllocation(n_components=50)
12          self.LDA_model.fit(vectors)
13          return
14      def get_features(self, new_docs):
15          # 新しい文書のトピックベースの特徴量を得る
16          new_vectors = self.TF.transform(new_docs)
17          return self.LDA_model.transform(new_vectors)
18
19  # 本番環境でLDAモデルをインスタンス化する
20  docs = ["This is a text.", "This another one."]
21  LDA_featurizer = LDA(docs)
```

```
22
23  # new_docs用のトピックベースの特徴量を得る
24  new_docs = ["This is a third text.", "This is a fourth one."]
25  LDA_features = LDA_featurizer.get_features(new_docs)
```

以下に対応するRのコードを示します。

```
1   library (tm)
2   library (topicmodels)
3
4   # LDAモデルを用いてnew_docsの特徴量を生成する
5   get_features <- function (LDA_mode, new_docs){
6     # new_docsはtm::Corpusオブジェクトかベクトルとして渡される
7     # これらは、文書を表す文字列を保持する
8     if (! inherits (new_docs, "Corpus")) new_docs <- VCorpus
          ( VectorSource (new_docs))
9     new_dtm <- DocumentTermMatrix (new_docs, control = list
                                    (weighting = weightTf))
10    posterior (LDA_mode, newdata = new_dtm)$topics
11  }
12
13  # docsを用いてLDAモデルを訓練する
14  docs <- c ("This is a text.", "This another one.")
15  corpus <- VCorpus ( VectorSource (docs))
16  dtm <- DocumentTermMatrix (corpus, control = list (weighting = weightTf))
17  LDA_fit <- LDA (dtm, k = 5)
18
19  # 本番環境で、new_docs用のトピックベースの特徴量を得る
20  new_docs <- c ("This is a third text.", "This is a fourth one.")
21  LDA_features <- get_features (LDA_fit, new_docs)
```

上記のリストでは、docsは文書の集まりです。これは、例えば、文字列のリストにすることもできます。その場合は、各文字列が文書になります。

4.2.6 時系列データの特徴量

時系列データは、順序付けされていない教師あり学習用のデータ（互いに独立した観測値の集まり）とは異なります。時系列データは、一連の順序付けられた観測値の集まりであり、それぞれの観測値には、タイムスタンプ、日、月、年などの時間に関連する属性が付けられています。図4.10に時系列データの例を示します。

日付	株価	S&P 500	ダウ
2020-01-11	…	…	…
2020-01-12	14.7	3,352	29,001
2020-01-12	15.9	3,347	28,611
2020-01-12	14.5	3,345	28,583
2016-01-13	16.8	3,521	28,127
2020-01-13	17.9	3,298	28,312
2020-01-14	16.8	3,540	27,998
2016-01-15	17.9	3,687	28,564
2016-01-16	…	…	…

図4.10：イベントストリーム形式の時系列データの例

日付	株価	S&P 500	ダウ
2020-01-11	…	…	…
2020-01-12	15.0	3,348	28,732
2020-01-13	17.4	3,410	27,998
2020-01-14	17.9	3,687	28,220
2016-01-15	16.8	3,540	28,564
2016-01-16	…	…	…

図4.11：図4.10のイベントストリームを集約して得られた古典的な時系列データ

　図4.10では、各行がある瞬間のある銘柄の価格と、2つの指数、S&P 500とダウの値に対応しています。観測は不定期に行われており、2020-01-12には3回が行われました。2020-01-12には3回、2020-01-13には2回行われました。古典的な時系列データでは、1秒に1回、1分に1回、1日に1回といったように、時間的に均等な間隔で観測が行われます。観測が不規則な場合、そのような時系列データは点過程またはイベントストリームと呼ばれます。

データ i

$t-2$	15.0	3,348	28,732
$t-1$	17.4	3,410	28,220

データ $i+1$

$t-2$	17.4	3,410	28,220
$t-1$	17.9	3,687	28,564

データ $i+2$

$t-2$	17.9	3,687	28,564
$t-1$	16.8	3,540	27,998

図4.12：長さ $w=2$ のセグメントに分割された時系列データ

通常、観測データを集約することで、イベントストリームを古典的な時系列データに変換することができます。使用する集約演算子の例として、COUNTやAVERAGEがあります。図4.10のイベントストリームデータにAVERAGE演算子を適用すると、図4.11のような古典的な時系列データが得られます。

イベントストリームを直接扱うこともできますが、時系列データを古典的な形式にすることで、さらに集約が簡単になり、機械学習用の特徴量を生成しやすくなります。

データアナリストは通常、時系列データを使って2種類の予測問題を解決します。最近の観測データから

- 次の観測データを予測する（例えば、過去7日間の株価と株価指数から、次の日の株価を予測する）
- ある観測結果を生み出した現象に関する何らかの予測をする（例えば、あるソフトウェアシステムへのユーザの接続履歴から、そのユーザが今期中に解約する可能性があるかどうかを予測する）

ニューラルネットワークが今日のような学習能力を持つようになる前は、データアナリストは**浅い機械学習**を使って時系列データを扱っていました。時系列データを特徴量ベクトルの形で訓練データに変換するには、次の2つを決める必要がありました。

- 正確な予測を行うためには、連続した観測データがいくつ必要か（いわゆる予測ウィンドウの幅）？
- 一連の観測データを決まった次元数の特徴量ベクトルにどう変換するか？

どちらの問いにも簡単に答える方法はありません。通常は、対象分野の専門的な知識から決定するか、**ハイパーパラメータチューニング**で決めます。たくさんの時系列データに対してうまく機能することが知られている手順もあります。以下はそのような方法の1つです。

1. 時系列全体を、長さ w のセグメントに分割する。
2. 各セグメント s から訓練データ e を作成する。
3. それぞれの e について、s の中の観測データに関する様々な統計値を計算する。

ここでは、図4.11のデータを、長さ $w = 2$ のセグメントに分割します。図4.12は、各セグメントが独立したデータになっていることを示しています。

実際には、w は2よりも大きいのが普通です。例えば、予測ウィンドウの長さが7であるとします。上のステップ(3)で計算される統計値は次のようになります。

- 平均値（例えば、過去7日間の株価の**平均**または**中央値**）。

- スプレッド（例えば、過去7日間のS&P500指数の値の**標準偏差**、**中央絶対偏差**、または**四分位範囲**）。

- 外れ値（例えば、ダウ指数が異様に低いものの割合。例えば、平均から2標準偏差以上のものの割合）。

- 成長（例：S&P 500指数の値が、t - 6日目とt日目、t - 3日目とt日目、t - 1日目とt日目の間で上ったかどうか）

- 外観（例：株価の曲線が、帽子型やヘッド＆ショルダーなどの既知の視覚的イメージとどれだけ違うか）。

これで、時系列データを古典的な形式に変換した方がよい理由がわかりました。上で述べた統計値は、比較可能な値で計算されて初めて意味を持ちます。

なお、ニューラルネットワーク時代の現在、データアナリストは深層ニューラルネットワークを使いたがる傾向にあります。時系列モデル用のアーキテクチャとしては、**LSTM**（Long Short Term Memory）、**CNN**（Convolutional Neural Network）、**Transformer**などがよく使われます。これらは、時系列データを入力として読み込み、その時系列全体に基づいて予測をすることができます。同様に、ニューラルネットワークをテキストに適用する場合は、テキストを単語単位、あるいは文字単位で使用します。単語や文字は通常、**埋め込みベクトル**で表現されます。この埋め込みベクトルは大規模なテキストコーパスから学習されたものです。埋め込みについては、4.7.1項で説明します。

4.2.7 創造力を発揮する

本節の冒頭で述べたように、特徴量エンジニアリングは創造的なプロセスです。みなさんは、予測モデルに適した特徴量がどれであるかを決定する最も適した立場にいます。自分が学習アルゴリズムの立場になって、データの何を見てどのラベルを付けたらよいのかを想像してみてください。

例えば、メールを重要なものとそうでないものに分類するとしましょう。みなさんは、毎月第1月曜日に政府の財務省からかなりの数の重要なメッセージが送られてくることに気づきます。そこで、「政府、最初の月曜」という特徴量を作ります。第1月曜日に財務省からメールが来た場合は1、それ以外は0とします。次に、2つ以上のスマイリーが付いているメールは、ほとんど重要ではないことに気づきます。そこで、「スマイリーを含む」という特徴量を作ります。電子メールに複数のスマイリーが含まれている場合は1、そうでない場合は0とします。

4.3 特徴量を並べる

話を戻しますが、今回の課題は、ツイートの中の映画タイトルを分類することです。各データには3つのパートがあります。

1. ツイート内の映画のタイトルになりそうなものに先行する5つの単語[4]（左のコンテキスト）
2. ツイート内の映画タイトルになりそうなもの（抽出部分）
3. ツイート内の映画タイトルになりそうなものに続く5つの単語（右のコンテキスト）

このようなマルチパートのデータを表現するには、まず各パートを特徴量ベクトルに変換し、次に3つの特徴量ベクトルを順に並べて、データ全体の特徴量ベクトルを作ります。

4.3.1 特徴量ベクトルを並べる

映画のタイトルを分類する課題では、まず左のコンテキストをすべて集めます。次に、Bag-of-wordsを使って、左のコンテキストそれぞれを2値の特徴量ベクトルに変換します。次に、抽出部分をすべて集め、Bag-of-wordsを用いて、抽出部分それぞれを2値の特徴量ベクトルに変換します。次に、右のコンテキストをすべて集め、Bag-of-wordsを適用して右のコンテキストそれぞれを2値の特徴量ベクトルに変換します。最後に、各データを連結し、左のコンテキスト、抽出部分、右のコンテキストの特徴量ベクトルを結合します。最終的には、図4.13に示すように、データ全体を表す特徴量ベクトルができます。

3つの特徴量ベクトル（データの各パートから1つ）は、互いに独立して作成されていることに注意してください。つまり、トークンの語彙はパートごとに異なり、したがって、パートごとの特徴量ベクトルの次元も異なる可能性があります。

特徴量ベクトルを連結する順番は重要ではありません。左のコンテキストの特徴量は、最終的な特徴量ベクトルの真ん中や右に配置することができます。ただし、すべてのデータで順序は同じにしてください。こうすることで、各特徴量が、すべてのデータで、同じ属性を表すことようになります。

4.3.2 個々の特徴量を並べる

これまでは、特徴量を一括してエンジニアリングしていました。one-hotエンコーディングやBag-of-wordsでは多くの場合、何千もの特徴量が生成されます。これは非常に時間効率

---

[4] 実際には、映画のタイトルになりそうなものの左または右のコンテキストは、ツイートの最初か最後のどちらかであるため、5語よりも短いデータもあります。

の良い特徴量エンジニアリングの方法ですが、課題によっては、十分に高い予測能力を持つ特徴量がさらにたくさん必要になる場合があります。次の節では、特徴量の持つ予測能力について考えます。

ここでみなさんは、すでにツイート全体を入力とし、そのトピックを予測する分類器 m_A を持っているとします。このようなトピックの1つを映画とします。映画タイトルの分類問題では、分類器 m_A から得られる情報を使って、特徴量ベクトルをより豊かなものにしたいと思うかもしれません。この場合、「そのツイートのトピックが映画かどうか」を表現する特徴量を作成し、その特徴量を2値にします。つまり、m_A がそのツイートに対して予測したトピックが映画であれば1、そうでなければ0です。ここでも、図4.14に示すように、3つの部分特徴量ベクトルを連結します。

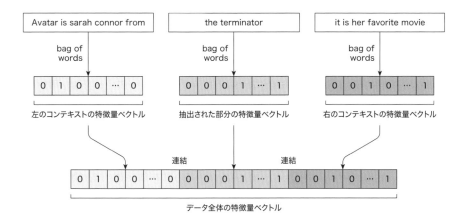

図4.13：特徴量ベクトルの作成と連結

みなさんは、ツイート内の映画タイトルの分類に役立つ特徴量をもっとたくさん思いつかれるかもしれません。そのような特徴量の例としては以下があります。

- その映画の IMDB 平均スコア
- その映画の IMDB での投票数
- 映画の Rotten Tomato のスコア
- その映画が最近のものかどうか（または公開年を表す数字）
- ツイートに他の映画のタイトルが含まれているかどうか
- ツイートに俳優や監督の名前が含まれているかどうか

これらの付加的な特徴量は、数値である限り、すべて特徴量ベクトルに連結することができます。唯一の条件は、すべてのデータで同じ順序で連結されていることです。

	B-o-w 1	B-o-w 2	……													B-o-w M-1	B-o-w M	映画かどうか
データ1	0	1	0	0	…	0	0	0	0	1	…	1	0	0	1	0	…	1	1
データ2	0	0	1	1	…	1	0	1	0	1	…	0	1	1	1	0	…	0	0
⋮	…	…	…	…	…	…	…	…	…	…	…	…	…	…	…	…	…	…	…
データN	0	0	1	1	…	0	1	1	0	1	…	1	1	0	1	1	…	1	1

図4.14：単一の特徴量の連結

4.4 良い特徴量の特性

すべての特徴量が同じわけではありません。この節では、良い特徴量の特性について説明しましょう。

4.4.1 高い予測能力

まず第一に、良い特徴量は**高い予測能力**を持っています。第3章では、予測能力がデータの特性であることを説明しました。しかし、特徴量によっては、予測能力が高いものも低いものあります。例えば、ある患者が癌であるかどうかを予測したいとします。特徴量の中には、その人が乗っている車のメーカーと、その人が結婚しているかどうかがあります。この2つの特徴量は、癌の予測には向いていないので、機械学習アルゴリズムは、これらの特徴量とラベルの間に意味のある関係を学習しないでしょう。予測能力とは、課題に対する特徴量が持つ特性のことです。その人が乗っている車のメーカーとその人が結婚しているかどうかは、課題が違えば高い予測能力を持つ可能性があります。

4.4.2 速く処理できる

優れた特徴量は高速に処理することができます。例えば、ツイートのトピックを予測したいとします。ツイートは短いので、Bag-of-wordsに基づく特徴量ベクトルは疎になります。**疎なベクトル**とは、ほとんどの次元で値が0のベクトルのことです。データセットが小さく、テキストが短い場合、学習アルゴリズムは、特徴量ベクトルのサイズに比べて含まれる情報が少ないため、疎なベクトルにパターンを見出すのが難しくなります。ある疎なベクトルの情報が、別の疎なベクトルの情報として同じ次元に含まれていることはほとんどありません。たとえそれらが似たような概念を表していてもです。

疎であることを低減するために、疎な特徴量ベクトルに0以外の値を追加したい場合、ツイートのテキストを検索クエリとしてWikipediaに送り、その結果から他の単語を抽出する方法が考えられます。WikipediaのAPIは応答速度を保証していないため、応答を得るまでに数秒かかることもあります。リアルタイムシステムでは、特徴量の抽出は高速でなければなりません。数秒で計算される予測能力の高い特徴量よりも、数分の1ミリ秒で計算される情報量の少ない特徴量の方が好まれることがよくあります。アプリケーションが高速でなければならない場合、タスクにもよりますが、Wikipediaから得られる特徴量は適していない場合があります。

4.4.3 信頼性

良い特徴量は、信頼性も高くなければなりません。繰り返しになりますが、Wikipediaの例で見たように、ウェブサイトが応答するかどうかは保証されていません。ウェブサイトがダウンしていたり、メンテナンスが行われていたり、APIが一時的に過剰使用されリクエストが拒否される可能性もあります。そのため、Wikipediaの機能が常に利用可能であり、完全であることを仮定することはできないのです。このため、このような特徴量は信頼できる特徴量とは言えません。1つの信頼性のない特徴量が、モデルの予測品質を低下させてしまうことがあります。さらに、重要な特徴量が欠けている場合、いくつかの予測は完全に間違ったものになる可能性もあります。

4.4.4 無相関

2つの特徴量に**相関**があるということは、それらの値が関連していることを意味します。一方の特徴量が増えると他方の特徴量が増えることを意味し、その逆もそうであれば、2つの特徴量は相関しています。

モデルが本番環境に導入されると、入力データの特性が時間とともに変化するため、性能が変わる場合があります。特徴量の多くが高い相関を持っている場合、入力データの特性がわずかに変化しただけで、モデルの動作に大きな変化が生じたりします。

また、ある時間内にモデルを訓練しなければならない場合に、開発者は利用できる特徴量すべてを使用することがあります。時間が経つにつれ、それらの特徴量が入手しにくくなることがあります。一般に、冗長な特徴量や相関性の高い特徴量は取り除くことが推奨されています。特徴量選択（feature selection）技術は、そのような特徴量を減らす役に立ちます。

第**4**章 特徴量エンジニアリング

4.4.5 その他の特性

優れた特徴量の重要な特性は、訓練セットの値の分布が、本番環境での分布と似ていることです。例えば、あるツイートの日付は、そのツイートに関する何らかの予測に必要かもしれません。しかし、過去のツイートに基づいて訓練されたモデルで、現在のツイートに関する予測させた場合、本番環境でのデータの日付は訓練データの分布から外れてしまい、大きな誤差が生じてしまうでしょう。[5]

最後に、特徴量は、単位的であり、理解しやすく、維持しやすいものでなければなりません。単位的とは、その特徴量が、簡単に理解でき、簡単に説明できる量を表していることを意味します。例えば、車の特徴量から車種を分類する場合、重さ、長さ、幅、色などの単位となる特徴があります。「長さ ÷ 重さ」のような特徴量は、2つの単位特徴量で構成されているので、単位特徴量ではありません。

学習アルゴリズムによっては、特徴量を組み合わせて用いると良いものがあります。特徴量の組み合わせ処理は、モデルの訓練パイプラインの中に専用のステージを設けそこで行う方がよいでしょう。本章の残りの部分では、特徴量の組み合わせと特徴量の生成について説明します。

4.5 特徴量選択

重要な特徴量は課題ごとに変わります。例えば、ツイート内の動画を検出する場合、動画の長さはそれほど重要な特徴量ではないかもしれません。一方で、Bag-of-wordsを使用する場合、語彙数は非常に多くなりますが、ほとんどのトークンは一度しかテキストに現れません。学習アルゴリズムが、ある特徴量が0でないものを訓練データで2か3つ「見た」としても、その特徴量から有用なパターンが学習できるかどうかは疑問でしょう。しかし、特徴量ベクトルが非常に大きい（数千から数百万の特徴量を含む）と、訓練時間に非常に長くなる可能性があります。さらに、訓練データ全体のサイズが大きくなりすぎて、サーバーのメモリに収まらなくなることもあります。

特徴量の重要度を見積もることができれば、最も重要な特徴量だけを残すことができます。そうすれば、時間の節約になり、より多くのデータをメモリに取り込むことができ、モデルの品質を向上させることができます。以下では、特徴量の選択方法を説明します。

---

[5] 日付情報は機械学習に関連性があることが多いので、訓練データに含めることができます。例えば、「時刻」、「曜日」、「月」のような**周期を持つ特徴量**が考えられます。時間の季節性が予測能力を持つような予測問題では、このような特徴量を持つことは有用です。

4.5.1 ロングテールをカットする

　一般的に、ある特徴量がほんの一握りのデータに関する情報（例えば、0でない値）しか持たない場合には、その特徴量は特徴量ベクトルから削除することができるでしょう。**Bag-of-words**では、図4.15に示すように、トークン数の分布グラフを作成し、いわゆる**ロングテール**をカットすることができます。

　ある分布のロングテールとは、その分布の中で、カウント数が最も多いグループに比べて、カウント数が大幅に少ないグループのことです。このカウント数の多いグループは、分布の先頭（ヘッド）と呼ばれ、それらのカウントの合計は、少なくとも全カウントの半分を占めています。

　ロングテールを定義する閾値は、やや主観的に決めます。対象とする課題のハイパーパラメータとして設定して実験的に最適値を見つけることもできます。一方、図4.15aに示すように、カウント数の分布を見て判断することもできます。ご覧のように、尾（テール）の中の要素の分布が視覚的に平坦になったところで、ロングテールを切っています（図4.15b）。

　ロングテールをカットするかどうか、どこでカットするかは議論の余地があります。多クラス分類問題では、いくつかのクラス間の違いは非常に微妙です。まれにしか0以外の値にならない特徴量でも、重要な場合があります。しかし、ロングテールの特徴量を除外することで、学習が速くなり、より良いモデルが得られることが多いのです。

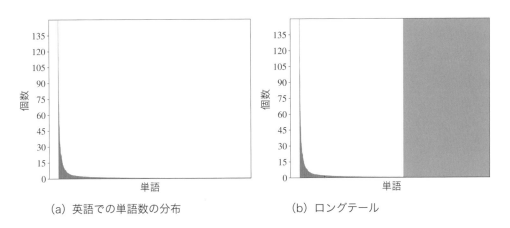

(a) 英語での単語数の分布　　　　　(b) ロングテール

図4.15：英語における単語数の分布（a）とロングテール（b、青のゾーン）。最も多いのは"the"（615個）で、最も少ないのは"zambia"（1個）である

4.5.2 Boruta

重要な特徴量を選び出し、重要でない特徴量を削除する方法は、ロングテールをカットすることだけではありません。**Kaggle**でよく使われるツールに**Boruta**があります。Borutaは、**ランダムフォレスト**モデルを訓練し、**統計検定**を行って、特徴量を重要なものと重要でないものに識別します。このツールは、RパッケージとPythonモジュールの両方で提供されています。

Borutaは、ランダムフォレスト（学習アルゴリズム）のラッパーとして動作するため、その名前が付けられています（Borutaはスラブ神話の森の精霊です）。Borutaのアルゴリズムを理解するために、まずランダムフォレストの仕組みを思い出してみましょう。

ランダムフォレストは、バギング（袋分け）という考え方に基づいています。訓練セットからランダムにデータをたくさん取り出し、各データに対して異なる統計モデルを訓練します。次に、すべてのモデルで、多数決（分類の場合）または平均（回帰の場合）をとって予測を行います。ランダムフォレストとバギングアルゴリズムとの唯一の違いは、前者は、訓練される統計モデルが決定木であることです。決定木の各分岐点では、全特徴量からランダムに選ばれたサブセットが対象になります。

ランダムフォレストの便利な機能の1つに、各特徴量の重要度を推定する機能があります。以下では、この推定が分類でどのように機能するかを説明します。

このアルゴリズムは2段階で動作します。まず、元の訓練セットからすべての訓練データを分類します。ランダムフォレストの各決定木は、その木の作成に使用されなかったデータの分類についてだけ投票を行います。決定木がテストされると、正しく予測できた数がその決定木に記録されます。

第2段階では、ある特徴量の値をデータごとにランダムに並べ替えて、このテストを繰り返します。正しい予測の数は、再び木ごとに記録されます。次に、ある木に対するその特徴量の重要度が、元のデータと並べ替えたデータ間の正しい分類数の差をデータの数で割ったものとして計算されます。その特徴量の重要度を得るために、個々の木の特徴量の重要度を平均します。厳密には必要ではありませんが、重要度をそのまま使う代わりに **zスコア**を使うと便利です。

ある特徴量のzスコアを得るために、まず、個々の木の特徴量の得点の平均と標準偏差を求めます。その特徴量のzスコアは、その得点から平均を引き、標準偏差で割ることで得られます。

みなさんはここで読むのをやめて、各特徴量のzスコアをその特徴量を保持すべき基準（高ければ高いほど良い）として使われるかもしれません。しかし、実際には、このような重要度だけで、特徴量と目的変数の間の意味のある相関関係が表されていることはほとんどありません。そこで、本当に重要な特徴量とそうでない特徴量を区別する別のツールが必要になります。お察しの通り、Borutaがそのツールなのです。

Borutaの基本的な考え方はシンプルです。まず、元の特徴量のランダムに複製したものを特徴量のリストに追加することで拡張し、次に、この拡張されたデータセットに基づいて分類器を訓練します。元の特徴量の重要度を評価するために、その特徴量とすべてランダムにした特徴量と比較します。その結果、重要度がランダムにした特徴量よりも高く、かつ統計的に有意な特徴量が重要な特徴量になります。以下では、開発者が説明した方法に沿ってBorutaアルゴリズムの主なステップを説明します [6]。

Borutaのアルゴリズム

- 元の特徴量を複製した訓練用の特徴量ベクトルを作成する。複製した特徴量の値を訓練データ全体でランダムに並べ替えることで、複製された変数と目標変数の間の相関を取り除く
- ランダムフォレストの訓練を複数回実行する。複製された特徴量は、訓練が行われる前に、前のステップと同様に、特徴量をランダムに並べ替える
- 訓練ごとに、元の特徴量と複製されたすべての特徴量の重要度（zスコア）を計算する
  - ある特徴量の重要度が、複製された特徴量の中で最大の重要度よりも大きければ、その特徴量はその訓練で重要であると判断される
- 元の全特徴量に対して**検定を行う**
  - **帰無仮説**は、特徴量の重要度は、複製された特徴量の最大重要度（MIRA: maximal importance of the replicated features）に等しい、となる
  - この検定は**両側検定**であり、その特徴量の重要度がMIRAよりも有意に高い場合と有意に低い場合のいずれかで仮説が棄却される
  - 元の特徴量それぞれについて、ヒット数を数えて記録する
  - R回の実行で期待されるヒット数は、$E(R) = 0.5R$、標準偏差$S = \sqrt{0.25R}$（$p = q = 0.5$の**二項分布**）である
  - 元の特徴量は、ヒット数が期待値よりも有意に多い場合に重要であると判断され（受理され）、ヒット数が期待値よりも有意に少ない場合に重要ではないと判断される（棄却される）。（希望する信頼度を達成するために、受け入れと棄却を一度だけでなく何度も実行し、受け入れられる特徴量と拒否される特徴量を決めます。）
- 重要でないと思われる特徴量を特徴量ベクトル（元と複製の両方）から削除する
- あらかじめ定義された回数、または、すべての特徴量が棄却されるか、最終的に重要とみなされるまで（いずれか速いほう）同じ手順を実行する

Borutaは、たくさんのKaggleのコンペで使われているので、特徴量選択で普遍的に使われるツールと考えてよいでしょう。しかし、本番環境でBorutaを使用する前に、注意すべきこ

---

[6] Miron B. Kursa, Aleksander Jankowski, Witold R. Rudnicki, "Boruta - A System for Feature Selection," published in Fundamenta Informaticae 101 in 2010, pages 271–285.

とが1つあります。Borutaはヒューリスティックなツールです。その性能を理論的に保証するものではありません。Borutaが悪い影響を及ぼさないことを確認したい場合は、複数回実行して、選択される特徴量が安定していることを確認してください（つまり、複数回Borutaをデータに適用しても一貫していること）。選択される特徴量が安定していない場合は、ランダムフォレストの木の数を調べて、安定した結果を得られるのに十分な数であることを確認してください。

　Borutaは効果的な特徴量選択手法ですが、これが唯一の方法ではありません。他のいくつかの手法の説明は、本書のWikiに掲載されています。

4.5.3 L1正則化

　正則化は、モデルの汎化能力を向上させる一連の技術の総称です。**汎化能力**とは、見たことのないデータのラベルを正しく予測するモデルの能力のことです。

　正則化によって重要な特徴量を特定することはできませんが、L1のような正則化技術により、機械学習アルゴリズムはいくつかの特徴量を無視するように学習できるようになります。

　訓練するモデルの種類によって、L1の適用方法は異なりますが、原則は同じで、L1はモデルが複雑すぎることに対してペナルティを課します。

　実際には、L1正則化によって、ほとんどのパラメータが0に近い**疎なモデル**が生成されます。したがって、L1は、どの特徴量が予測に不可欠で、どの特徴量がそうでないかを決めることで、暗黙のうちに特徴量の選択を行います。正則化については、次の章で詳しく説明します。

4.5.4 タスクに特化した特徴量の選択

　特徴量の選択はタスク固有になる場合があります。例えば、自然言語テキストを表すBag-of-wordsのベクトルから、ストップワードに対応する次元を除外することで、いくつかの特徴量を取り除くことができます。**ストップワード**とは、解決しようとしている課題で非常に一般的もしくは共通して使われる単語で、例えば、冠詞、前置詞、代名詞などです。ほとんどの言語のストップワードの辞書はオンラインで入手できます。

　テキストデータから得られる特徴量ベクトルの次元数を減らすために、テキストを前処理して、頻度の低い単語（例：コーパスに含まれる数が3以下の単語）を同じトークン（例：RARE_WORD）に置き換えると効果的な場合があります。

4.6 特徴量の合成

Pythonの最も一般的な機械学習パッケージである**scikit-learn**に実装されている学習アルゴリズムは、数値特徴量しか扱うことができません。しかし、数値特徴量をカテゴリー特徴量に変換すると有用なことがあります。

4.6.1 特徴量の離散化

実数値から成る数値特徴量を離散化する理由はたくさんあります。例えば、いくつかの特徴量選択手法は、カテゴリー特徴量にだけ適用されます。訓練データセットが比較的小さい場合、離散化がうまくいくと、学習アルゴリズムに有用な情報を加えることができます。多くの研究で、離散化することで予測精度が向上することが示されています。また、モデルが、離散値から成るグループ（年齢のグループや給与範囲など）に基づいている場合は、人間がそのモデルの予測を解釈するのがより簡単になります。

ビン分割（**バケット化**とも呼ばれる）は、特定の範囲の数値をカテゴリーで置き換えることで、数値特徴量をカテゴリー特徴量に変換することができる一般的な手法です。

ビン分割には3つの典型的なアプローチがあります。

- 一様ビン分割
- k-meansベースのビン分割
- 分位数ベースのビン分割

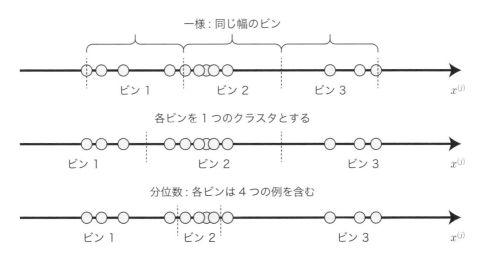

図4.16：3つのビン分けアプローチ：一様、k-means、分位数

右欄外：第4章 特徴量エンジニアリング

これらの3つのケースすべてで、ビンをいくつ持つかを決める必要があります。図4.16の例を考えてみましょう。ここでは、数値特徴量 j とその値が12個あり、データセットの12個のデータにそれぞれ1つずつ割り当てられています。ここで、3つのビンに分けたとします。一様ビン化では、図4.16の上図のように、ある特徴量のすべてのビンが同じ幅を持っています。

k-meansベースのビン化では、図4.16（中央）に示すように、各ビンの値は、最も近い1次元のk-meansクラスタに属します。

分位数ベースのビン化では、図4.16の下段に示すように、すべてのビンが同じ数のデータを持っています。

一様ビン分割では、モデルが実運用されると、入力される特徴量ベクトルの特徴量の値がいずれかのビンの範囲を下回ったり上回ったりした場合、最も近いビンが割り当てられます。それは左端または右端のビンとなります。

気をつけてほしいのは、最近の機械学習アルゴリズムの実装では、ほとんどの場合、特徴量は数値である必要があることです。このため、ビンは、**one-hotエンコーディング**などの手法を用いて数値に戻す必要があります。

User

ユーザID	性別	年齢	…	契約日
1	M	18	…	2016-01-12
2	F	25	…	2017-08-23
3	F	28	…	2019-12-19
4	M	19	…	2019-12-18
5	F	21	…	2016-11-30

Order

注文ID	ユーザID	量	…	注文日
1	2	23	…	2017-09-13
2	4	18	…	2018-11-23
3	2	7.5	…	2019-12-19
4	2	8.3	…	2016-11-30

Call

ユーザID	通話ID	通話時間	…	通話日
1	4	55	…	2016-01-12
2	2	235	…	2016-01-13
3	3	476	…	2016-12-17
4	4	334	…	2019-12-19
5	4	14	…	2016-11-30

図4.17：解約分析用の関係データ

ユーザの特徴量

ユーザID	性別	年齢	平均 注文金額	標準偏差 注文金額	平均 通話時間	標準偏差 通話時間
2	F	25	12.9	7.1	235	0
4	M	19	18	0	134.3	142.7

図4.18：サンプルの平均値と標準偏差に基づいて作られた特徴量

4.6.2 リレーショナルデータからの特徴量の作成

データアナリストは、多くの場合、リレーショナルデータベースのデータで作業を行います。例えば、携帯電話会社が、ある顧客がすぐに契約を解約するかどうかを知りたいとします。この問題は**解約分析**（**チャーン分析**、Churn Analysis）と呼ばれるものです。まず、それぞれの顧客を特徴量ベクトルとして表現する必要があります。

ユーザのデータが、図4.17に示すように、User、Order、Callの3つのテーブルに入っているとします。

Userテーブルには、役に立ちそうな特徴量がすでに2つ含まれています。性別と年齢です。また、テーブルOrderとCallのデータを使用して、特徴量を作ることもできます。ご覧のように、ユーザ2はOrderテーブルに3つあり、ユーザ4はOrderテーブルには1つしかありませんが、Callテーブルには3つあります。1人のユーザを表す特徴量を作るには、これらの複数のレコードを1つの値にする必要があります。典型的な方法は、複数の行から得られたデータからいろいろな統計量を計算し、それぞれの統計量の値を特徴量として使用することです。最もよく使われる統計は、**平均**と**標準偏差**です（標準偏差は、**分散**の平方根です）。

具体的な例として、ユーザ2と4の4つの特徴量を計算してみました。図4.18にその結果を示します。

リレーショナルデータベースには、もっと深い構造を持つ場合があります。例えば、UserはOrderを持ち、各注文は注文された商品を持つことができます。このような場合、ある統計量の統計量を計算することができます。例えば、最初に各注文の商品価格の標準偏差を計算し、次に、特定のユーザの標準偏差の平均を取ることで、1つの特徴量を作ることができます。平均値の平均値、平均値の標準偏差、標準偏差の標準偏差など、統計値をどのように組み合わせることもできます。同じやり方が、階層が2よりも深いテーブル構造を持つデータベースにも適用されます。

可能なすべての統計量の組み合わせに基づいて特徴量を生成したら、特徴量の選択方法の1つを使用して、最も役に立つものを選びます。

特徴量ベクトルの予測能力を高めたい場合や、訓練セットが少ない場合には、このようにして特徴量を作り出すことで予測能力を上げることができます。このような特徴量を作成す

る方法は、データから作成する方法と、他の特徴量から作成する2種類の方法があります。

4.6.3 データから特徴量を合成する

複数の特徴量を合成するためによく使われる手法の1つに、**クラスタリング**があります。ここでは、**k-meansクラスタリング**を使用します。最終的な目的が分類モデルを構築することである場合、kの値決める一般的な方法は、クラス数Cを使用することです。回帰法では、直感的に判断するか、**予測強度**（prediction strength）や**エルボー法**などを用いてデータのクラスタの適切な値を決めます。訓練データの特徴量ベクトルにk-meansクラスタリングを適用し、特徴量ベクトルにk個の特徴量を加えます。追加の特徴量$D+j$（ここで$j=1,...,k$）は2値で、対応する特徴量ベクトルがクラスタjに属する場合に1になります。

異なるクラスタリングアルゴリズムを用いたり、開始点をランダムに選んでk-meansを何度も行うことで、さらにたくさんの特徴量を合成することができます。

4.6.4 他の特徴量から特徴量を合成する

ニューラルネットワークは複雑な特徴量を、単純な特徴量を通常とは異なる方法で組み合わせることで学習することで有名です。ニューラルネットワークは、単純な特徴量の値を何段階かの入れ子になった非線形変換に通すことで組み合わせます。データが豊富にあれば、**多層パーセプトロン**を訓練することで、そのモデルに入力された基本的な特徴量を巧みに組み合わせて学習させることができます。

訓練データが無限にない場合（実際にはよくあることですが）、非常に深いニューラルネットワークはその力を発揮できません。[7] 小規模から中規模のデータセット（訓練データの数は1,000から100,000の間）の場合、浅い学習アルゴリズムを使用し、特徴量を増やすことで学習アルゴリズムの学習を「助けてあげる」ことが望ましいでしょう。

実際には、既存の特徴量から新しい特徴量を得る最も一般的な方法は、既存の特徴量やそれを組にして単純な変換を適用する方法です。データiが持つ数値特徴量jによく適用される単純な変換には、1）特徴量の**離散化**、2）特徴量を2乗する、3）特徴量jの平均と標準偏差をデータiのk個の最近傍（ユークリッド距離やコサイン類似度などの指標を用いて見つけたもの）から計算することです。

数値特徴量の組に適用される変換には、＋－×÷などの単純な算術演算子を用います（**特徴量の交差法**）。例えば、データiの新しい特徴量q（$q>D$）の値は、特徴量2と6を使って$x_i^{(q)} \stackrel{\text{def}}{=} x_i^{(2)} \div x_i^{(6)}$のように得ることができます。ここで、特徴量2と6、変換に使っている「÷」は筆者が勝手に決めたものです。元の特徴量の数Dがあまり大きくなければ、（全特徴

---

[7] 次の章で説明するように、転移学習で事前学習済み深層モデルを使用する場合は別です。

量と全算術演算子の組を考えることで）すべての変換を適用して特徴量を生成することができます。次に、特徴量選択法を用いて、モデルの品質を高めるものを選び出してください。

4.7 データからの特徴量を学習する

データから役に立つ特徴量を学習できる場合があります。データからの特徴量の学習は、テキストやウェブ上の画像など、特に大規模なデータにアクセスできる場合には、データがラベル付けされていてもいなくても有効です。

4.7.1 単語埋め込み

第3章では、データ増強のために単語の埋め込みを使用しました。**単語埋め込み**は、単語を表す特徴量ベクトルです。似た単語は似た特徴量ベクトルを持ち、類似度は**コサイン類似度**などの一定の尺度で与えられます。単語の埋め込みは、大規模なテキストコーパスから学習されます。**埋め込み層**と呼ばれる隠れ層を1つ持つ**浅いニューラルネットワーク**を訓練すると、周り単語から、その単語を予測したり、真ん中の単語を与えて周りの単語を予測したりできるようになります。このニューラルネットワークの訓練が終わると、単語の埋め込み層のパラメータが単語の埋め込みとして使用されます。データから単語の埋め込みを学習するアルゴリズムはたくさんありますが、最も広く使われているものは、**word2vec**です。これは、Googleで考案され、コードがオープンソースで公開されています。また、事前学習済みのword2vecを用いた、さまざまな言語用の埋め込みデータがダウンロードできます。

ある言語の単語埋め込みが手に入れば、その言語で書かれた文や文書の中の個々の単語の表現に、**one-hotエンコーディング**ではなく、単語埋め込みを使うことができます。

ここでは、word2vecアルゴリズムの1つである**スキップグラム**と呼ばれるアルゴリズムを使って、どのように単語埋め込みが訓練されるのかを見てみましょう。単語の埋め込み学習では、単語のone-hotエンコーディングを単語の埋め込みに変換するためのモデルを構築することが目的です。辞書に10,000個の単語が含まれているとします。それぞれの単語のone-hotベクトルは10,000次元のベクトルで、1つの次元が1であることを除いて、それ以外はすべて0です。

"I am attentively reading the book on machine learning engineering（私は機械学習エンジニアリングの本を熱心に読んでいる）" という文章を考えてみましょう。ここで、同じ文章を用いて1語、例えばbookを削除しましょう。すると、次のような文章になります。"I am attentively reading the - on machine learning engineering." ここで、-の前の3つの単語と、後の3つの単語だけを残しましょう。"attentively reading the - on machine learning" となります。この-を中心とした6語のウィンドウを見て、-が何を表しているかを推測しろと

いうと、おそらく皆さんは"book"、"article"、"paper"などと推測するでしょう。このように
して、前後の単語（文脈語）は、それらの単語に囲まれた単語を予測させるのです。また、
"book"、"paper"、"article"という単語が似たような意味を持つことを機械が学習するのもそ
のためです。これらの単語は、複数のテキストで同じような文脈を共有しているからです。

　逆もまた同じで、単語があれば、それの前後の文脈を予測することができるのです。
"attentively reading the - on machine learning"という文章はスキップグラムと呼ばれ、ウィ
ンドウサイズは 6（3＋3）です。ウェブを利用すれば、何億ものスキップグラムを簡単に作
ることができます。

　スキップグラムを $[x_{-3}, x_{-2}, x_{-1}, x, x_{+1}, x_{+2}, x_{+3}]$ というように表記してみましょう。この文
では、x_{-3} が"attentively"、x_{-2} が"reading"に対応し、x がスキップワード（・）、x_{+1} が"on"
といった具合です。

　ウィンドウサイズ4のスキップグラムは $[x_{-2}, x_{-1}, x, x_{+1}, x_{+2}]$ となります。また、図4.19の
ように表現することもできます。これは、**多層パーセプトロン**のような**全結合型ネットワー
ク**です。入力された単語は、スキップグラムでは-と表記されています。このニューラルネッ
トワークは、単語が与えられれば、スキップグラムの文脈語を予測することを学習しなけれ
ばなりません。

　出力層で使われる**活性化関数**は**ソフトマックス**です。**損失関数**は**負の対数尤度**です。単語の
埋め込みは、埋め込み層のパラメータで与えられます。これは、モデルへの入力としてone-
hotエンコーディングされた単語が与えられたときに適用されます。

　word2vecを用いて訓練された単語の埋め込みの問題点は、単語の埋め込みのデータセッ
トが固定されており、語彙外の単語（単語埋め込みの学習に用いたコーパスに存在しなかっ
た単語）に対してモデルを使用できないことです。しかし、ニューラルネットワークの他の
アーキテクチャには、語彙外の単語を含むあらゆる単語の埋め込みを可能にするものがあり
ます。そのようなアーキテクチャの１つとして、実際によく使われているのが**fastText**です。
これはFacebookで考案されたもので、コードはオープンソースで公開されています。

　word2vecとfastTextの主な違いは、word2vecはコーパス内の各単語を単一のエンティティ
として扱い、各単語のベクトルを学習することです。一方、fastTextは、単語を、その単語を
構成する文字のn-gramを表す埋め込みベクトルの平均として扱います。例えば、"mouse"
という単語の埋め込みは、以下のn-gram、"<mo"、"mou"、"<mou"、"mous"、"<mous"、
"mouse"、""、"ous"、"ouse"、"ouse>"、"use"、"use>"、"se>"の埋め込みベクトルの平均に
なります（最小と最大のN-gramのサイズはそれぞれ3と6と仮定しています）。

　単語の埋め込みは、自然言語テキストを表現する有効な手段であり、時系列データを扱う
のに適した**RNN**やCNNなどのニューラルネットワークで使用されています。しかし、**浅い
学習**アルゴリズム（固定次元の特徴量ベクトルを入力とする）で可変長のテキストを表現す
るために単語埋め込みを使用する場合、単語ベクトルに加重和や平均値などの何らかの演算
を適用する必要があります。文書を構成する単語の平均値として得られるテキスト文書の表

現は、実際にはそれほど有用ではないことが分かっています。

4.7.2 文書埋め込み

　文章や文書全体の埋め込みを計算する一般的な方法は、Googleで開発され、オープンソースで提供されている**doc2vec**を使用することです。doc2vecのアーキテクチャはword2vecと非常によく似ています。唯一の大きな違いは、文書ID用と単語用の2つの埋め込みベクトルがあることです。入力された単語の周りの単語の予測は、まず、2つの埋め込みベクトル（文書埋め込みベクトルと単語埋め込みベクトル）を平均し、その平均値から周りの単語を予測します。2つのベクトルを平均化するには、次元が同じである必要があります。興味深いことに、この方法では、（コサイン類似度を求めることで）文書ベクトルだけでなく、文書と単語のベクトルも比較することができます。この方法で学習した単語ベクトルは、word2vecで学習したものと非常によく似ています。

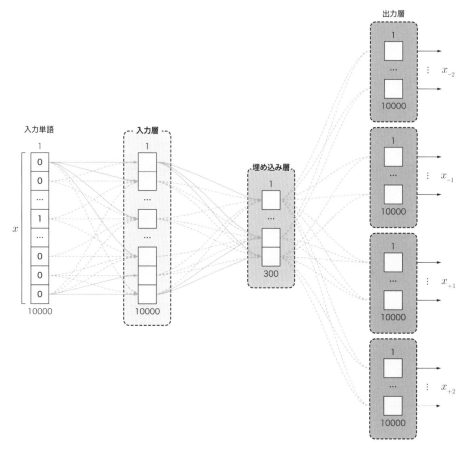

図4.19：ウィンドウサイズ4、300ノードから成る埋め込み層のスキップグラムモデル

文書埋め込みの訓練に使用した文書のコーパスに含まれない新しい文書の埋め込みを得るには、まずその新しい文書をコーパスに追加します。この文書には、新しい文書IDが割り当てられます。次に、新しい文書IDに対応する新しいパラメータ以外の学習済みのパラメータはすべて凍結し、入力される文書IDをone-hotエンコーディングで与えて、既存のモデルを数エポック訓練します。

4.7.3 任意の対象の埋め込み

　以下の手法は、（単語や文書に限らず）任意の対象物の埋め込みベクトルを得るためによく用いられる手法です。まず、対象物を入力とし、予測を行う教師あり学習問題を設定します。次に、ラベル付きデータセットを作成し、ニューラルネットワークモデルを訓練して、この教師あり学習問題を解きます。そして、ニューラルネットワークモデルの出力層の近くにある全結合層の1つの出力（非線形前）を、入力オブジェクトの埋め込みとして使用します。

　例えば、画像のラベル付きデータセットであるImageNetと、**AlexNet**に似た**深層CNN**のアーキテクチャは、画像埋め込みを学習するためによく使われます。図4.20に、画像埋め込み層の例を示します。この図では、出力の近くに2つの**全結合層**を持つ深層のCNNがあります。このニューラルネットワークは、画像内の物体を予測するように訓練されています。モデルの訓練に使われなかった画像の埋め込みを得るには、その画像（通常、R、G、Bのチャンネルごとに1つずつ、3要素の行列からなるピクセルで表される）をニューラルネットワークに入力し、活性化処理の前の全結合層の1つの出力を使用します。どの全結合層が良いかは、解決したい課題に応じて実験的に決める必要があります。

　以上のようなアプローチで、あらゆる種類のものの埋め込みを訓練することができます。みなさんは、次の3つのことを考えるだけでよいのです。

- どのような教師あり学習問題を解決するか（画像の場合、通常は物体の分類）
- ニューラルネットワークへの入力をどのように表現するか（画像の場合、ピクセルの行列、1チャンネルに1要素など）
- 全結合層の前のニューラルネットワークのアーキテクチャをどうするか（画像の場合、通常は深層CNN）

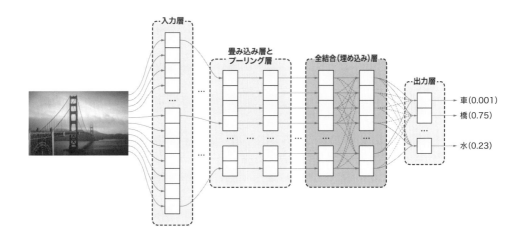

図4.20：画像埋め込みを学習するためのニューラルネットワークアーキテクチャ。埋め込み層は濃いグレーで示されている

4.7.4 埋め込み次元数の決定

　埋め込みの次元は通常、実験的に、または経験的に決定されます。たとえば、Googleは TensorFlowのドキュメントで、次のような経験則を推奨しています。

$$d = \sqrt[4]{D}$$

　ここで、dは埋め込みの次元数、Dは「カテゴリー数」です。単語埋め込みの場合、カテゴリー数は、コーパスに含まれる一意な単語の数です。任意の埋め込みの場合は、元の入力の次元数となります。例えば、コーパスに含まれる一意な単語の数が $D = 5000000$ であれば、埋め込みの次元数 $d = \sqrt[4]{5000000} = 47$ となります。実際には、50から600の間の値がよく使われます。

　埋め込みの次元数を決めるより良い方法は、それを下流のタスクでチューニングされるハイパーパラメータとして扱うことです。例えば、ラベル付けされた文書がある場合、そのラベル付きデータで訓練された分類器の予測を誤った数を最小にすることで、埋め込み次元を最適化することができます（ここで文書内の単語は埋め込みで表されています）。

4.8 次元の圧縮

　場合によっては、データの次元を減らす必要があります。これは、特徴量の選択とは異なる問題です。後者は、既存のすべての特徴量の特性を分析し、モデルの品質にあまり貢献しないと考えられるものを取り除きます。データセットに**次元削減**技術を適用する場合は、元の特徴量ベクトルに含まれるすべての特徴量を、新しいベクトル（より次元の低いものや、特徴量を合成したもの）で置き換えます。

　次元削減は、多くの場合、学習速度の向上や汎化性能の向上につながります。また、次元削減することでデータセットも可視化しやすくなります。人間は3次元でしか見ることができないのです。

　次元の削減方法にはいくつかの方法あります。どの方法が良いかは、次元削減を行う目的によります。次元削減手法は、機械学習の本によく書かれているので、データアナリストが好んで用いる手法のみ説明します。

4.8.1 PCAによる高速次元削減

　主成分分析（PCA）は、最も古い手法ですが、圧倒的に高速な手法でもあります。性能比較テストでは、PCAの速度がデータセットのサイズに依存する度合いは非常に低いことが示されています。したがって、モデル訓練の前段階としてPCAを効果的に使用することができ、ハイパーパラメータのチューニングプロセスの一環として実験的に次元の削減の最適値を見つけることができます。

　PCAの最も大きな欠点は、アルゴリズムが動作するためにデータが完全にメモリにのっている必要があることです。PCAのアウトオブコア（out-of-core）版である**インクリメンタルPCA**と呼ばれるものでは、データセットのバッチに対して実行することができ、一度に1バッチずつメモリにロードすることができます。しかし、インクリメンタルPCAはPCAに比べて桁違いに遅いのです。また、PCAは後述する他の2つの手法と比べて、可視化の目的では実用的ではありません。

4.8.2 可視化のための次元削減

　可視化が目的であれば、**UMAP**（Uniform Manifold Approximation and Projection: 均一マニホールド近似投影）アルゴリズムやオートエンコーダーが良いでしょう。両方とも2次元や3次元の特徴量ベクトルを生成するようにプログラムすることができ、PCAでは、アルゴリズムがD個の**主成分**（Dはデータの次元）を生成し、みなさんは最初の2つまたは3つの主成分を可視化のための特徴量として選ぶ必要があります。UMAPは一般的にオートエンコ

ーダーよりもはるかに高速ですが、この2つの技術は非常に外観の異なる可視化を生成するので、どちらを選ぶかは、具体的なデータセットの特性に基づいて決めてください。さらに、PCAと同様に、UMAPは全データをメモリ内に置く必要がありますが、オートエンコーダーはバッチで訓練することができます。

次元削減はタスクに特化して行うこともできます。例えば、画像編集ソフトを使えば写真のサイズを減らすことができます。同様に、音のビットレートやチャンネル数を削減することもできます。

4.9 特徴量のスケーリング

すべての特徴量が数値化されると、モデルの作業を開始する準備がほぼ整います。残っている唯一のステップは、特徴量のスケーリングです。

特徴量のスケーリングとは、すべての特徴量を同じ、または非常に似た範囲の値や分布にすることです。複数の実験結果から、スケーリングされた特徴量で訓練された学習アルゴリズムは、より良いモデルを生成する可能性があることが実証されています。スケーリングがモデルの品質に良い影響を与えるという保証はありませんが、最も効率のよい方法と考えられています。スケーリングは、深いニューラルネットワークの訓練速度を速める効果もあります。また、特に勾配降下法などの反復最適化アルゴリズムの初期反復において、個々の特徴量が支配的にならないようにすることができます。最後に、スケーリングは、コンピュータが非常に小さいまたは非常に大きい数字を扱う際に発生する問題である、**数値オーバーフロー**のリスクも低減します。

4.9.1 正規化

正規化とは、数値特徴量が取り得る実際の値の範囲を、あらかじめ定義された人工的な値の範囲、通常は[-1, 1]または[0, 1]の区間に変換する処理です。

例えば、ある特徴量の範囲を350〜1450とします。その特徴のすべての値から350を引き、その結果を1100で割ると、それらの値を[0, 1]の範囲に正規化できます。より一般的には、正規化の式は次のようになります。

$$\bar{x}^{(j)} \leftarrow \frac{x^{(j)} - \min^{(j)}}{\max^{(j)} - \min^{(j)}}$$

ここで、$x^{(j)}$は、あるデータにおける特徴jの元の値であり、$\min^{(j)}$と$\max^{(j)}$は、それぞれ、訓練データにおける特徴量jの最小値と最大値です。[-1, 1]の範囲にしたい場合は、正規化の式は次のようになります。

$$\bar{x}^{(j)} \leftarrow \frac{2 \times x^{(j)} - \max^{(j)} - \min^{(j)}}{\max^{(j)} - \min^{(j)}}$$

正規化の欠点は、$\max^{(j)}$ と $\min^{(j)}$ の値は異常値であることが多いため、正規化によって正常な特徴量の値が非常に小さな範囲に「絞られて」しまうことです。この問題を解決する1つの方法は、**クリッピング**を適用することです。つまり、訓練データの持つ極端な値を使うのではなく、$\max^{(j)}$ と $\min^{(j)}$ として「妥当な」値を選ぶのです。ある特徴の妥当な範囲を $[a, b]$ と推定します。上の2つの公式のいずれかを使ってスケーリングする前に、特徴量の値 $x^{(j)}$ は、$x^{(j)}$ が a 以下の場合は a に、b 以上の場合は b に設定（「クリッピング」）されます。a と b の値を推定するためによく使われる方法は、**ウィンザー化**（winsorization）です。この手法は、エンジニアであり生物統計学者でもあるCharles Winsor (1895-1951)にちなんで名付けられました。ウィンザー化は、すべての外れ値をデータの指定されたパーセンタイルに設定することで構成されます。例えば、90%のウィンザー化では、5%以下のすべてのデータを5パーセンタイルに設定し、95パーセンタイル以上のデータを95パーセンタイルに設定します。Pythonでは、ウィンザー化を次のように数字のリストに適用することができます。

```
1  from scipy.stats.mstats import winsorize
2  winsorize(list_of_numbers, limits=[0.05, 0.05])
```

winsorize関数の出力は、入力と同じ長さの数字のリストで、外れ値の値は「クリッピング」されます。対応するR言語のコードを以下に示します。

```
1  library (DescTools)
2  DescTools:: Winsorize (vector_of_numbers, probs = c (0.05, 0.95))
```

平均正規化を使うこともあります。

$$\bar{x}^{(j)} \leftarrow \frac{x^{(j)} - \mu^{(j)}}{\max(j) - \min^{(j)}}$$

ここで、$\mu^{(j)}$ は特徴量 j の値の平均です。

4.9.2 標準化

標準化（または**zスコア正規化**）とは、特徴量の値が**標準正規分布**の性質（$\mu = 0$、$\sigma = 1$）を持つようにスケールを変える手順です。ここで、μ は**標本平均**（特徴量の平均値、訓練データの全データで平均化されたもの）、σ は標本平均からの標準偏差です。特徴量の標準スコ

ア（または**zスコア**）は以下のように計算されます。

$$\hat{x}^{(j)} \leftarrow \frac{x^{(j)} - \mu^{(j)}}{\sigma^{(j)}}$$

ここで、$\mu^{(j)}$は特徴量 j の値の標本平均、$\sigma^{(j)}$は標本平均からの特徴量 j の値の**標準偏差**です。

さらに、前述のスケーリング技術を適用する前に、特徴量の値に簡単な数学的な変換を施すことが有効な場合があります。そのような変換には、特徴量の対数を取る、2乗する、あるいは特徴量の平方根を計算するなどがあります。重要なのは、できるだけ正規分布に近い分布を得ることです。

みなさんは、どのような場合に正規化を使うべきか、あるいはどのような場合に標準化を使うべきか、疑問に思われるかもしれません。この質問に対する明確な答えはありません。理論的には、正規化は一様分布のデータに、標準化は正規分布のデータに適しています。しかし、実際には、データがこのような曲線で分布していることはほとんどありません。通常、データセットがそれほど大きくなく、時間がある場合は、両方を試してみて、どちらが良い結果をもたらすかを確認するのがよいでしょう。特徴量のスケーリングは通常、ほとんどの学習アルゴリズムにとって有益な手法です。

4.10 特徴量エンジニアリングにおけるデータ漏洩

特徴量エンジニアリングにおけるデータ漏洩は、特徴量の離散化やスケーリングなど、いくつかの状況で発生する可能性があります。

4.10.1 想定される問題

データセット全体を使って、各ビンの範囲や特徴量のスケーリング係数を計算したとします。次に、データセットを訓練セット、検証セット、テストセットに分割します。このように進めると、訓練データの特徴量の値は、一部、ホールドアウトセットに含まれるデータを使って得られることになります。使用されているデータセットが十分に小さい場合には、ホールドアウトデータに対するモデルの性能が過度に良くなってしまう可能性があります。

ここで、テキストを扱っていて、データセット全体の特徴量を作成するために**Bag-of-words**を使用しているとします。語彙を構築した後、データを3つのセットに分割します。この場合、学習アルゴリズムは、ホールドアウトセットだけにあるトークンに基づく特徴量を垣間見てしまうことになります。この場合も、データを分割してから特徴量エンジニアリングを行った場合に比べて、モデルの性能が人為的に向上します。

4.10.2 解決方法

解決策は、お察しの通り、まずデータセット全体を訓練セットとホールドアウトセットに分割し、訓練データに対してだけ特徴量抽出を行うことです。これは、**平均値エンコーディング**（mean encoding）を使ってカテゴリー特徴量を数値に変換する場合にも適用できます。まずデータを分割してから、訓練データだけに基づいてラベルの標本平均値を計算します。

4.11 特徴量の保存と文書化

特徴量の作成が完了してすぐにモデルを訓練する場合でも、特徴量の期待される特性を書いた**スキーマファイル**を作成することをお勧めします。

4.11.1 スキーマファイル

スキーマファイルとは、特徴量を記述した文書のことです。このファイルは機械で読み取り可能で、バージョン管理され、特徴量が大幅に更新されるたびに更新されます。ここでは、スキーマにエンコードできる属性の例をいくつか紹介します。

- 特徴量の名前
- 各特徴量に対して
  - 種類（カテゴリーか数値か）
  - その特徴量を持つと予想されるデータの割合
  - 最小値と最大値
  - データの平均と分散
  - 0が許されるかどうか
  - 未定義の値が許されるかどうか

4次元のデータセットのスキーマファイルの例を以下に示します。

```
01  feature {
02      name : "height"
03      type : float
04      min : 50.0
05      max : 300.0
06      mean : 160.0
07      variance : 17.0
```

```
08      zeroes : false
09      undefined : false
10    popularity : 1.0
11  }
12
13  feature {
14      name : "color_red"
15      type : binary
16      zeroes : true
17      undefined : false
18      popularity : 0.76
19  }
20
21  feature {
22      name : "color_green"
23      type : binary
24      zeroes : true
25      undefined : false
26      popularity : 0.65
27  }
28
29  feature {
30      name : "color_blue"
31      type : binary
32      zeroes : true
33      undefined : false
34      popularity : 0.81
35  }
```

4.11.2 特徴量ストア

　大規模で分散した組織では、**特徴量ストア**を使用することで、複数のデータサイエンスチームやプロジェクトで特徴量を保存し、文書化、再利用、共有することが可能になります。特徴量を保存したり提供したりする方法は、プロジェクトやチームによって大きく異なります。そのため、インフラが複雑になり、作業が重複してしまうこともあります。大規模な分散型組織では、以下のような課題があります。

特徴量が再利用されない

　ある対象の同じ属性を表す特徴量が、他のチームの既存の作業や既存の機械学習パイプラインで再利用できるはずなのに、異なるエンジニアやチームによって何度も実装されている。

特徴量の定義が異なる

チームによって特徴量の定義が異なり、その特徴量に関する文書にアクセスできないことがある。

計算時間のかかる特徴量

リアルタイムの機械学習モデルの中には、有益だが、計算時間のかかる特徴量を用いているものがあります。そのような特徴量を高速な特徴量ストア（後述）で利用できるようになれば、バッチモードだけでなく、リアルタイムでそのような特徴量を利用できるようになります。

訓練時と推論時の不一致

モデルは通常、過去のデータを使って訓練されますが、本番環境での推論時にはリアルタイムのオンラインデータが入力されます。一部の特徴量の値は、推論時に利用できない過去のデータセット全体に依存する可能性があります。モデルが正しく動作するためには、オフライン（開発環境）モードでもオンライン（本番環境）モードでも、各特徴量が同じ入力データを表す対象に対して同じ値を持つ必要があります。

特徴量の有効期限

本番環境に新しい入力データが入ってきたとき、どの特徴量を再計算する必要があるかは正確に知る方法はありません。パイプライン全体を実行して、予測に必要なすべての特徴量の値を計算する必要があります。

特徴量ストアとは、文書化され、管理され、アクセス制御された特徴量を組織内で保管するための中央保管場所です。各特徴量は1）名称、2）説明、3）メタデータ、4）定義、の4つで記述されます。

特徴量名は、その特徴量を一意に識別するための文字列であり、例えば、"average_session_length"（セッション長の平均値）や "document_length"（文書の長さ）などです。

特徴量の説明は、対象物の属性を表す自然言語によるテキスト記述で、例えば、「ユーザごとのセッションの平均長」や「文書内の単語数」などです。

スキーマファイルの属性に加えて、特徴量のメタデータには、その特徴量がモデルに追加された理由、その特徴量が汎化にどのように役に立っているか、その特徴量のデータソースを管理する組織の担当者の名前[8]、入力データタイプ（数値、文字列、画像など）、出力データタイプ（数値スカラー、カテゴリー、数値ベクトルなど）、特徴量ストアがその特徴量の値をキャッシュする必要があるかどうか、ある場合はどのくらいの期間キャッシュするか、な

どが書かれています。特徴量は、オンラインとオフラインの両方で利用可能、またはオフライン処理でだけ利用可能という印を付けるともできます。オンライン処理で利用される特徴量は、その値が次のいずれかになるように実装されていなければなりません。1) キャッシュやキーバリューストアから高速で読み取れる、または 2) リアルタイムで計算できる。リアルタイムに計算できる特徴量としては、例えば、入力された数字の2乗、単語の形の判定、その組織が持つイントラネットでの検索などがあります。

特徴量の定義は、バージョン管理された Python や Java などのコードです。これが実行環境で実行され、入力に適用されて特徴量の値が計算されることになります。

特徴量ストアでは、データエンジニアが特徴量を追加することもできます。一方、データアナリストや機械学習エンジニアは、関連性があると思われる特徴量の値を API を使用して取得します。特徴量ストアは、オンライン入力用の特徴量を提供することができます。また、オフラインでモデルを作成しているデータアナリストが、訓練データを特徴量ベクトルに変換したい場合には、入力のバッチを特徴量ストアに送信することもできます。

再現性を高めるために、特徴量ストアの特徴量はバージョン管理されています。特徴量のバージョン管理により、データアナリストは、以前のバージョンのモデルの学習に使用したものと同じ特徴量を用いてモデルを再度学習させることができます。ある入力に対する特徴量が更新されても、以前の値は消去されません。消されるのではなく、その値がいつ生成されたかを示すタイムスタンプとともに保存されます。さらに、モデル m_B が使用する特徴量 j は、それ自体が別のモデル m_A の出力である可能性があります。モデル m_A が変更されても、その前のバージョンを保存しておくことが重要です。モデル m_B は、前のバージョンの m_A が生成した出力を入力として仮定している場合があるからです。

特徴量ストアは、図4.21に示すように、機械学習パイプライン全体の中に配置されています。このアーキテクチャは、Uber社の機械学習プラットフォーム Michelangelo をもとにしたものです。オンラインとオフラインの2つの特徴量ストアがあり、それらのデータは同期されています。Uber社では、オンラインの特徴量ストアは、リアルタイムデータを利用して、ほぼリアルタイムで頻繁に更新されています。一方、オフラインの特徴量ストアは、オンラインで計算された、いくつかの特徴量の値や、ログやオフラインのデータベースからの履歴データを使用して、バッチモードで更新されます。オンラインで計算される特徴量の例としては、「直近1時間のレストランの平均食事準備時間」などが挙げられます。

第**4**章 特徴量エンジニアリング

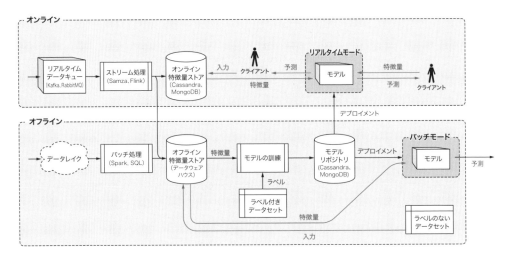

図4.21：機械学習のパイプラインにおける特徴量ストアの位置づけ

オフラインで計算される特徴量の例に、「直近1時間のレストランの平均食事準備時間」があります。Uberでは、この特徴量をオンラインストアから取得し、一日数回オンラインストアと同期しています。

4.12 特徴量エンジニアリングのベストプラクティス

長年にわたり、データアナリストやエンジニアは様々な効率の良い手法を考案し、実験、検証してきました。このような手法は、現在では、ほぼすべての機械学習プロジェクトで推奨されています。これらの手法を適用することで、プロジェクトが大幅に改善されることはないかもしれませんが、改悪することはありません。このような手法のうち、本章ですでに述べたものの1つは特徴量の正規化と標準化です。

4.12.1 シンプルな特徴量をたくさん生成する

モデリングの初期段階では、できるだけ多くの「シンプル」な特徴量を作るようにします。シンプルな特徴量とは、コーディングにそれほど時間がかからないものです。例えば、文書分類のBag-of-wordsは、わずか数行のコードで何千もの特徴量を生成します。ハードウェア能力が許せば、測定可能なものはすべて特徴量として使用できます。ある量と他の量との組み合わせが予測に役立つかどうかは、事前に予測するのは不可能です。

4.12.2 レガシーシステムを再利用する

　機械学習ベースでない古いアルゴリズムを統計モデルに置き換える場合、古いアルゴリズムの出力を新しいモデルの特徴量として使用してください。古いアルゴリズムは変更しないでください。変更してしまうと、モデルの性能が時間の経過とともに悪くなることがあります。古いアルゴリズムの処理速度が遅すぎて特徴量にならない場合は、古いアルゴリズムの入力を新しいモデルの特徴量として使用してください。

　外部システムを特徴量のソースとして使用するのは、その外部システムの振る舞いをコントロールできる場合に限ります。そうでないと、みなさんの知らないところで外部システムが勝手に進化している可能性があります。さらに、そのシステムの所有者は、みなさんのモデルの出力を自分のモデルの入力として使用するかもしれません。これにより、**隠れたフィードバックループ**が生まれ、つまり、みなさんが学習の元にした現象に影響を与える状況が生まれてしまうのです。

4.12.3 必要に応じてIDを特徴量として使用する…

　必要に応じて、IDを特徴量として使用します。固有のIDは汎化には貢献しないので、これは直感に反するように思えるかもしれません。しかし、IDを使用することで、モデルは、一般的なケースではある動作をし、他のケースでは別の動作をするようになります。

　例えば、ある場所（都市や村）についての予測を行いたい場合、その場所に関するいくつかの特性を特徴量として持っています。場所のIDを特徴量として使用することで、一般的な場所に関する訓練データを追加しモデルを訓練することで、他の特定の場所では異なる動作をするようにできます。

　ただし、データのIDを特徴量として使うことは避けてください。

4.12.4 … しかし、個数は可能な限り減らす

　たくさんの値（10数個）を持つカテゴリー特徴量は、その特徴量によってモデルの動作が異なる「モード」を持つようにしたい場合にだけ使用してください。典型的な例は、郵便番号や国です。似たような入力に対して、ロシアとアメリカでモデルの挙動を変えたい場合は、「国」というカテゴリー特徴量を使用するとよいでしょう。[9]

　たくさんの値を持つカテゴリー特徴量があり、その特徴量に応じて複数のモードを持つモデルは必要ない場合、その特徴量のカーディナリティ（異なる値の個数）を減らしてみましょ

---

[9]　モデルにさせたいこととデータから得られることが、全く異なることがよくあります。モデルは国とは独立に同じような予測をしなければならないと思っていても、実際には国によって学習データのラベルの分布が異なるため、モデルの性能が低下することがあります。

う。これにはいくつかの方法があります。そのうちの1つである**特徴量のハッシュ化**については、4.2.4項ですでに説明しました。その他の方法については、以下で簡単に説明します。

似たような値をグループ化する

いくつかの値を同じカテゴリーにまとめてみましょう。例えば、1つの地域の中で、異なる場所で異なる予測が必要になる可能性が低いと考えられる場合、同じ州のすべての郵便番号を州の番号でグループ化します。複数の州は地域でグループ化してください。

ロングテールをグループ化する

同様に、頻度の低い値のロングテールを「その他」としてグループ化したり、頻度の高い、似たような値とマージしたりしてみたりしてください。

特徴量を除外する

カテゴリー特徴量のすべて、またはほぼすべての値が一意である場合や、1つの値が他のすべての値よりも優勢な場合、その特徴量を全部除外することを検討してみてください。

特徴量の粒度を小さくすることには注意が必要です。カテゴリー特徴量は、他のカテゴリー特徴量と関数的な依存関係があることが多く、それらの予測能力は組み合わせから得られることが多いのです。例えば、州と市を例に挙げます。州の特徴量のいくつかの値をグループ化したり削除したりすると、モデルがある州のスプリングフィールドと別の州都とを区別するのに必要な情報も誤って壊してしまう可能性があります。

4.12.5 回数は注意して使用する

回数（カウント）に基づく特徴の使用には注意が必要です。カウントの中にはずっと、範囲がほぼ同じものがあります。例えば、Bag-of-words では、2値の代わりに各トークンのカウント（出現数）を使用する場合、入力されるテキストが時間とともに長くなったり短くなったりしない限り、問題はありません。しかし、成長している携帯電話会社の顧客に対して「加入後の通話回数」のような特徴量があった場合、一部の昔からの顧客は、新しい顧客に比べて通話回数が非常に多くなります。一方で、訓練データは、会社がまだ若く、古い顧客がいなかった頃に作成されたものである可能性もあります。

同じように注意が必要なのは、データセットの中で、特徴量の値がどれだけ共通しているか基づいてビンにグループ化する場合です。今は頻度の低い値でも、時間が経つにつれてデータが追加され、頻度が高くなる可能性があります。最も良いのは、モデルと特徴量を時々再評価することです。

4.12.6 必要に応じて特徴量の選択を行う

必要に応じて特徴量の選択を行ってください。理由は以下のようなものが考えられます。

- モデルが説明可能である必要がある場合（つまり、最も意味のある予測変数を保持する必要がある）
- RAMやHDDの容量などのハードウェア要件が厳しい場合
- 本番環境で、モデルの実験や再訓練に使える時間が短い場合
- モデルの訓練と訓練の間に、著しい分布シフトがあると予想される場合

特徴量の選択を行う場合は、Boruta から始めてください。

4.12.7 コードは慎重にテストする

特徴量エンジニアリングを行うコードは慎重にテストする必要があります。単体テストはそれぞれの特徴量抽出器で行ってください。可能な限りたくさん入力してみて、各特徴量が正しく生成されることを確認してください。ブール型の特徴量については、真であるべき時には真になり、偽であるべき時には偽になることをチェックしてください。数値特徴量は、値の範囲が妥当なことを確認してください。NaN（Not-a-Number値）、ヌル、0、空の値をチェックしてください。特徴量抽出器が1つでも壊れていると、モデルの性能が低下する可能性があります。特徴量抽出器は、モデルの動作がおかしい場合に最初に問題点を探すべき場所です。

各特徴量は、速度、メモリ消費量、本番環境との互換性などをテストする必要があります。ローカル環境ではそれなりに動作していても、本番環境にデプロイすると性能が低下する場合があるからです。

モデルが本番環境にデプロイされ、ロードされるたびに、特徴量抽出器のテストを行ってください。特徴量が外部リソース（データベースや API など）を利用している場合、特定の本番環境ではこれらのリソースが利用できない可能性があります。特徴量の抽出中にリソースが利用できない場合、特徴量抽出器は例外を発生させる必要があります。サイレント障害を避けてください。これは、長い間に気づかれない可能性がある障害で、気づかないうちに長い時間かけてモデルの性能が低下したり、完全におかしくなったりするものです。

また、特徴量抽出器に定期的に固定したテストデータを与えてみて、特徴量の分布が変わらないことを確認することをお勧めします。

4.12.8 コード、モデル、データを同期させる

特徴量抽出コードのバージョンは、モデルのバージョンおよびモデルの訓練に使用したデータと同期していなければなりません。この3つをデプロイしたり、ロールバックするときは同時に行う必要があります。本番環境でモデルが読み込まれるたびに、3つが同期しているかどうか（つまり、バージョンが同じであるかどうか）を確認してください。

4.12.9 特徴量抽出コードを分離する

特徴量抽出コードは、それ以外のモデルをサポートするコードから独立している必要があります。他の特徴量やデータ処理パイプライン、モデルの呼び出し方法に影響を与えることなく、各特徴量を扱うコードを更新できる必要があります。唯一の例外は、one-hotエンコーディングやBag-of-wordsのように、たくさんの特徴量が一度に生成される場合です。

4.12.10 モデルと特徴量抽出コードを一緒にシリアライズする

可能であれば、モデルとモデルの訓練時に使用した特徴量抽出オブジェクトを一緒にシリアライズ（Pythonではpickle、RではRDS）します。本番環境では、両方を非シリアライズして使用します。可能な限り、特徴量抽出コードは複数のバージョンを持たないようにしてください。

本番環境でモデルと特徴量抽出コードの両方を非シリアライズできない場合は、モデルの訓練時と本番環境での推論時で同じ特徴量抽出コードを使用してください。データサイエンティストがモデルの訓練に使用したコードと、ITチームが本番環境用に書いた最適化されたコードの間にわずかな違いがあるだけでも、大きな予測誤差が生じることがあります。

本番環境用の特徴量抽出コードが準備できたら、それを使ってモデルを再訓練します。特徴量抽出コードを変更した後は、必ずモデルを完全に再訓練してください。

4.12.11 特徴量の値を記録する

本番環境で、オンラインデータのランダムなサンプルに対して抽出された特徴量の値を記録しておいてください。新しいモデルで作業する際に、これらの値は訓練データの品質を管理するのに役立ちます。また、これらの値を用いることで、本番環境で記録された特徴量が、訓練データで観測された特徴量と同じであることを比較したり、確認したりすることができます。

4.13 まとめ

　特徴量は、モデルが扱うデータから抽出された値です。各特徴量は、データが持つ特性を表します。特徴量は特徴量ベクトルにまとめられ、モデルはこれらの特徴量ベクトルに対する数学的な操作を学習し、目的の出力を生成します。

　テキストの場合、Bag-of-wordsなどの手法を用いて特徴量を大量に生成することができます。Bag-of-words特徴量ベクトルの数値は、テキスト文書におけるその語彙の有無を意味します。これらの数値は2値の場合もあれば、文書中の各単語の頻度やTF-IDF値など、よりたくさんの情報を含む場合もあります。

　ほとんどの機械学習アルゴリズムやライブラリは、すべての特徴量が数値であることを前提としています。カテゴリー特徴量を数値に変換する場合、one-hotエンコーディングや平均値エンコーディングなどの技術を用います。カテゴリー特徴量の値が、曜日や時刻のように周期的なものである場合は、サイン・コサイン変換を使って、その周期的な特徴量を2つの特徴量に変換すると良いでしょう。

　特徴量のハッシュ化とは、テキストデータや多くの値を持つカテゴリー属性を、任意の次元の特徴量ベクトルに変換する方法です。これは、one-hotエンコーディングやBag-of-wordsが実用的でない次元数の特徴量ベクトルを生成してしまう場合に有効です。

　トピックモデリングは、LDAやLSAなどのアルゴリズム技術の一種であり、この手法により、任意の文書を必要な次元のトピックベクトルに変換するモデルを学習できるようになります。

　時系列とは、順序付けされた一連の観測値のことです。それぞれの観測値には、タイムスタンプ、日付、年など、時間に関連する属性が付けられています。ニューラルネットワークの学習能力が向上する以前は、時系列データの解析には、浅い機械学習用のツールキットが使用されていました。時系列データは「フラットな」特徴量ベクトルに変換する必要がありましたが、現在では、LSTM、CNN、Transformerなど、時系列データの処理に適したニューラルネットワークアーキテクチャが使用されています。

　優れた特徴量は、予測能力が高く、高速に計算でき、信頼性が高く、相関を持ちません。訓練データセットの特徴量の分布は、本番環境のモデルが受け取るデータの分布と似ていることが重要です。さらに、優れた特徴量は、単位性があり、理解しやすく、維持しやすいものです。単位性とは、その特徴が、理解しやすく説明しやすい量を表しているということです。

　データの予測能力を高めるために、数値特徴量を離散化したり、訓練データをクラスタリングしたり、特徴量に簡単な変換を施したり、複数の特徴量を組み合わせたりして、新しく特徴を合成することができます。

　テキストでは、単語や文書埋め込みという形で、ラベルのないデータから特徴量を学習することができます。一般的には、適切な予測問題を設定して深層モデルを訓練すれば、どの

ような種類のデータに対しても埋め込みを得ることができます。埋め込みベクトルは、最も右にある（すなわち、出力に最も近い）全結合層のいくつかの層から抽出されます。

　特徴量の選択技術をうまく利用して、モデルの品質に寄与しない特徴量を取り除いてください。一般的な手法としては、ロングテールのカットとBorutaがあります。また、L1正則化も特徴量の選択の手法として有効です。

　次元削減は、高次元データセットの可視化性を向上させ、モデルの予測品質も向上させます。現在、次元削減で用いられる手法は、PCA、UMAP、オートエンコーダーなどです。PCAは非常に高速ですが、UMAPとオートエンコーダーは可視化により優れています。

　モデルを訓練する前に特徴量をスケーリングし、スキーマファイルや特徴量ストアに特徴量を保存・文書化し、コード、モデル、訓練データを同期させるようにしてください。

　特徴量の抽出コードは、機械学習システムの最も重要な部分の1つです。そのため、広範かつ体系的にテストする必要があります。

第**5**章

教師ありモデルの訓練（第１部）

　モデルの訓練（モデリング）は、機械学習プロジェクトのライフサイクルの第4ステージです。

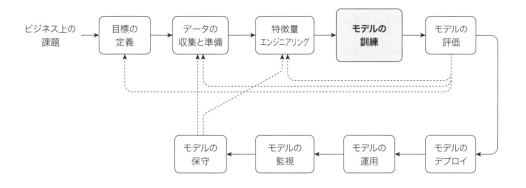

図5.1：機械学習プロジェクトのライフサイクル

　訓練なしでは、モデルを作ることはできません。しかし、モデルの訓練は、機械学習において最も過大評価されているものの1つです。機械学習エンジニアがモデルの訓練に費やす時間は、平均して、全体の5〜10％程度です。良いデータの収集、準備、特徴量エンジニアリングの方が遥かに重要なのです。通常、モデルの訓練とは、データにscikit-learnやRのアルゴリズムを適用し、ランダムにいくつかのハイパーパラメータの組み合わせを試してみることです。もしみなさんが前の2つの章を読み飛ばして、直接、本章を読み始めてしまった場合は、もう一度、これらの章を読んでください。この2つの章は重要です。

　本章では、タイトルにあるように、教師ありモデルの学習を2つのパートに分けました。この第1部では、学習の準備、学習アルゴリズムの選択、浅い学習、モデルの性能評価、偏り・分散のトレードオフ、正則化、機械学習パイプラインの概念、ハイパーパラメータのチューニングについて説明します。

5.1 モデルに取り組み始める前に

モデルに取り組む前に、スキーマに適合しているかのチェック、達成可能な性能の定義、性能指標の選択など、その他にもいくつかの決定を行う必要があります。

5.1.1 スキーマに適合しているかをチェックする

まず、データがスキーマファイルで定義されているスキーマに適合しているかどうかを確認します。初めにデータを用意したとしても、このデータと現在のデータが同じではない可能性があります。この違いは様々な要因で説明できますが、特に以下の要因が考えられます。

- データをHDDやデータベースに保存に使用した方法に間違いがあった。
- 保存されている場所からデータを読み取るのに使用した方法に間違いがあった。
- 知らない間にデータやスキーマが変更された。

これらのスキーマエラーは、プログラミングでエラーを検出するのと同様に、検出、識別、修正しなければなりません。必要であれば、第3章の最後で再現性について説明したように、データの収集と準備のパイプラインを最初から実行しなければならないでしょう。

5.1.2 達成可能な性能を定義する

達成可能な性能を定義することは、非常に重要なステップです。これにより、モデルの改良をいつ止めても良いかが分かります。以下にいくつかのガイドラインを示します。

- 人間が、多大な努力や計算、複雑な論理を使って導出しなくても、データのラベル付けが行なえるなら、そのモデルで人間レベルの性能を達成することが期待できる。
- ラベルを識別するに必要な情報が特徴量に十分に含まれていれば、誤差はほぼ0になることが期待できる。
- 入力される特徴量ベクトルに含まれる信号の数が多ければ（画像のピクセルや文書の単語など）、誤差は限りなく0に近くなることが期待できる。
- 同じような分類や回帰の問題を解くコンピュータプログラムがすでにあれば、少なくとも同等の性能を発揮することが期待できる。多くの場合、機械学習モデルは、ラベル付けされたデータを入力すればするほど性能が向上します。
- 同じような機能を持ち、異なる方式のシステムがすでにあれば、同じような性能が、異なる方式の機械学習モデルで得られることが期待できる。

5.1.3 性能指標を決める

モデルの性能の評価については後ほど説明します。現在、モデルの性能（品質）がどのくらいなのかを見積もる方法（指標）がいくつかあります。すべてのプロジェクトで使用できる最適な単一の指標はありません。みなさんの対象とするデータと課題に基づいて指標を選ぶ必要があります。

モデルの開発を始める前に、選ぶ**性能指標**は1つにすることをお勧めします。そして、この1つの指標で、複数のモデルを比較し、全体の進捗状況を把握します。

5.5節では、最も一般的で便利なモデルの性能評価指標と、複数の評価指標を組み合わせて1つの数値を得る方法について説明します。

5.1.4 正しいベースラインを選択する

予測モデルの開発を始める前に、解こうとして課題に対するベースラインとなる性能を確立することが重要です。**ベースライン**とは、比較のための基準点となるモデルやアルゴリズムのことです。

ベースラインがあれば、データアナリストは機械学習に基づくソリューションがうまくいくことを確信できます。その機械学習モデルの性能指標の値が、ベースラインの値よりも優れていれば、機械学習は価値をもたらしてくれます。

現在のモデルの性能をベースラインと比較することで、作業の方向性を決めることができます。例えば、課題に対して人間レベルの性能が達成できそうなことがわかっているとします。図5.2に示すように、人間の性能をベースラインとします。図5.2(a)では、モデルの性能は良さそうなので、モデルを正規化するか、訓練データを増やすかことを決めればよいでしょう。一方、図5.2(b)では、モデルの性能が良くないので、特徴量を増やすか、**モデルの複雑さ**を増す（モデルを複雑にする）必要があります。

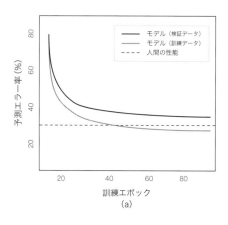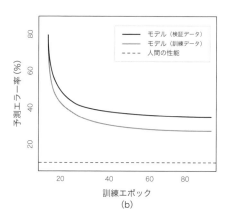

図5.2：モデルの性能と人間の性能のベースラインを比較したもの
　　　　（a）モデルの性能は良いので、正規化するか、訓練データを増やす必要がある
　　　　（b）モデルの性能が低いので、特徴量を増やすか、モデルの複雑さを増す必要がある

　ベースラインとは、入力を受け取り、予測を出力するモデルやアルゴリズムのことです。ベースラインの予測は、モデルの予測と同じ性質を持つものである必要があります。そうでないと、両者を比較できないからです。

　ベースラインは、何らかの学習アルゴリズムの結果である必要はありません。ルールベースのアルゴリズムやヒューリスティックなアルゴリズム、訓練データに適用される単純な統計など、さまざまなものが考えられます。よく使われるベースラインアルゴリズムは、次の2つです。

● ランダム予測

● ゼロルール

ランダム予測アルゴリズムは、訓練データに付けられたラベル群からラベルをランダムに選択することで予測を行います。分類問題では、対象とする課題が持つすべてのクラスからランダムに1つのクラスを選ぶことに相当します。回帰問題では、訓練データに含まれるすべての一意な目標値からランダムに値を選択することに相当します。

ゼロルールアルゴリズムは、ランダム予測アルゴリズムよりも厳しいベースラインになります。通常、ゼロルールの方がランダム予測よりも指標の値が改善します。ゼロルールアルゴリズムは問題に関してより多くの情報を使用して予測を行います。

　分類問題では、ゼロルールアルゴリズムは、入力値とは無関係に、訓練セットで最も一般的なクラスを常に予測することです。無意味なように見えますが、次のような問題を考えてみましょう。分類問題の訓練データには、正のクラスのデータが800個、負のクラスのデータが200個あるとします。ゼロルールアルゴリズムは常に正のクラスを予測し、ベースライン

の**正解率**（5.5.2節で検討する一般的な性能指標の1つ）は800/1000 = 0.8、すなわち80%となり、単純な分類器としては悪くありません。これで、みなさんの統計モデルが、どれだけ最適なものに近いかに関わらず、少なくとも80%の正解率を持たなければならないことがわかるのです。

　次に、回帰のためのゼロルールアルゴリズムを考えてみましょう。ゼロルールアルゴリズムでは、回帰の場合、訓練データが持つ目標値の平均を予測することです。この戦略は、ランダムな予測よりもほとんどの場合エラーの割合が低くなります。

　標準的（いわゆる古典的）な予測問題の場合は、Pythonのscikit-learnなどの一般的なライブラリが提供する最先端のアルゴリズムを使用することができます。例えば、テキストの分類であれば、テキストを**Bag-of-words**で表現し、**線形カーネル**を用いた**サポートベクターマシン**を訓練します。そして、その結果をより高度なやり方で上回ることを目指します。この方法は、画像分類、機械翻訳、それ以外でも十分に研究されているものなど、いわゆる標準的なベンチマーク問題でも有効です。

　一般的な数値のデータセットでは、線形回帰やロジスティック回帰などの線形モデル、または**k近傍法**（$k = 5$）などが適切なベースラインとなるでしょう。画像分類には、単純な**畳み込みニューラルネットワーク**（CNN）を使います。3つの畳み込み層（各層に32 – 64 – 32ノード、各畳み込み層の後に最大値プーリング層とドロップアウト層が続く）と、最後に2つの全結合層（128ノードの層と、出力に必要な数個のノードから成る層）があるものが良いベースラインになるでしょう。

　また、既存のルールベースのシステムを利用したり、独自にシンプルなルールベースのシステムを構築したりすることもできます。例えば、あるウェブサイトの訪問者が、推薦された記事を気に入るかどうかを予測するモデルを作成する場合、単純なルールベースのシステムは次のように動作します。ユーザーが「いいね！」と思った記事をすべて集めて、それらの記事に含まれる**TF-IDFスコア**の上位10語を見つけ、その10語のうち少なくとも5語が推薦記事に含まれていれば、ユーザーがその記事を気に入ると予測する、というものです。また、課題に特化した複数の機械学習ライブラリやAPIがオンラインで提供されています。それらを直接利用できたり、問題解決のために再利用できるのであれば、間違いなくベースラインとして検討すべきです。

　人間をベースラインにした場合、良いベースラインを見つけるのは必ずしも簡単ではありません。Amazonの**Mechanical Turk**サービスを利用することができる場合があります。Mechanical Turk（MT）は、人間が簡単なタスクを解決することで金銭的な報酬を得ることのできるウェブプラットフォームです。MTが提供するAPIを用いることで、人間の予測を得ることができます。このような人間による予測結果の品質は、タスクと報酬に応じて、非常に低いものから比較的高いものまで様々です。MTは比較的安価であるため、手軽に大量の予測が手に入ります。

　ターカー（turkers：MTの人間作業者）が提供する予測の質を高めるために、データアナ

リストの中には**ターカーを組み合わせて**使う人もいます。3〜5人のターカーに同じデータの
ラベル付けを依頼し、ラベルの中から最も数の多いクラス（回帰の場合は平均ラベル）を選
びます。費用はかかりますが、その領域の専門家（または、より品質の高いターカーの組み
合わせ）にデータのラベル付けを依頼する方法があります。

5.1.5 データを3つのセットに分ける

　しっかりしたモデルを構築するためには、3つのデータセットが必要であることを思い出
してください。1つ目の**訓練セット**は、モデルの訓練に使用されます。これは、機械学習ア
ルゴリズムが「見る」データです。2つ目と3つ目は、ホールドアウトセットです。**検証セッ
ト**は、機械学習アルゴリズムが見ることはありません。検証セットを使って、異なる機械学
習アルゴリズム（または、同じアルゴリズムを異なるハイパーパラメータの値で構成したも
の）やモデルを新しいデータに適用したときの性能を見積もります。残りの**テストセット**も、
学習アルゴリズムが見ていないもので、プロジェクトの最後で、検証データで最も性能が高
かったモデルの性能を評価・報告するのに使用します。

　データセット全体を3つのセットに分割するプロセスは第3章の3.6節で説明しました。こ
こでは、このプロセスの2つの重要な特性についてだけ繰り返しておきます。

1. 検証セットとテストセットは、同じ統計的分布に基づいている必要がある。すなわち、
   両方の特性は最大限に類似していなければならないが、2つのセットに属するデータは、
   理想的には、互いに独立して得られた異なるものでなければなりません。

2. 検証データとテストデータは、モデルが本番環境で使われた時に入力されるデータに近
   い分布から抽出する。訓練データの分布とは異なっていても構いません。

　後者の点についていくつか説明します。ほとんどの場合、みなさんはデータセット全体を
単純にシャッフルし、このシャッフルされたデータから3つのセットをランダムに決めるこ
とになります。しかし、実際には、本番環境でのデータとは似ても似つかないデータがたく
さんあるのが普通です。このようなデータが大量にあったり、あるいは安価であることもあ
ります。このデータをプロジェクトで使用すると、**分布シフト**（分布のずれ）が生じる可能
性がありますが、みなさんが、それに気づくかどうかはわかりません。

　分布シフトがあることが分かっている場合は、簡単に入手できるデータをすべて訓練セット
として使い、検証セットやテストセットには使用しないようにします。そうすることで、本
番環境に近いデータでモデルを評価することができます。そうしないと、モデルのテスト時
に性能指標が過度に楽観的な値になり、本番では最適ではないモデルになってしまう可能性
があります。

　分布シフトは、取り組むのが難しい問題です。訓練にデータ分布はデータがあるので意識
的に異なるデータを使用することができます。しかし、データアナリストは、訓練データと

本番データの統計的特性が異なることに気づいていないかもしれません。これは、本番導入後にモデルが頻繁に更新され、訓練セットに新しいデータが追加された場合によく起こります。モデルの訓練に使用したデータの特性と、モデルの検証やテストに使用したデータの特性は、時間とともに乖離する可能性があるのです。次章の6.3節では、この問題に対処する方法を説明します。

5.1.6 教師あり学習の前提条件

モデルの訓練を始める前に、以下の条件が満たされていることを確認してください。

1. ラベル付きのデータセットがある。
2. データセットが3つのサブセット（訓練、検証、テスト）に分割されている。
3. 検証セットとテストセットのデータが統計的に似ている。
4. 特徴量をエンジニアリングし、訓練データだけを使って欠損値が埋まっている
5. すべてのデータを数値特徴量ベクトルに変換した。[1]
6. 単一の数値（スカラー値）を返す性能指標を選択した（5.5節参照）。
7. ベースラインがある。

5.2 機械学習用のラベルの表現

古典的な分類方法では、ラベルはカテゴリー特徴量の値のように見えます。例えば、画像の分類では、ラベルは「猫」、「犬」、「車」、「建物」などとなります。

scikit-learnのような機械学習アルゴリズムの中には、ラベルを自然な形である文字列で指定できるものがあります。文字列を特定の学習アルゴリズムで受け入れられる数値に変換する作業は、ライブラリが行います。

しかし、いくつかのニューラルネットワークの実装のように、みなさんが自分でラベルを数値に変換する必要があるものもあります。

5.2.1 多クラス分類

多クラス分類の場合（つまり、モデルが特徴量ベクトルから1つのラベルだけを予測する場合）、ラベルを2値ベクトルに変換するために一般的に用いられるのは**one-hotエンコー**

---

[1] 前章で述べたように、最近の機械学習ライブラリやパッケージの多くは、数値化された特徴量ベクトルを前提にしています。しかし、決定木学習のように、カテゴリー特徴量をそのまま扱えるアルゴリズムもあります。

ディングです。例えば、クラスを{dog, cat, other}とし、以下のようなデータがあるとします。

画像	ラベル
image_1.jpg	dog
image_2.jpg	dog
image_3.jpg	cat
image_4.jpg	other
image_5.jpg	cat

one-hotエンコーディングでは、以下のようなクラスの2値ベクトルが生成されます。

$$dog = [1, 0, 0],$$
$$cat = [0, 1, 0],$$
$$other = [0, 0, 1]$$

カテゴリーラベルを2値ベクトルに変換すると、データは次のようになります。

画像	ラベル
image_1.jpg	[1,0,0]
image_2.jpg	[1,0,0]
image_3.jpg	[0,1,0]
image_4.jpg	[0,0,1]
image_5.jpg	[0,1,0]

5.2.2 多ラベル分類

多ラベル分類では、1つの入力に対して、モデルが同時に複数のラベルを予測することがあります（例えば、1つの画像に犬と猫の両方が含まれている場合など）。このような場合、各データに割り当てられるラベルの表現に、**Bag-of-words**を使用することができます。以下のようなデータがあるとします。

画像	ラベル
image_1.jpg	dog, cat
image_2.jpg	dog
image_3.jpg	cat, other
image_4.jpg	other
image_5.jpg	cat, dog

ラベルを2値ベクトルに変換すると、以下のようなデータになります。

画像	ラベル
image_1.jpg	[1,1,0]
image_2.jpg	[1,0,0]
image_3.jpg	[0,1,1]
image_4.jpg	[0,0,1]
image_5.jpg	[1,1,0]

　学習アルゴリズムがどのような入力のフォーマットをとるかは、そのアルゴリズムのドキュメントを読んでください。

5.3 学習アルゴリズムを選択する

　機械学習アルゴリズムの選択は難しい作業です。十分に時間があれば、すべてのアルゴリズムを試してみることもできるでしょう。しかし、通常、課題を解決するのに使える時間は限られています。十分な情報を得た上で選択するためには、課題に取り掛かる前にいくつかの確認項目をチェックするとよいでしょう。その結果に基づいて、いくつかのアルゴリズムを選択し、みなさんのデータで試してみることができます。

5.3.1 学習アルゴリズムの主な特性

　以下は、機械学習アルゴリズムやモデルを選択する際の指針となるいくつかのQAです。

説明可能性

　モデルの予測結果を、技術者以外の人にも説明する必要がありますか？　最も正解率の高い機械学習アルゴリズムやモデルは、いわゆる「ブラックボックス」です。予測ミスはほとんどありませんが、モデルやアルゴリズムがなぜその予測を行ったかを理解するのは難しく、さらに説明するのも難しい場合があります。そのようなモデルに、**深層ニューラルネットワーク**や**アンサンブルモデル**があります。

　一方、**kNN**、**線形回帰**、**決定木**の学習アルゴリズムは、必ずしも最も正確な予測はしませんが、その予測結果は、専門家でなくても理解しやすいものです。

インメモリとアウトオブメモリ

　みなさんのデータセットは、PCやサーバーのRAMに完全に読み込むことはできますか？

読み込めるのであれば、いろいろなアルゴリズムを選択することができます。読み込めないのであれば、データを少しずつ読み込んでモデルを訓練できる**インクリメンタル型の学習アルゴリズム**が良いでしょう。そのようなアルゴリズムとしては、**ナイーブベイズ**や、ニューラルネットワークがあります。

特徴量とデータの数

データセットには訓練データはいくつありますか？　また、各データには特徴量がいくつありますか？　**ニューラルネットワーク**や**ランダムフォレスト**で使われるアルゴリズムの中には、膨大な数のデータや数百万の特徴量を扱えるものがあります。一方、**サポートベクターマシン**（SVM）の学習アルゴリズムのように、比較的、少量のものもあります。

データの非線形性

データは直線で分離可能ですか？　線形モデルを使ってモデル化できますか？　もしそうであれば、線形カーネルを用いたSVM、線形回帰、ロジスティック回帰が良い選択となります。それ以外の場合は、深層ニューラルネットワークやアンサンブルモデルの方がうまくいくでしょう。

訓練速度

学習アルゴリズムがモデルを訓練するのに使用できる時間はどれくらいありますか？　また、どれくらいの頻度で、更新されたデータでモデルを再訓練する必要がありますか？　訓練に2日かかり、4時間ごとにモデルを再訓練する必要があるとしたら、モデルは決して最新の状態にはなりません。ニューラルネットワークは、訓練に時間がかかります。線形回帰、ロジスティック回帰、決定木などの単純なアルゴリズムの方がはるかに高速です。

専用ライブラリには、非常に効率的なアルゴリズムの実装があります。このようなライブラリを見つけるには、オンラインで調査するのがよいでしょう。ランダムフォレスト学習のように、複数のCPUコアを使用するできるものは、数十コアのマシンで訓練時間を大幅に短縮できる場合があります。また、機械学習ライブラリの中には、GPU（Graphics Processing Unit）を使って訓練を高速化するものもあります。

予測速度

モデルの予測は、どのくらいの速度が必要ですか？　そのモデルが使用される本番環境は、非常に高いスループットが要求されるのでしょうか？　SVMや線形回帰・ロジスティック回帰モデル、それほど深くないニューラルネットワークモデルは、予測は非常に高速です。kNNやアンサンブルアルゴリズム、非常に深いニューラルネットワークやリカレントニューラルネットワークなどは、予測に時間がかかります。

　どのアルゴリズムがみなさんのデータに最適かを推測したくない場合は、複数の候補アルゴリズムをハイパーパラメータとして**検証セット**でテストして選ぶのが一般的です。ハイパーパラメータのチューニングについては、5.6節で説明します。

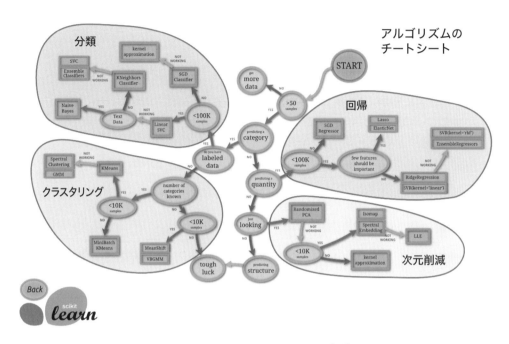

図5.3：scikit-learnでの機械学習アルゴリズム選択ダイアグラム[訳注]

第5章　教師ありモデルの訓練（第1部）

5.3.2　アルゴリズムのスポットチェック

　アルゴリズムの**スポットチェック**とは、与えられた課題に対して学習アルゴリズムの候補を絞り込む作業のことです。スポットチェックを効果的に行うためには、以下のことが推奨されます。

- インスタンスベースのアルゴリズム、カーネルベースのアルゴリズム、浅い学習、深い学習、アンサンブルなど、異なる（直交する）原理に基づいたアルゴリズムを選ぶ。
- 各アルゴリズムを、そのアルゴリズムで最も重要なハイパーパラメータ（kNNの近傍数 k、サポートベクターマシンのペナルティ C、ロジスティック回帰の決定面の閾値など）を3〜5種類の値で試す。
- すべての実験で、同じ訓練／検証データを使用する。

［訳注］　https://scikit-learn.org/stable/tutorial/machine_learning_map/index.html より

- 学習アルゴリズムが決定論的でない場合（ニューラルネットワークやランダムフォレストの学習アルゴリズムなど）は、何回か実験を行い、その結果を平均する。
- プロジェクトが終了したら、どのアルゴリズムが最も優れていたかを記録し、将来、同じような問題に取り組む際に利用する。

課題がよく分かっていないうちは、最も有望な方法にたくさん時間をかけるのではなく、できるだけ多くの直交する方法を用いて課題を解決しようとしてください。一般的には、最も経験のあるものから最大限の効果を得ようとするのではなく、新しいアルゴリズムやライブラリを試すことに時間を費やした方が良いと言われています。

アルゴリズムを詳しく調べる時間がない場合の簡単な「ハッキング」手法は、最新の論文で（みなさんの課題と似たような課題に適用されており）最も良いと言われているモデルや学習アルゴリズムの効率的な実装を見つけて使ってみることです。

scikit-learnをお使いの方は、図5.3のアルゴリズム選択ダイアグラムを参考にしてみてください。

5.4 パイプラインの構築

最近の機械学習パッケージやフレームワークの多くは、**パイプライン**という概念をサポートしています。パイプラインとは、訓練データが、モデルになるまでに行われる一連の変換作業のことです。以下に、ラベル付けされたテキスト文書から文書分類モデルを訓練するパイプラインの例を示します。

図5.4：生データからモデルを生成するためのパイプライン

パイプラインの各ステージは、訓練データセットを入力とする最初のステージ以外は、前のステージの出力を受け取ります。

以下は、簡単な**scikit-learn**でパイプラインを作成するPythonのコードです。このパイプラインは2つのステップで構成されています。

1) **主成分分析**（PCA）を用いた次元削減、2) **サポートベクターマシン**（SVM）分類器の訓練です。

```
01  from sklearn.pipeline import Pipeline
02  from sklearn.svm import SVC
03  from sklearn.decomposition import PCA
04
05  # パイプラインを定義する
06  pipe = Pipeline([('dim_reduction', PCA()), ('model_training', SVC())])
07
08  # PCA と SVC の両方のパラメータを訓練する
09  pipe.fit(X, y)
10
11  # 予測を行う
12  pipe.predict(new_example)
```

`pipe.predict(new_example)`というコマンドが実行されると、入力されたデータは、まずPCAモデルを用いて次元の低いベクトルに変換されます、低次元化されたベクトルは、SVMモデルの入力として使われます。PCAモデルとSVMモデルは、`pipe.fit(X, y)`を実行することで順に訓練されます。

残念ながら、Rでのパイプラインの定義と訓練はPythonのように簡単ではないので、本書にはコードを載せていません。

このパイプラインは、モデルを保存するのと同様に、ファイルに保存することができます。これは本番環境にデプロイされ、予測に使用されます。つまり、**スコアリング時**には、入力データはパイプライン全体を通過し、出力に「変換される」のです。

このように、パイプラインという概念は、モデルという概念を一般化したものです。ここから先は、特に断りがない限り、モデルの訓練、保存、デプロイ、提供、監視、デプロイ後の保守といった場合はパイプライン全体を意味します。

モデルの訓練という難しい課題に取りかかる前に、モデルの品質をどのように測定するかを決めてください。多くの場合、いくつかの競合するモデル、いわゆる候補となるモデルの中から選択することになりますが、本番環境にデプロイされるのは1つだけです。

5.5 モデルの性能評価

ホールドアウトデータ（検証データ、テストデータ）は、学習アルゴリズムの訓練中に使わなかったデータで構成されていることを思い出してください。モデルがホールドアウトデータで良い性能を発揮すれば、モデルの**汎化性能が良く**、品質が良い、つまり、単純に良いモデルと言えます。良いモデルを得るための最も一般的な方法は、ホールドアウトデータで**性能指標**を計算して、異なるモデルを比較することです。

第**5**章 教師ありモデルの訓練（第1部）

149

5.5.1 回帰モデル用の性能指標

回帰モデルと分類モデルは、それぞれ異なる指標で評価されます。まず、回帰の性能指標として、平均二乗誤差（MSE）、中央絶対誤差（MdAE）、近似的に正しい予測誤差率（ACPER: almost correct predictions error rate）を考えてみましょう。

回帰モデルの性能を定量化するのに最もよく使われる指標は、**損失関数**と同じ、**平均二乗誤差**（MSE）で、次のように定義されます。

$$\mathrm{MSE}(f) \stackrel{\text{def}}{=} \frac{1}{N} \sum_{i=1 \dots N} \left(f(\mathbf{x}_i) - y_i \right)^2 \tag{5.1}$$

ここで、f は特徴量ベクトル $\mathbf{x}$ を入力とし、予測値を出力するモデルであり、i は1から N まで、データセットのデータの添え字を表しています。

よくフィッティング（訓練）された回帰モデルは、観測データに近い値を予測します。**平均値モデル**（訓練データのラベルの平均値を常に出力するモデル）は、通常、有益な特徴量がない場合に使用されます。このため、この回帰モデルは平均値モデルよりも性能が良いはずです。このように、平均値モデルは**ベースライン**として機能します。回帰モデルのMSEの値がベースラインMSEのよりも大きい場合は、回帰モデルに問題があります。それは、**過学習**または**学習不足**かもしれません（これらについては5.8節で説明します）。また、課題の定義が誤っていたり、プログラミングコードにバグがある場合も考えられます。

データに外れ値（「本当」の回帰直線から非常に離れたデータ）が含まれている場合、MSEの値に大きな影響を与えます。2乗誤差の定義上、そのような外れた値の誤差は大きくなります。このような状況では、別の指標である中央絶対誤差（MdAE）を適用するのが良いでしょう。

$$\mathrm{MdAE} \stackrel{\text{def}}{=} \text{中央値} \left(\left\{ |f(\mathbf{x}_i) - y_i| \right\}_{i=1}^{N} \right)$$

ここで $\{|f(\mathbf{x}_i) - y_i|\}_{i=1}^{N}$ はモデルの評価が行われた $i=1$ から N までのすべてのデータの絶対誤差値の集合です。

近似的に正しい予測誤差率（ACPER）は、真値から p ％以内の予測値の割合です。ACPERの計算は以下のようになります。

1. 許容範囲と考えられる誤差率の閾値を定義する（2％とする）。
2. 目的変数 y_i の真値に対して、$y_i + 0.02 y_i$ と $y_i - 0.02 y_i$ の間の予測値を使用する。
3. すべてのデータ $i = 1, \dots, N$ に対して予測値の割合を計算する。N を用いて、上記を満たす予測値の割合を計算する。これにより、モデルの **ACPER** 指標が得られる。

5.5.2 分類モデル用の性能指標

分類モデルの性能指標は、少し複雑です。分類モデルを評価するために最も広く使われている指標は以下があります。

- 適合率-再現率
- 正解率
- コストを考慮した正解率
- ROC曲線下面積（AUC）

簡単にするために、2値分類問題で説明します。必要に応じて、このアプローチを多クラス問題に拡張する方法を示します。

まず、混同行列を理解する必要があります。

混同行列とは、分類モデルがクラスに属するデータの予測にどれだけ成功したかをまとめた表です。混同行列は2つの軸を持ち、1つの軸はモデルが予測したクラスで、もう1つの軸は実際のラベル（正解クラス）です。例えば、モデルが「スパム」と「スパムでない」というクラスを予測したとしましょう。

	スパム（予測）	スパムでない（予測）
スパム（実際）	23 (TP)	1 (FN)
スパムでない（実際）	12 (FP)	556 (TN)

上の表は、24個の実際のスパムのうち、モデルが23件を正しく分類したことを示しています。この場合、**真陽性**（**TP**、**True Positive**）は23、すなわちTP = 23です。モデルはスパムを1件誤って「スパムでない」に分類しています。この場合、**偽陰性**（**FN**、**False Negative**）は1、すなわちFN = 1となります。同様に、実際にはスパムでないデータ568件のうち、モデルは556件を正しく、12件を誤って分類しています（**真陰性**（**TN**、**True Negative**）が556、TN = 556、**偽陽性**（**FP**、**False Positive**）が12、FP = 12です）。

多クラス分類の混同行列は、クラスの数だけ行と列があります。これは、間違いのパターンを見つけ出すのに役立ちます。例えば、混同行列からは、種類の異なる動物を識別するように訓練されたモデルが「パンサー」ではなく「猫」、「クマネズミ」ではなく「ネズミ」と誤って予測する傾向があることがわかります。この場合、これらの動物のラベル付きデータを増やすことで、その違いを学習アルゴリズムが「識別」できるようになります。また、学習アルゴリズムがこれらを区別するのに役立つ特徴量を追加することもできるでしょう。

混同行列は、適合率、再現率、正解率の3つの性能指標を計算するのに使用されます。適合率と再現率は、2値モデルの評価に最もよく使われます。

適合率は、陽性と予測したもののうち、実際に陽性だった予測数の比率です

$$適合率 \overset{\text{def}}{=} \frac{\text{TP}}{\text{TP} + \text{FP}}$$

再現率は、陽性データに全体対する実際に陽性であった予測の比率です。

$$再現率 \overset{\text{def}}{=} \frac{\text{TP}}{\text{TP} + \text{FN}}$$

モデル評価における適合率と再現率の意味と重要性を理解するためには、予測問題を、データベース内の文書を検索する問題として考えるとわかりやすいでしょう。適合率とは、返されたすべての文書に対する関連文書の割合です。再現率は、本来返すべき関連文書の総数に対する検索エンジンが返した関連文書の割合です。

スパム検出では、スパムでないメールを誤ってスパムフォルダに入らないようにするために、適合率を高くしたいと思われるでしょう。受信箱の中の多少のスパムメールが残っていても簡単に処理することができるので、再現率は低くても構わないのです。

実際には、高適合率か高再現率のどちらかを選びます。両方を良くすることは実際には不可能です。これを**適合率と再現率のトレードオフ**と呼びます。達成する方法には、さまざまな方法があります。

● 特定のクラスのデータの重み付けを大きくする。例えば、scikit-learnのSVMは、クラスの重みを入力として受け取ります。

● 検証セットにおける適合率、再現率のいずれかが最大になるようにハイパーパラメータをチューニングする。

● 予測値を返すアルゴリズムの判定閾値を変化させる。例えば、ロジスティック回帰モデルや決定木を使用しているとする。適合率を上げるために（再現率は下がりますが）、モデルが返す予測値が（デフォルト値の0.5ではなく）0.9よりも高い場合にだけ、予測を陽性にすることができます。

適合率と再現率は、2値分類用に定義されていますが、**多クラス分類**モデルの評価にも使用できます。まず、これらの指標で評価したいクラスを決めます。そして、そのクラスのすべてのデータを陽性とし、残りのクラスのすべてのデータを陰性とします。

実際には、2つのモデルの性能を比較しやすいように、各モデルの性能を表す数値は1つだけにしたいと思われるでしょう。例えば、1つ目のモデルの適合率が高く、2つ目のモデルの再現率が高いという状況は避けたいものです。この場合はどちらのモデルが良いのでしょうか？

1つの数値でモデルを比較する1つの方法は、1つの指標（例えば、再現率）の最小許容値を閾値にし、他の指標でモデルを比較することです。例えば、再現率が90%以上のモデルを選

び、（再現率が90％以上であるとして）適合率が最も高いモデルを優先的に扱うのです。この手法は、**満足基準最適化手法**として知られています。

F値と呼ばれる適合率と再現率の組み合わせを使う人もいます。F値（F_1値）は、適合率と再現率の調和平均になります。

$$\mathrm{F}_1 = \left(\frac{2}{\text{適合率}^{-1} + \text{再現率}^{-1}} \right) = 2 \times \frac{\text{適合率} \times \text{再現率}}{\text{適合率} + \text{再現率}}$$

より一般的には、F値は正の実数 β でパラメータ化され、再現率が適合率の β 倍重要であるように決めます。

$$\mathrm{F}_\beta = (1 + \beta^2) \times \frac{\text{適合率} \times \text{再現率}}{(\beta^2 \times \text{適合率}) + \text{再現率}}$$

一般的に使用される β の値は2であり、これは再現率を適合率の2倍に評価し、0.5は再現率を適合率の2倍に評価します。

みなさんの課題に最適な2つの指標の組み合わせを見つけてください。F値の他にも、複数の指標を組み合わせて1つの数値を得る方法があります。

- 指標の単純平均、加重平均
- $n-1$個の指標に閾値を設定し、その性能を超えるモデルのうち、n個目の指標が最大になるモデルを選択する（上記の満足基準最適化手法を一般化したもの）
- 対象とする問題領域特有の「方法」を考案する

正解率は、正しく分類されたデータの数を、分類されたデータの総数で割った値です。混同行列からは、次のようになります。

$$\text{正解率} \stackrel{\text{def}}{=} \frac{\mathrm{TP} + \mathrm{TN}}{\mathrm{TP} + \mathrm{TN} + \mathrm{FP} + \mathrm{FN}} \tag{5.2}$$

正解率は、すべてのクラスを予測する際の誤差が等しく重要であると判断される場合に有効な指標です。例えば、家庭用ロボットの物体認識の場合、椅子はテーブルよりも重要ではありません。スパム／スパムでない、の予測の場合は、おそらくそうではないでしょう。おそらく、偽陽性よりも偽陰性の方が許容度が高いでしょう。偽陽性とは、友達がみなさんにメールを送ってきたのに、モデルがそれをスパムフォルダに入れてしまい、みなさんがそれを見ていない状態を指します。スパムメールが受信箱に入ってしまうような偽陰性は、それほど問題にはなりません。

異なるクラスが異なる重要性を持っているという状況に対処するためには、**コストを考慮した正解率**（cost-sensitive accuracy）が有効です。まず、両方のタイプの誤検出（FPとFN）

のコスト（正の数）を決めます。次に、TP、TN、FP、FNのカウントを計算し、FPとFNのカウントに対応するコストを掛けてから、上記の式5.2を用いて正解率を計算します。

正解率は、すべてのクラスに対するモデルの性能を一度に測定し1つの数値を返します。しかし、データが不均衡である場合、正解率は良い性能指標ではありません。**不均衡なデータセット**では、一部のクラスに属するデータが大部分を占め、他のクラスにはほとんどデータが含まれていません。不均衡な訓練データは、モデルに大きな悪い影響を与えます。不均衡なデータへの対応については、第6章の6.4節で詳しく説明します。

不均衡なデータの場合、クラスごとの正解率が良い指標となります。まず、各クラス$\{1, \cdots, C\}$の予測の正解率を計算し、C個の正解率の平均を取ります。上記のスパム検出問題の混同行列の場合、クラス「スパム」の正解率は$23/(23 + 1) = 0.96$、クラス「スパムでない」の正解率は$556/(12 + 556) = 0.98$となり、クラスごとの正解率は$(0.96 + 0.98)/2 = 0.97$となります。

クラスごとの正解率は、多くのクラスのデータが非常に少ない場合（大体、1クラスあたり10数データ以下）の多クラス分類問題では、モデルの品質指標としては適切ではありません。このような場合、少数派クラスに対応する2値分類問題で得られた正解率の値も統計的には信頼できません。

κ係数は、多クラスと不均衡な学習問題の両方に適用できる性能指標です。この指標が正解率よりも優れている点はκ係数が、みなさんの分類モデルの性能が、各クラスの頻度に従ってクラスをランダムに予測する分類器よりどれだけ優れているかを示してくれることです。

κ係数は次のように定義されます。

$$\kappa \stackrel{\mathrm{def}}{=} \frac{p_o - p_e}{1 - p_e}$$

ここで、p_oは観測一致率（Observed Agreement）、p_eは期待一致率（Expected Agreement）と呼ばれます。

もう一度、混同行列を見てみましょう。

	クラス1（予測）	クラス2（予測）
クラス1（実際）	a	b
クラス2（実際）	c	d

観測一致率p_oは、混同行列から次のように求められます。

$$p_o \stackrel{\mathrm{def}}{=} \frac{a + d}{a + b + c + d}$$

期待一致率p_eは、$p_e \stackrel{\mathrm{def}}{=} p_{\mathrm{class1}} + p_{\mathrm{class2}}$で求められます。

ここで、p_{class1} と p_{class2} は以下です。

$$p_{\text{class1}} \stackrel{\text{def}}{=} \frac{a+b}{a+b+c+d} \times \frac{a+c}{a+b+c+d}$$

$$p_{\text{class2}} \stackrel{\text{def}}{=} \frac{c+d}{a+b+c+d} \times \frac{b+d}{a+b+c+d}$$

κ 係数の値は、常に1以下になります。0以下の値は、そのモデルに問題があることを示します。κ 係数の値を解釈するための普遍的な方法はありませんが、通常、0.61〜0.80の値はモデルが良好であることを示し、0.81以上の値はモデルが非常に良好であることを示していると考えられています。

ROC曲線（receiver operating characteristic: 受信者操作特性の略で、レーダー工学に由来する用語）は、分類モデルを評価する際によく用いられる手法です。ROC曲線は、**真陽性率**（正確には再現率と定義される）と**偽陽性率**（間違って予測された陰性のデータの割合）の組み合わせを使用して、分類性能の概要を表します。

真陽性率（TPR）と偽陽性率（FPR）は、それぞれ次のように定義されます。

$$\text{TPR} \stackrel{\text{def}}{=} \frac{\text{TP}}{\text{TP} + \text{FN}}$$

$$\text{FPR} \stackrel{\text{def}}{=} \frac{\text{FP}}{\text{FP} + \text{TN}}$$

ROC曲線は、予測値（または確率）を返す分類器の評価にだけ使用できます。例えば、ロジスティック回帰、ニューラルネットワーク、決定木（および決定木に基づくアンサンブルモデル）は、ROC曲線を使って評価することができます。

ROC曲線を描くには、まず値の範囲を離散化します。例えば、[0, 1]の範囲を[0, 0.1, 0.2, 0.3, 0.4, 0.5, 0.6, 0.7, 0.8, 0.9, 1]のように離散化します。次に、それぞれの離散値をモデルの予測閾値として使用します。例えば、しきい値が0.7の場合のTPRとFPRを計算するには、モデルを各データに適用して予測値を求めます。ここで、予測値が0.7以上であれば、陽性のクラスとし、それ以外の場合は、陰性のクラスとします。

図5.5を見てください。閾値が0の場合は、すべての予測が陽性となり、TPRとFPRの両方が1になることがわかります（右上）。一方、閾値が1の場合は、陽性の予測はできません。TPRとFPRの両方が0になり、これはグラフの左下隅に対応します。

ROC曲線の下の面積（AUC）が大きいほど、その分類器は優れています。AUCが0.5より大きい分類器は、ランダムに分類するモデルよりも優れています。AUCが0.5よりも低い場合は、何かが間違っていることを意味します。実際には、FPRを0に近づけつつ、TPRを1に近づけるような閾値を選ぶことで、良い分類器を得ることができます。

ROC曲線は、比較的簡単に理解できるので人気があります。ROC曲線は、偽陽性と偽陰性

の両方を考慮することで、分類を複数の側面から捉えることができます。ROC曲線を用いることで、異なるモデルの性能を簡単に視覚的に比較することができます。

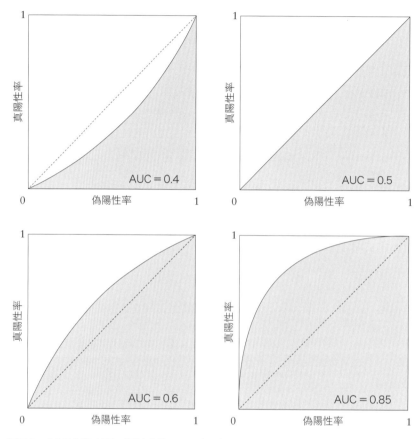

図5.5：ROC曲線の下の領域（グレーで表示）

5.5.3 ランキングの性能指標

適合率と再現率*l*は、ランキング問題にもそのまま適用できます。前に説明したように、これらの2つの指標は、文書の検索結果の品質を測定するものと考えると便利です。適合率は、返された全文書のリストの中の、実際に見つかった関連文書の割合です。再現率は、検索エンジンによって返された関連文書のうち、返されるべきだった関連文書の総数と比較した割合です。

ランキングモデルの品質を適合率と再現率で測定する場合の問題点は、これらの指標が検索された文書をすべて平等に扱うことです。k番目に表示された関連文書は、リストの一番

上にある関連文書と同じくらいの価値があります。これは、文書検索では私たちが望んでいることではありません。私たちが検索結果を見るとき、最上位のいくつかの結果の方が、リストの最下位に表示される結果よりも重要なのです。

DCG（Discounted cumulative gain: 減価累積利得）は、検索エンジンにおけるランキング品質の一般的な指標です。DCGは、検索結果リスト内の文書の位置に基づいて、その文書の有用性（利得）を測定します。この利得は、結果リストの上位から下位に向かって蓄積され、下位になるほど結果の利得が割り引かれます。

DCGを理解するために、累積利得という尺度を導入します。

累積利得（CG: Cumulative gain）とは適合性（適合度）の合計で、適合性は検索結果リストに含まれるすべての結果に段階的に付けられます。特定のランクpにおけるCGは次のように定義されます。

$$\mathrm{CG}_p \overset{\mathrm{def}}{=} \sum_{i=1}^{p} rel_i$$

ここでrel_iとは位置iにおけるその結果の適合性です。一般的に、適合性（適合度）は、文書とクエリの適合性を、数字や文字、説明文（「適合性なし」、「やや適合性あり」、「適合性あり」、「非常に適合性あり」など）を用いて表したものを指します。上記の式で使用するためには、rel_iは数値でなければならず、例えば、0（位置iの文書はクエリとは全く無関係）から1（位置iの文書はクエリとの適合性が最大）までの範囲でなければなりません。また、rel_iは、文書がクエリに関連していない場合は0、適合している場合は1という2値でも構いません。CG_pは、各文書がランク付けされた結果リストの中でどのような位置にあるかとは無関係であることに注意してください。CG_pは、位置pまでにランク付けされた文書を、クエリに関連するかしないかだけで特徴付けます。

減価累積利得は2つの仮定に基づいています。

1. 適合性の高い文書は、結果リストの最初のほうで示されるほど有用である。
2. 適合性の高い文書は適合性の低い文書よりも有用であり、適合性の低い文書は適合性のない文書よりも有用である。

ある検索結果について、特定のランク位置pに累積されたDCGは、次のように定義されます。

$$\mathrm{DCG}_p \overset{\mathrm{def}}{=} \sum_{i=1}^{p} \frac{rel_i}{\log_2(i+1)} = \mathrm{rel}_1 + \sum_{i=2}^{p} \frac{rel_i}{\log_2(i+1)}$$

DCGのもう1つの式は、産業界やKaggleなどのデータサイエンスのコンペティションでよく使われるもので、次のように、適合する文書の検索に重点が置かれています。

$$\mathrm{DCG}_p \stackrel{\mathrm{def}}{=} \sum_{i=1}^{p} \frac{2^{rel_i} - 1}{\log_2(i+1)}$$

クエリの場合、**正規化減価累積利得**（nDCG）は、次のように定義されます。

$$\mathrm{nDCG}p \stackrel{\mathrm{def}}{=} \frac{\mathrm{DCG}_p}{\mathrm{IDCG}_p}$$

ここで、IDCG は理想的な減価累積利得です。

$$\mathrm{IDCG_p} \stackrel{\mathrm{def}}{=} \sum_{i=1}^{|\mathrm{REL}_p|} \frac{2^{rel_i} - 1}{\log_2(i+1)}$$

ここでREL_pは、そのコーパス内のクエリに関連する文書のp位までのリスト（適合度の高い順に並べたもの）を表します。つまりREL_pは、検索エンジンのランキングアルゴリズム（またはモデル）がクエリに対して返すべきであった、p位までの理想的なランキングです。すべてのクエリに対する$nDCG$値は平均化することで、検索エンジンのランキングアルゴリズムやモデルの性能指標にします。

　次のような例を考えてみましょう。検索エンジンが検索クエリに応答して文書のリストを返すとします。ランカー（人間）にそれぞれの文書の適合度を判断してもらいます。ランカーは、0から3までのスコアを付ける必要があり、0は適合度がない、3は適合度が高い、1と2はその中間を意味するとします。ここで、文書が次のような順番で現れたとします。

$$D_1, D_2, D_3, D_4, D_5$$

　私たちが仕事をお願いしている作業者（ランカー）は、以下のような適合性のスコアを出したとします。

$$3, 1, 0, 3, 2$$

　これは、文書D_1の適合性が3、D_2の適合性が1、D_3の適合性が0、ということを意味します。この検索結果の、位置$p=5$までの累積利得は

$$\mathrm{CG}_5 = \sum_{i=1}^{5} \mathrm{rel}_i = 3 + 1 + 0 + 3 + 2 = 9$$

　文書の順番を変えても、累積利得の値には影響しないことがわかります。次に、指数減価率を用いて、適合性の高い文書が結果リストの早い段階で現れた場合に高い値を持つように減価累積利得を計算します。DCG_5を計算するために、iに対して$\frac{rel_i}{\log_2(i+1)}$という式の値を計算してみましょう。

i	rel_i	$\log_2(i+1)$	$\dfrac{rel_i}{\log_2(i+1)}$
1	3	1.00	3.00
2	1	1.58	0.63
3	0	2.00	0.00
4	3	2.32	1.29
5	2	2.58	0.77

このランキングの DCG_5 は、$3.00 + 0.63 + 0.00 + 1.29 + 0.77 = 5.70$ となります。

さて、D_1 と D_2 の位置を入れ替えると、DCG_5 の値は低くなります。これは、適合性の低い文書がランキングの上位に置かれ、適合度の高い文書が下位に置かれることでさらに値が減るためです。

正規化減価累積利得 nDCG_5 を計算するためには、まず、理想的な順序の減価累積利得 IDCG5 の値を求める必要があります。理想的な順序で、適合度の値に従って、$3.00 + 1.89 + 1.00 + 0.43 + 0.0 = 6.32$ となります。最終的には、nDCG_5 は次のようになります。

$$\mathrm{nDCG}_5 = \frac{\mathrm{DCG}_5}{\mathrm{IDCG}_5} = \frac{5.70}{6.32} = 0.90$$

テスト用のクエリの集合とそれに対応する検索結果のリストの nDCG_p を得るために、個々のクエリにから得られた nDCG_p の値を平均します。他の尺度よりも正規化減価累積利得を使用する利点は、異なる p の値に対して得られた nDCG_p の値が比較可能であることです。この特性は、ランカーによって提供された関連性スコアの数 p が、異なるクエリに対して異なる場合に役立ちます。

性能指標が得られたので、この指標を使ってハイパーパラメータチューニングと呼ばれるプロセスでモデルを比較することができます。

5.6 ハイパーパラメータのチューニング

ハイパーパラメータは、モデルの訓練プロセスにおいて重要な役割を果たします。いくつかのハイパーパラメータは、訓練の速度に影響を与えますが、最も重要なハイパーパラメータは、2つのトレードオフ、すなわち、偏りと分散 (bias-variance)、適合率と再現率 (precision-recall) を制御します。

ハイパーパラメータは、学習アルゴリズム自身では最適化されません。データアナリストは、ハイパーパラメータごとに値を組み合わせ試すことで、ハイパーパラメータを「チュー

第5章 教師ありモデルの訓練（第1部）

ニング」します。機械学習モデルや学習アルゴリズムはそれぞれ、固有のハイパーパラメータ群を持っています。さらに、データの前処理、特徴量抽出、モデルの訓練、予測など、機械学習パイプライン全体のすべてのステップで、独自のハイパーパラメータを持つことができます。

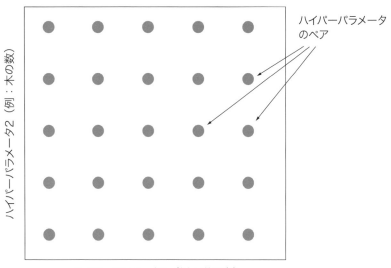

図5.6：2つのハイパーパラメータのグリッド探索：グレーの円はそれぞれハイパーパラメータ値の組を表している

　例えば、データの前処理では、データ拡張を行うかどうかや、欠損値を補うのにどのような手法を用いるかをハイパーパラメータで指定することができます。また、特徴量エンジニアリングでは、どの特徴量の選択手法を適用するかをハイパーパラメータで定義することができます。スコアを返すモデルで予測を行う場合、各クラスを識別する閾値をハイパーパラメータで指定することができます。

　以下では、いくつかの一般的な**ハイパーパラメータのチューニング手法**を説明します。

5.6.1 グリッド探索

　グリッド探索は、最も単純なハイパーパラメータチューニング手法です。これは、ハイパーパラメータの数とその範囲があまり大きくない場合に使用されます。

　ここでは、グリッド探索を2つのハイパーパラメータ（数値）をチューニングする問題を対象に説明します。この手法は、図5.6に示すように、2つのハイパーパラメータをそれぞれ離散化し、離散化した値のペアをそれぞれ評価することで行いいます。

各評価は以下のように行われます。

1. 一組のハイパーパラメータの値を持つパイプラインを構成する。
2. そのパイプラインに訓練データを適用し、モデルを訓練する。
3. モデルの性能指標を検証データで計算する。

最も性能の高いモデルを生み出すハイパーパラメータ値を選び、最終的なモデルを訓練します。

以下のPythonコードでは、クロスバリデーションによるグリッド探索を使用しています。[2] これは、先ほどの単純な2つのステージのscikit-learnのパイプラインのハイパーパラメータを最適化する方法を示しています。

```python
01  from sklearn.pipeline import Pipeline
02  from sklearn.svm import SVC
03  from sklearn.decompostion import PCA
04  from sklearn.model_selection import GridSearchCV
05
06  # パイプラインを定義する
07  pipe = Pipeline([('dim_reduction', PCA()), ('model_training', SVC())])
08
09  # 試行するハイパーパラメータを定義する
10  param_grid = dict(dim_reduction__n_components=[2, 5, 10], \
11                    model_training__C=[0.1, 10, 100])
12
13  grid_search = GridSearchCV(pipe, param_grid=param_grid)
14
15  # 予測を行う
16  pipe.predict(new_example)
```

上の例では、グリッド探索を用いて、PCAのハイパーパラメータn_componentsの値を [2, 5, 10] に、SVMのハイパーパラメータCの値 [0.1, 10, 100] にしてみました。データセットが大規模だと、複数のハイパーパラメータの組み合わせを試すのは時間がかかります。このため、ランダム探索、粗密（coarse-to-fine）探索、ベイズ法によるハイパーパラメータの最適化（Bayesian Optimization）など、より効果的な手法があります。

---

[2] クロスバリデーションについては、5.6.5節で説明します。

5.6.2 ランダム探索

　ランダム探索は、グリッド探索とは異なり、各ハイパーパラメータを探索する際の値を提供しません。代わりに、それぞれのハイパーパラメータに統計的な分布を与え、そこからランダムに値をサンプリングします。次に、図5.7に示すように、評価したい組み合わせの総数を設定します。

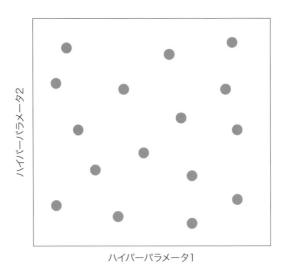

図5.7：2つのハイパーパラメータと16組のテスト用のランダム探索を表している

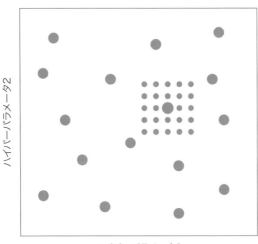

図5.8：2つのハイパーパラメータの粗密探索。16組の粗いランダム探索をテストし、ランダム探索で見つかった最も高い値の領域で1つのグリッド探索を行う

5.6.3 粗密探索

実際の分析では、グリッド探索とランダム探索を組み合わせた**粗密探索**がよく使われます。この手法では、まず、粗いランダム探索を用いて、可能性の高い領域を見つけます。次に、これらの領域で粗いグリッド探索を行い、図5.8に示すように、ハイパーパラメータの最適な値を見つけます。

みなさんは、時間や使用できる計算機リソースに応じて、可能性の高い領域を1つだけ探索するか、複数の領域を探索するかを決めてください。

5.6.4 その他の手法

ベイズ最適化は、ランダム探索やグリッド探索とは異なり、過去の評価結果を利用して次に評価する値を選択する手法です。実際には、ベイズ最適化によるハイパーパラメータ最適化手法は、短時間で良いハイパーパラメータの値を見つけることができます。

他にも、勾配法や進化型最適化法など、アルゴリズムを用いたハイパーパラメータのチューニング手法があります。最近の機械学習ライブラリには、このような手法が1つ以上実装されています。また、自分でプログラムしたアルゴリズムを含め、ほぼすべての学習アルゴリズムのハイパーパラメータのチューニングに使用できるハイパーパラメータチューニングライブラリもあります。

5.6.5 クロスバリデーション

グリッド探索やその他のハイパーパラメータチューニング手法は、検証セットが十分にある場合に使用します [3]。そうでない場合、**クロスバリデーション（交差検証）**がモデル評価の一般的な手法になります。確かに、訓練データが少ない場合、検証セットとテストセットの両方を用意するのは大変なことです。訓練データを増やしてモデルを訓練したいと思うでしょう。このような場合は、データを訓練セットとテストセットの2つに分割してください。そして、訓練セットに対してクロスバリデーションを行い、検証セットをシミュレートしてください。

クロスバリデーションは次のように行います。まず、評価するハイパーパラメータの値を決めます。次に、訓練セットを同じサイズのいくつかのサブセットに分割します。各サブセットを「フォールド」と呼びます。一般的には、**5フォールドクロスバリデーション**が使われます。これは、訓練データを5つのフォールド $F_1, F_2, ..., F_5$ にランダムに分割します。各 F_k $(k=1,...,5)$ には、訓練データの20%が含まれています。次に、5つのモデルを特定の方法で訓

---

[3] 適切な検証セットには少なくとも100個のデータが含まれ、検証セット内のそれぞれのクラスは少なくとも数十個のデータがあります。

練します。最初のモデル f_1 を訓練するために、フォールド F_2、F_3、F_4、F_5 すべてを訓練データとして、F_1 を検証セットとして使用します。2番目のモデル f_2 を訓練する場合は、F_1、F_3、F_4、F_5 のデータを訓練に用い、F_2 のデータを検証に使用します。残りのすべてのフォールドについてモデル f_k の訓練を繰り返し行い [4]、各フォールドで指標の値を計算します。最後に、5つの評価指標の値を平均して、最終的な値を得ます。より一般的には、n フォールドクロスバリデーションでは、n 番目のフォールド f_n を除く全フォールドでモデル F_n を訓練します。

グリッド探索、ランダム探索などの手法、それらとクロスバリデーションを用いて、ハイパーパラメータの最適な値を見つけることができます。これらの値が見つかったら、通常、訓練セット全体を使用して、クロスバリデーションで見つかったハイパーパラメータの最適な値を使用し、最終的なモデルを訓練します。最後に、テストセットを使って最終モデルを評価します。

最適なハイパーパラメータの値を見つけたくなりますが、すべてのパラメータを試すことは現実的ではありません。時間は貴重であり、「最善はしばしば善の敵である」ことを忘れてはいけません。「十分に良い」モデルを本番環境にデプロイしたら、理想的なハイパーパラメータの値の探索を（必要であれば何週間も）続けてください。

それでは、浅いモデルを訓練するという課題を考えてみましょう。

5.7 浅いモデルの訓練

浅いモデルは、入力された特徴量ベクトルの値を直接用いて予測を行います。一般的な機械学習アルゴリズムは、ほとんどが浅いモデルが選ばれます。一般的に使用されている深いモデルは、深層ニューラルネットワークだけです。次章の6.1節では、ニューラルネットワークの訓練方法を説明します。

5.7.1 浅いモデルの訓練方法

浅い学習アルゴリズムのモデルの訓練方法は典型的には以下のようになります。

1. 性能指標 P を定義する。
2. 学習アルゴリズムの候補を列挙する。
3. ハイパーパラメータチューニング方法 T を選ぶ。
4. 学習アルゴリズム A を選ぶ。
5. T を使ってアルゴリズム A のハイパーパラメータ値の組み合わせ H を選ぶ。

---

[4] クロスバリデーションのプロセスは、繰り返し型のプロセスとして説明するのが簡単ですが、もちろん、5つのモデル F_1〜F_5 をすべて並行して訓練することもできます。

6. 訓練セットを用いて、アルゴリズム A を使ったモデル M にハイパーパラメータ値 H を設定し訓練する。

7. 検証セットを用いて、モデル M の指標 P の値を計算する。

8. 以下を決める。

- a. 検証していないハイパーパラメータ値が残っている場合、T を用いてハイパーパラメータの別の組み合わせ H を選び、ステップ6に戻る。

- b. そうでなければ、異なる学習アルゴリズム A を選んでステップ5に戻るか、試すべき学習アルゴリズムがない場合はステップ9に進む。

9. 指標 P の値が最大となるモデルを返す。

上記のステップ1では、対象とする課題に対する性能指標を定義します。5.5節で見たように、これは数学的な関数やサブルーチンで、モデルとデータセットを入力とし、そのモデルがどれだけうまく機能するかを示す数値を生成します。

ステップ2では、アルゴリズムの候補を選び、その中からいくつかの候補（通常は2〜3個）を選びます。これは、5.3節で説明した選択基準を使用することで行います。ステップ3では、ハイパーパラメータのチューニング方法を選びます。これは、テストするハイパーパラメータ値の組み合わせを生成する一連の作業です。5.6節では、いくつかのハイパーパラメータチューニング方法を説明しました。

5.7.2 モデルの保存とリストア

モデルやパイプラインを訓練したら、本番環境にデプロイしたり、評価に使用できるようにファイルに保存する必要があります。モデルもパイプラインもシリアルライズすることができます。Pythonでは、オブジェクトのシリアライズ（保存）と非シリアライズ（復元）に**Pickle**を使用するのが一般的で、RではRDSです。

ここでは、Pythonでモデルのシリアライズ/非シリアライズを行う方法を紹介します。

```
01  import pickle
02  from sklearn.svm import SVC
03  from sklearn import datasets
04
05  # データを準備する
06  X, y = datasets.load_iris(return_X_y=True)
07
08  # モデルをインスタンス化する
09  model = SVC()
10
```

```
11  # モデルを訓練する
12  model.fit(X, y)
13
14  # モデルをファイルに保存する
15  pickle.dump(model, open("model_file.pkl", "wb"))
16
17  # モデルをファイルから読み込む
18  restored_model = pickle.load(open("model_file.pkl", "rb"))
19
20  # 予測を行う
21  prediction = restored_model.predict(new_example)
```

Rで同様のコードを書くと、以下のようになります。

```
1   library ("e1071")
2
3   # データを準備する
4   attach (iris)
5   X <- subset (iris, select=-Species)
6   y <- Species
7
8   # モデルを訓練する
9   model <- svm (X,y)
10
11  # モデルをファイルに保存する
12  saveRDS (model, "./model_file.rds")
13
14  # モデルをファイルから読み込む
15  restored_model <- readRDS ("./model_file.rds")
16
17  # 予測を行う
18  prediction <- predict (restored_model, new_example)
```

ここでは、このようなモデルの訓練プロセスの特殊性について説明します。これは、最適なモデルを作成するためにデータアナリストが実際に気をつけなければならないことです。

5.8 偏りと分散のトレードオフ

モデルの開発には、最適なアルゴリズムを探すことと、最適なハイパーパラメータを見つけることの両方が含まれます。ハイパーパラメータのチューニングは、実際には2つのトレードオフがあります。1つ目のトレードオフは、適合性と再現率のトレードオフです。もう1つの同じくらい重要なトレードオフは、**偏りと分散のトレードオフ**です。

5.8.1 学習不足

訓練データのラベルを正確に予測できるモデルは、**偏りが低い**と言われます。モデルが訓練データ上で多くのミスをした場合は、**偏りが高い**、またはモデルが訓練データに**適合していない**と言います。学習不足の理由はいくつか考えられます。

- モデルがデータに対して単純すぎる（例えば、線形モデルはよく学習不足になります）
- 特徴量が十分な情報を持っていない
- 正則化をしすぎた（正則化については次の節で説明します）

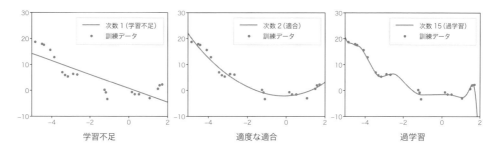

図5.9：学習不足（線形モデル）、適度な適合（二次モデル）、過学習（次数15の多項式）の例

回帰における学習不足の例を図5.9（左）に示します。回帰曲線は、データが属していると思われる線の曲がり具合を再現していません。このモデルは、データを単純化しすぎています。このような学習不足の問題に対する解決策としては、以下のようなものが考えられます。

- より複雑なモデルを試す。
- **予測能力**の高い特徴量を設計する。
- 可能であれば、より多くの訓練データを追加する
- 正則化を減らす。

第**5**章 教師ありモデルの訓練（第1部）

5.8.2 過学習

過学習は、モデルが示すもう1つの問題です。過学習したモデルは、通常、訓練データのラベルは非常にうまく予測しますが、ホールドアウトデータではうまく予測できません。

回帰における過学習の例を図5.9（右）に示します。この回帰曲線は、ほとんどすべての訓練データで目的変数をほぼ完璧に予測していますが、予測に使用すると、新しいデータでは大きな間違いを起こす可能性があります。

文献には、過学習の別名として**高分散**という言葉があります。このモデルは、訓練セットの小さな変動に過度に敏感です。訓練データのサンプリング方法が違えば、結果のモデルは大きく異なるモデルになるでしょう。ホールドアウトデータと訓練データは互いに独立してデータセットからサンプリングされているため、これらの過学習モデルはホールドアウトデータでは性能が出ません。つまり、訓練データとホールドアウトデータの小さな変動が異なる可能性があるのです。

過学習が発生する原因はいくつかあります。

- モデルがデータに対して複雑すぎる。非常に深い決定木や、非常に深いニューラルネットワークは過学習を起こすことがよくあります。
- 特徴量が多すぎて訓練データが少ない。
- 正則化が十分でない。

過学習を解決する方法はいくつかあります。

- よりシンプルなモデルを使用する。多項式回帰ではなく線形回帰、**放射基底関数**（動径基底関数、RBF: radial basis function）ではなく線形カーネルを用いたSVM、層やユニット数の少ないニューラルネットワークなどを試してみてください。[5]
- データセットのデータの次元を減らす。
- 可能であれば、訓練データを追加する。
- モデルを正則化する。

5.8.3 トレードオフとは

実際には、分散を減らそうとすると偏りが大きくなり、逆に偏りを少なくしようとすると分散が大きくなります。つまり、過学習を減らすと学習不足になり、逆に学習不足をなくす

---

[5] 一般的に、モデルのパラメータ数を減らすことは、過学習を減らし、モデルの汎化を向上させるため推奨されていますが、**深層2重降下現象**（Deep Double Descent）がそうでないことを証明しています。この現象は、**CNN**や**Transforme**など、さまざまなアーキテクチャで確認されています。検証時の性能は、モデルサイズの増加に伴い、最初に改善され、次に悪化し、再び改善されます。2020年7月現在、なぜそのような現象が起こるのかはまだ完全には解明されていません。

と過学習になるのです。これは**偏りと分散のトレードオフ**と呼ばれ、訓練データで完璧な性能を発揮するモデルを作ろうとしすぎると、ホールドアウトデータの性能が低いモデルが出来上がってしまうのです。

　訓練データのモデルのうまく性能が出るかどうかを決める要因は様々ですが、最も重要なのはモデルの複雑さです。十分に複雑なモデルは、すべての訓練データとそのラベルを記憶するように訓練されるため、訓練データに適用しても予測エラーを起こすことはありません。そのため、偏りが小さくなります。しかし、このような記憶に頼ったモデルでは、訓練データにないデータのラベルを正しく予測することはできません。このようなデータの分散が大きいからです。

　モデルの複雑さと、訓練データとホールドアウトデータに適用した場合のモデルの平均予測誤差の典型的な変化を図5.10に示します。

第5章 教師ありモデルの訓練（第1部）

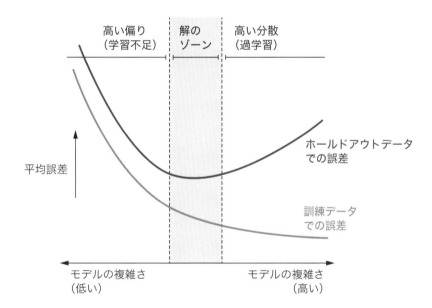

図5.10：偏りと分散のトレードオフ

　ここでは、偏りと分散の両方が低いグレーの四角形が「解のゾーン」です。このゾーンに入れば、ハイパーパラメータを微調整して、必要な適合率・再現率になるようにしたり、対象とする課題に適したモデルの性能指標を最適化したりすることができます。

　このゾーンに到達するには、次のいずれかの方法があります。

- モデルの複雑さを増すことで右に移動させ、そうすることで、偏りを減らす

- モデルを正則化して左に移動させ、モデルを単純化することで分散を減らす（正則化については次の節で説明します）

線形回帰のような浅いモデルを扱う場合は、高次の多項式回帰に切り替えることで複雑さを増すことができます。同様に、決定木の深さを増やしたり、サポートベクターマシン（SVM）で線形カーネルの代わりに多項式カーネルやRBFカーネルを使用したりすることもできます。アンサンブル学習アルゴリズムは、ブースティングの考え方に基づいており、複数の（通常は数百の）高い偏りを持つ「弱い」モデルを組み合わせることで、偏りを減らすことができます。

　ニューラルネットワークを扱う場合、層あたりのユニット数や層の数など、モデルのサイズを大きくすることで、モデルの複雑さを増すことができます。また、ニューラルネットワークのモデルをより長く（エポック数を多く）訓練させると、通常、偏りが低くなります。偏りと分散のトレードオフに関してニューラルネットワークを使用する利点は、ネットワークのサイズを少し大きくするだけで、偏りが少し減ることです。一般的な浅いモデルや関連する学習アルゴリズムでは、このような柔軟性は得られません。

　モデルの複雑さを増してみて、図5.10のグラフの右端に自分がいることがわかった場合、モデルの分散を減らす必要があります。分散を減らす最も一般的な方法は、正則化を適用することです。

5.9 正則化

　正則化とは、学習アルゴリズムに、それほど複雑ではないモデルを学習させる手法の総称です。実際には、正則化により偏りが大きくなりますが、分散を大幅に減らすことができます。

　幅広く使われている正則化には、**L1正則化**と**L2正則化**の2種類があります。その考え方は非常にシンプルです。正則化されたモデルを作るには、目的関数を修正します。この関数は、モデルを学習する際に学習アルゴリズムによって最適化される式です。正則化は、モデルが複雑になるほど値が大きくなるペナルティ項を追加します。

　ここでは簡単化のために、線形回帰を用いて正則化を説明しますが、同じ原理は様々なモデルに適用できます。

　xを2次元の特徴量ベクトル$[x^{(1)}, x^{(2)}]$とします。線形回帰の目的関数を思い出してください。

$$\min_{w^{(1)}, w^{(2)}, b} \left[\frac{1}{N} \times \sum_{i=1}^{N} (f_i - y_i)^2 \right]$$

　上の式では、$f_i \stackrel{\text{def}}{=} f(\mathbf{x}_i)$であり、$f$は回帰直線の方程式です。線形回帰線の方程式$f$は、$f = w^{(1)} x^{(1)} + w^{(2)} x^{(2)} + b$という形になります。学習アルゴリズムは、この目的関数を最小化することで、訓練データからパラメータ$w^{(1)}, w^{(2)}, b$の値を導き出します。パラメータ$w^{(\cdot)}$の一部が0か0に近い場合、モデルは複雑ではないと考えられます。

5.9.1 L1、L2正則化

式5.3をL1正則化した目的関数は次のようになります。

$$\min_{w^{(1)}, w^{(2)}, b} \left[C \times \left(\left| w^{(1)} \right| + \left| w^{(2)} \right| \right) + \frac{1}{N} \times \sum_{i=1}^{N} (f_i - y_i)^2 \right] \tag{5.4}$$

ここで、Cは**ハイパーパラメータ**で、正則化の大きさを制御します。Cを0に設定すると、モデルは標準的な正則化されていない線形回帰モデルになります。一方、Cを大きい値に設定すると、学習アルゴリズムは、目的関数を最小化するために、ほとんどの$w^{(\cdot)}$を0か0に近い値にしようとします。その結果、モデルは非常に単純なものになり、学習不足が発生する可能性があります。ここで重要なのは、偏りを増やさず、かつ対象とする問題に適したレベルまで分散を下げるようなハイパーパラメータCの値を見つけることです。

L2正則化された目的関数は、この2次元の例では次のようになります。

$$\min_{w^{(1)}, w^{(2)}, b} \left[C \times \left(\left(w^{(1)} \right)^2 + \left(w^{(2)} \right)^2 \right) + \frac{1}{N} \times \sum_{i=1}^{N} (f_i - y_i)^2 \right] \tag{5.5}$$

実際には、ハイパーパラメータCの値が十分に大きいと仮定して、L1正則化を行うと、**疎なモデル**が得られます。これは、ほとんどのパラメータが0に等しいモデルです。つまり、前章で述べたように、L1は暗黙のうちに、どの特徴量が予測に不可欠で、どの特徴量が不可欠でないかを決定することで、**特徴量の選択**を行っているのです。このようなL1正則化の特性は、モデルの**説明可能性**を高めたい場合に有効です。しかし、ホールドアウトデータでのモデルの性能を最大化することが目的であれば、通常はL2の方が良い結果が得られます。

文献では、L1では**ラッソ**（Lasso）、L2では**リッジ（Ridge）正則化**という名前でも呼ばれます。

5.9.2 その他の形の正則化

L1とL2の正則化手法は、**Elastic Net正則化**と呼ばれる手法で組み合わせることができます。

L1とL2は、線形モデルで広く使われているだけでなく、ニューラルネットワークやその他のたくさんの目的関数を直接最小化するモデルでもよく使われます。

ニューラルネットワークでは、他にも**ドロップアウト**（dropout）と**バッチ正規化**（batch normalization）という2つの正則化手法が用いられます。数学的な手法以外にも、**データ拡張**（data augmentation）と**早期停止**（early stopping）という正則化の効果がある手法があります。これらの手法については、次の章でニューラルネットワークの訓練を考える際に詳しく説明します。

5.10 まとめ

　みなさんのモデルでの作業を始める前に、いくつかのチェックと決定を行う必要があります。まず、データがスキーマファイルで定義されたスキーマに適合していることを確認します。次に、達成可能な性能レベルを定義し、性能指標を決めます。理想的には、モデルの性能を1つの数値で表すようにしてください。さらに、機械学習モデルを比較する際の基準となるベースラインを設定することも重要です。最後に、データを訓練、検証、テストの3つのセットに分けます。

　最近の分類学習アルゴリズムの実装では、訓練データに数値ラベルを付けること必要があるため、ラベルを数値ベクトルに変換する必要があります。一般的な変換方法とて、one-hotエンコーディング（2クラスおよび多クラス問題）とBag-of-words（マルチラベル問題）があります。

　みなさんの課題に最適な機械学習アルゴリズムを選ぶには、次のような質問をしてみてください。

- モデルの予測は、技術者ではない人にも説明できるものでなければならないか？　もしそうであれば、kNN、線形回帰、決定木学習など、精度は低いが説明可能なアルゴリズムを使用することをお勧めします。

- データセットは、PCやサーバーのRAMに全部読み込むことができるか？　読み込めない場合は、インクリメンタルな学習アルゴリズムが良いでしょう。

- データセットにはどれくらい訓練データがあり、各データにはいくつ特徴量があるか？ニューラルネットワークやランダムフォレストの学習に使われるアルゴリズムには、膨大な数のデータと何百万もの特徴量を扱えるものがあります。それ以外のものは、比較的データ数や特徴量が少ないものです。

- 使用するデータは線形分離可能、すなわち線形モデルを使ってモデル化できるか？　できるのであれば、線形カーネルを用いたSVMや、線形回帰、ロジスティック回帰などが良い選択となります。できない場合は、深層ニューラルネットワークやアンサンブルモデルの方がうまくいくかもしれません。

- 学習アルゴリズムは、モデルの訓練にどのくらいの時間をかけてもよいか？　ニューラルネットワークの訓練には時間がかかることが知られています。線形回帰、ロジスティック回帰、決定木などの単純なアルゴリズムはより高速です。

- 本番でのスコアリングはどのくらいの速さが必要か？　SVM、線形回帰、ロジスティック回帰のようなモデルや、あまり深くない順伝播型ニューラルネットワークは、予測時には非常に高速です。深層ニューラルネットワークやリカレントニューラルネットワーク、勾配ブースティングモデルなどを使った予測は時間がかかります。

　対象とする課題に最適なアルゴリズムを考えるのが大変な場合は、いくつかのアルゴリズムをスポット的にチェックし、ハイパーパラメータとして検証セットでテストするという方法をお勧めします。モデルの優秀さを知る典型的な方法は、ホールドアウトデータで性能指標の値を計算することです。分類モデルや回帰モデル、ランキングモデル用の性能指標が定義されています。

　ハイパーパラメータの値をチューニングすることで、適合率-再現率と偏り-分散という2つのトレードオフを制御することができます。モデルの複雑さを変化させることで、モデルの偏りと分散の両方が比較的低くなる、いわゆる「解のゾーン」に到達することができます。通常、性能指標を最適化する解はそのゾーン内にあります。

　正則化とは、学習アルゴリズムに、より複雑でないモデルを訓練させる手法の総称です。実際には、正則化により、偏りは若干高くなりますが、分散は大幅に減少することがよくあります。正則化の手法としては、L1とL2がよく知られています。さらに、ニューラルネットワークでは、ドロップアウトとバッチ正規化という2つの正則化技術も有効です。

　最近の機械学習パッケージやフレームワークの多くは、パイプラインという概念をサポートしています。パイプラインとは、学習データがモデルになるまでに行われる一連の変換のことです。パイプラインでは、各ステージが、受け取った入力に何らかの変換を施します。各ステージは、最初のステージを除いて、前のステージの出力を受け取ります。第1ステージは、訓練データセットを入力として受け取ります。パイプラインは、モデルを保存するのと同様に、ファイルに保存することができ、本番環境にデプロイして、予測値の計算に使用することができます。

　ハイパーパラメータは、学習アルゴリズム自体では最適化されません。データアナリストは、さまざまな値の組み合わせを試してハイパーパラメータを「チューニング」する必要があります。グリッド探索は、最もシンプルで最も広く使用されているハイパーパラメータのチューニング手法です。グリッド探索は、ハイパーパラメータの値を離散化し、すべての値の組み合わせを試すことで行います。1）ハイパーパラメータの各組み合わせについてモデルを訓練し、2）訓練した各モデルを検証セットに適用して性能指標を計算します。

　適切な検証セットには、少なくとも100個のデータが含まれており、セット内の各クラスは少なくとも数十個のデータを持つべきです。ハイパーパラメータをチューニングするための適切な検証セットがない場合は、クロスバリデーションで行うことができます。

第6章

教師ありモデルの訓練（第2部）

　教師ありモデルの訓練の後編では、深層モデルの訓練、スタッキングされたモデル、不均衡なデータセットの処理、分布シフト、モデルのキャリブレーション、トラブルシューティングと誤差分析、その他の効率の良い手法などについて考えます。

　浅いモデルに比べて、深層ニューラルネットワークのモデルの訓練方法は変動する要素が多くなりますが、より原理的で、自動化に適しています。

6.1 深層モデルの訓練方法

　モデルの作成は、**ネットワークトポロジー**と呼ばれるネットワークアーキテクチャを選ぶことから始まります。画像データを扱う場合、みなさんがモデルを0から作成するのであれば、少なくとも畳み込み層1つ、続く**最大値プーリング層**、**全結合層**1つからなる**畳み込みニューラルネットワーク**（CNN）を選択されるでしょう。

　テキストや時系列などのシーケンスデータを扱う場合は、CNN、**ゲート付き回帰ニューラルネットワーク**（**LSTM**（Long Short Term Memory）や**GRU**（Gated recurrent unit）など）、**Transformer**のいずれかを選択できます。

　モデルを0から訓練するのではなく、**事前学習済みモデル**を使用することもできます。GoogleやMicrosoftなどの企業は、画像処理や自然言語処理に最適化されたアーキテクチャを持つ、非常に深いニューラルネットワークを訓練しています。

　画像処理で最も良く使用されている事前学習済みモデルには、Visual Geometry Group、**VGG**のアーキテクチャに基づく**VGG16**や**VGG19**、GoogLeNetアーキテクチャに基づく**InceptionV3**、**残差ネットワーク**アーキテクチャに基づく**ResNet50**などがあります。

　自然言語処理では、トランスフォーマーアーキテクチャに基づく**BERT**（Bi-directional Encoder Representations from Transformer）や双方向LSTM（**bi-directional LSTM**）アーキテクチャに基づく**ELMo**（Embeddings from Language Models）などの事前学習済みモデルは、0からモデルを学習するのよりもモデルの品質が向上することが多いでしょう。

　事前学習モデルを使用する利点は、その開発者が利用できる（みなさんが利用できない可能性が高い）膨大な量のデータで学習されていることです。みなさんのデータセットが小さく、学習済みモデルの事前学習に使われたものと完全には似ていなくても、事前学習された

モデルによって学習されたパラメータは有用であるかもしれません。

事前学習済みモデルを使用する方法は2つあります。

1. そのモデルが持つ学習済みパラメータを使って自分のモデルを初期化する。
2. 事前学習モデルを自分のモデルの特徴量抽出器として使用する。

前者の方法で事前学習モデルを使用する場合は自由度が増しますが、その反面、非常に深いニューラルネットワークを訓練することになります。これにはかなりの計算資源が必要になります。後者の方法では、事前学習済みモデルのパラメータを「凍結」（固定）し、追加した層のパラメータだけを訓練します。

6.1.1 ニューラルネットワークの訓練方法

既存のモデルを使って新しいモデルを作ることを**転移学習**といいます。これについては、6.1.10節で詳しく説明します。ここでは、みなさんが選んだアーキテクチャに基づいて、0からモデルを構築することを想定しています。ニューラルネットワークを作成する一般的な方法は、次のようなものです。

1. 性能指標Pを定義する
2. 損失関数Cを定義する
3. パラメータの初期化方法Wを選択する
4. 損失関数の最適化アルゴリズムAを選択する
5. ハイパーパラメータのチューニング方式Tを選択する
6. チューニング方式Tを使って、ハイパーパラメータ値の組み合わせHを決める
7. ハイパーパラメータHでパラメータ化されたアルゴリズムAを用いて、モデルMを訓練し、損失関数Cを最適化する
8. テストしていないハイパーパラメータが残っている場合は、チューニング方式Tを用いてハイパーパラメータの別の組み合わせHを選び、ステップ7を繰り返す
9. 指標Pが最適化されたモデルが得られる

ここで、上記のいくつかのステップについて詳しく説明します。

6.1.2 性能指標と損失関数

ステップ1は、浅いモデルの訓練方法（5.7節）のステップ1と同様で、ホールドアウトデータに対する2つのモデルの性能を比較できる指標を定義し、より良い方を選びます。性能指標としては、**F値**や**κ係数**があります。

ステップ2では、モデルを訓練するために、学習アルゴリズムが何を最適化するかを定義します。ニューラルネットワークが回帰モデルであれば、ほとんどの場合、**損失関数**は前章の式5.1で定義された**平均二乗誤差**（MSE）です。以下に再掲します。

$$\mathrm{MSE}(f) \overset{\text{def}}{=} \frac{1}{N} \sum_{i=1\ldots N} \left(f\left(\mathbf{x}_i\right) - y_i\right)^2$$

分類の場合、損失関数の典型的な選択は、**カテゴリカルクロスエントロピー**（多クラス分類の場合）または**バイナリクロスエントロピー**（2値および多ラベル分類の場合）です[訳注]。**多クラス分類**用のニューラルネットワークを訓練する場合、ラベルを**one-hot エンコーディング**で表現する必要があることを思い出してください。分類問題のクラスの数をCとします。$\mathbf{y}_i$（iは1からNまで）をデータiのone-hotエンコーディングされたラベルとします。$y_{i,j}$はデータiの位置j（jは1からCまで）の値を表すとします。データiの分類に対するカテゴリークロスエントロピー損失は次のように定義されます。

$$\mathrm{CCE}_i \overset{\text{def}}{=} -\sum_{j=1}^{C} \left[y_{i,j} \times \log_2\left(\hat{y}_{i,j}\right)\right]$$

ここで、$\hat{y}_i$は入力x_iに対してニューラルネットワークが出力する予測のC次元ベクトルです。損失関数は、通常、個々のデータの損失の合計で定義されます。

$$\mathrm{CCE} \overset{\text{def}}{=} \sum_{i=1}^{N} \mathrm{CCE}_i$$

2値分類では、ロジスティック回帰と同様に、入力される特徴量ベクトルx_iに対するニューラルネットワークの出力は$\hat{y}_i$で、データのラベルはy_iです。データiの分類に対する2値クロスエントロピー損失は、次のように定義されます。

$$\mathrm{BCE}_i \overset{\text{def}}{=} -y_i \times \log_2\left(\hat{y}_i\right) - (1-y_i) \times \log_2\left(1-\hat{y}_i\right)$$

同様に、訓練セットを分類するための損失関数は、通常、個々のデータの損失値の合計として定義されます。

[訳注] 交差エントロピー（Cross-entropy）ともいう。

第**6**章　教師ありモデルの訓練（第2部）

$$\mathrm{BCE} \overset{\mathrm{def}}{=} \sum_{i=1}^{N} \mathrm{BCE}_i$$

2値クロスエントロピーは、**多ラベル分類**にも用いられます。ラベルはC次元の**Bag-of-words**のベクトルy_iであり、予測値はC次元のベクトル$\hat{y}_i$です（値は各次元jの値$\hat{y}_{i,j}$。jは0から1）。ラベル$\hat{y}_i$の予測に対する損失は次のように定義されます。

$$\mathrm{BCEM}_i \overset{\mathrm{def}}{=} \sum_{j=1}^{C} \left[-y_{i,j} \times \log_2 \left(\hat{y}_{i,j} \right) - \left(1 - y_{i,j} \right) \times \log_2 \left(1 - \hat{y}_{i,j} \right) \right]$$

訓練セット全体を分類するための損失関数は、通常、個々のデータの損失の合計として定義されます。

$$\mathrm{BCEM} \overset{\mathrm{def}}{=} \sum_{i=1}^{N} \mathrm{BCEM}_i$$

多クラス分類と多ラベル分類では、出力層が異なることに注意してください。多クラス分類では、**ソフトマックス**関数を持つノードが使われます。ソフトマックスは、値が$(0,1)$の範囲に収まるC次元のベクトルを生成し、その合計は1になります。多ラベル分類では、出力層にはC個のロジスティック関数を持つノードが含まれ、各出力の値は同様に$(0,1)$の範囲になり、その合計は$(0,C)$の範囲になります。

ニューラルネットワークの出力

特定の損失関数を選んだ背景にある論理が理解できるように、ここでは、ニューラルネットワークの出力を数学的に説明します。

回帰では、出力層は1つのノードしか持ちません。出力値が負の無限大から正の無限大までの任意の数である場合、出力ノードは非線形関数を持ちません。一方、ニューラルネットワークが正の数を予測しなければならない場合には、**ReLU**（rectified linear unit）という非線形関数が使われます。入力データiに対する非線形関数を適用する前の出力ノードの出力値をz_iとします。ReLUを適用した後の出力は$\max(0, z_i)$となります。

2値分類では，出力層はロジスティック関数を1つ持っています。入力データiに対する非線形処理前の出力ノードの出力値をz_iとする。ロジスティック関数を適用した後の出力$\hat{y}_i$は次式のようになります。

$$\hat{y}_i \overset{\mathrm{def}}{=} \frac{1}{1 + e^{-z_i}}$$

ここで、eは自然対数の底であり、**オイラー数**としても知られています。

2値ラベルと多ラベルの分類モデルも同様に定義されます。唯一の違いは、多ラベル分類

では、出力層にクラスごとに1つのC個のロジスティック関数を持つことです。$\hat{y}_{i,j}$が入力データをiとしたときのクラスjのロジスティック関数の出力を表すとすると、$\hat{y}_{i,j}$の総和は、すべての$j=1,...,C$に対して0からCの間にあります。

多クラス分類では、出力層はC個の出力を生成します。ただし、この場合、出力層の各ノードの出力は、ソフトマックス関数で制御されます。入力データiに対する非線形化前の出力ノードjの出力を$z_{i,j}$とする。すると、非線形化後の出力$_{i,j}$は次のようになります。

$$\hat{y}_{i,j} \overset{\text{def}}{=} \frac{e^{z_{i,j}}}{\sum_{k=1}^{C} e^{z_{i,k}}}$$

すべての$j=1,...,C$について、$\hat{y}_{i,j}$の合計は1になります。

6.1.3 パラメータ初期化方法

ステップ3では、**パラメータ初期化方法**を選択します。訓練を開始する前は，すべてのノードのパラメータ値は分かっていません。そのため、何らかの値で初期化する必要があります。ニューラルネットワークの学習アルゴリズムは、**勾配降下法**やその確率的勾配降下法など、繰り返し処理なので、繰り返しを開始する開始点を指定する必要があります。この初期設定は、訓練モデルの特性に影響を与える可能性があります。以下のいずれかから選択することになります。

- **すべて1** —— すべてのパラメータが1に初期化される
- **すべて0** —— すべてのパラメータが0に初期化される
- **正規乱数** —— パラメータを平均0、標準偏差0.05の正規分布からサンプリングした値で初期化する
- **一様乱数** —— パラメータが一様分布からサンプリングされた値に初期化される。範囲は[-0.05, 0.05]
- **Xavierの正規分布** —— パラメータは、切断正規分布（0を中心とし、$\sqrt{2/(\text{in}+\text{out})}$に等しい標準偏差を持つ）からサンプリングされた値に初期化される。ここで in は現在のノードの前の層のノード数（パラメータを初期化する層）、out は現在のノードの後ろの層のノード数
- **Xavierの一様分布** —— パラメータは[–limit, limit]の一様分布からサンプリングされた値に初期化される。limit は$\sqrt{6/(\text{in}+\text{out})}$であり、in と out は上記の Xavier の正規分布と同じ。

初期化方法は他にもあります。TensorFlow、Keras、PyTorch などは、いくつかのパラメータ初期化方法を提供しており、またデフォルトの選択を推奨しています。

バイアス項は通常0で初期化されます。

パラメータの初期化がモデルの特性に影響を与えることはわかっていますが、どの方法がみなさんの問題に最適な結果をもたらすかは予測できません。乱数とXavierの初期化が最も一般的です。これらのいずれかで実験を始めてみてください。

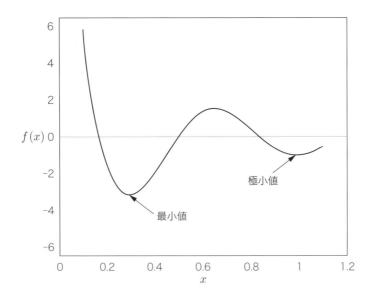

図**6.1**：関数の極小値と最小値

6.1.4 最適化アルゴリズム

ステップ4では、損失関数の最適化アルゴリズムを選択します。損失関数が微分可能な場合（上で考えたすべての損失関数がそうです）、最も良く使用される最適化アルゴリズムは**勾配降下法**と**確率的勾配降下法**の2つです。

勾配降下法は、任意の微分可能な関数の**極小値**を見つけるための反復型の最適化アルゴリズムです。$f(x)$が$x = c$に**極小値**を持つとは、$x = c$を中心とする**開区間**内のすべてのxについて $f(x) \geq f(c)$ である場合を言います。**区間**は、実数の集合であり、その集合内の2つの数の間にある数もその集合に含まれるという性質を持ちます。開区間には端点が含まれず、丸括弧を用いて表記します。例えば、$(0, 1)$は「0より大きく1より小さいすべての数」を意味します。すべての極小値の中で最小の値を**最小値**と呼びます。図6.1に関数の極小値と最小値の違いを示します。

関数と最適化

ここでは、興味を持たれた読者の方のために、数学的な関数と関数の最適化の基本を説明します。ニューラルネットワークの訓練の仕組みだけを知りたい方は、読み飛ばしていただいても大丈夫です。

関数とは、関数の定義域である集合 X の各要素 x を、関数の**値域**である集合 Y の各要素 y に関連付けるものです。関数には通常、名前があります。関数が f と呼ばれる場合、この関係は $y = f(x)$ と表され、「x における関数 f の値」と読みます。要素 x はこの関数の引数、つまり入力で、y は関数の値、つまり出力です。入力を表す記号は、関数の変数となります。「f は変数 x の関数である」と言います。

関数 f の**微分** f' とは、f の増減の速さを表す関数または値のことです。導関数が5や-3のような一定の値であれば、関数はその定義域のどの点 x においても常に増加または減少します。導関数 f' がそれ自体関数である場合、関数 f はその定義域の場所で変化の仕方がかわります。微分 f' がある点 x で正であれば、関数 f はその点で増加します。f の微分があるx で負であれば、関数はその点で減少します。x での導関数が0の場合は、関数が x で減少も増加もせず、x での関数の傾きは水平です。

導関数を求めることを**微分**といいます。

基本的な関数の導関数は知られています。例えば、$f(x) = x^2$ ならば、$f'(x) = 2x$、$f(x) = 2x$ ならば、$f'(x) = 2$、$f(x) = 2$ ならば、$f'(x) = 0$ となります。

微分したい関数が基本的なものでない場合は、**連鎖律**を用いてその微分を求めることができます。例えば、$F(x) = f(g(x))$ の場合、f と g は何らかの関数とすると、$F'(x) = f'(g(x))g'(x)$ となります。例えば、$F(x) = (5x+1)^2$ とすると、$g(x) = 5x+1$ となり、$f(g(x)) = (g(x))^2$ となります。連鎖律を適用すると、$F'(x) = 2(5x+1)\,g'(x) = 2(5x+1)5 = 50x+10$ となります。

勾配は、複数の入力、またはベクトルやその他の複雑な構造の形で入力を取る関数の導関数を一般化したものです。関数の勾配は、**偏導関数**のベクトルです。関数の偏導関数は、関数の入力の1つに注目し、他のすべての入力を定数値とみなして導関数を求めることで求められます。

例えば、関数を $f([x^{(1)}, x^{(2)}]) = ax^{(1)} + bx^{(2)} + c$ と定義した場合、関数 f の $\underline{x^{(1)} に対する偏微}$ 分は $\frac{\partial f}{\partial x^{(1)}}$ と表され、次のようになります。

$$\frac{\partial f}{\partial x^{(1)}} = a + 0 + 0 = a$$

ここで、a は関数 $ax^{(1)}$ の微分であり、2つの0はそれぞれ $bx^{(2)}$ と c の微分です。これは、$x^{(1)}$ に対する微分を計算するとき、$x^{(2)}$ は定数とみなされ、定数の微分は0になるからです。

同様に、関数 f の $x^{(2)}$ に対する偏微分、は次のようになります。

$$\frac{\partial f}{\partial x^{(2)}} = 0 + b + 0 = b$$

また、関数 f の勾配を ∇f とすると、これは、ベクトル $\left[\frac{\partial f}{\partial x^{(1)}}, \frac{\partial f}{\partial x^{(2)}}\right]$ で与えられます。連鎖律は偏微分にも使えます。

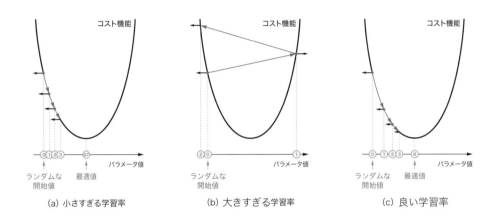

図6.1：学習率の収束への影響。(a) 小さすぎると収束に時間がかかる (b) 大きすぎると収束しない (c) 学習率が適切な場合

勾配降下法を用いて関数の極小値を求めるには、関数の定義域内のあるランダムな点から始めます。そして、現在の点での関数の勾配（または近似勾配）に比例して減る方向に移動します。

　機械学習における勾配降下法は、**エポック**（epoch）単位で行われます。エポックとは、訓練セットをすべて使用して各パラメータを更新することです。最初のエポックでは、上述のパラメータ初期化方式のいずれかを用いて、ニューラルネットワークのパラメータを初期化します。**誤差逆伝搬**アルゴリズムは、複雑な関数の導関数用の連鎖律を用いて，各パラメータの偏導関数を計算します[1]。各エポックでは、勾配降下法は偏導関数を用いてすべてのパラメータを更新します。**学習率**は、更新量を制御します。この処理は、**収束**するまで続きます。収束とは、エポックごとにパラメータの値があまり変化しなくなる状態です。収束すると、アルゴリズムは停止します。

　勾配降下法は、学習率 α の選択に敏感です。問題に適した学習率を選ぶのは簡単なことではありません。α の値が大きすぎると、全く収束しない場合があります。逆に、α の値が小さすぎると、学習の進行が分からないくらい遅くなってしまいます。図6.2は、ニューラルネットワークの1つのパラメータと、3つの学習率の値に対する勾配降下を示したものです。各繰り返しにおけるパラメータの値は、青い円で示されています。円の中の数字はエポック

---

[1]　誤差逆伝搬法の説明は、本書の範囲外です。ニューラルネットワークを学習するための最新のソフトウェアライブラリには、このアルゴリズムが含まれていることが分かっていれば十分です。興味を持たれた読者の方用に、誤差逆伝搬法の説明が『The Hundred-Page Machine Learning Book』のWikiがあります。

を示しています。図6.2の黒の矢印は、横軸に沿った勾配の方向（最小値から離れる方向）を示しています。グレーの矢印は、各エポック後の損失関数の値の変化を示しています。

したがって、各エポックにおいて、勾配降下法はパラメータ値を最小値に向かって移動させます。学習率が小さすぎると、最小値への移動は非常に遅くなります（図6.2a）。学習率が大きすぎると、パラメータの値は最小値から離れて振動してしまいます（図6.2b）。

勾配降下法は、各エポックで各パラメータの勾配を計算するためにデータセット全体を使用するため、大規模なデータセットではかなり時間がかかります。幸いなことに、このアルゴリズムの改良案がいくつか提案されています。

ミニバッチSDG（Minibatch stochastic gradient descent）は、勾配降下法の一種です。このアルゴリズムは、**ミニバッチ**と呼ばれる訓練データの小さなサブセットを使って勾配を近似します。これにより、計算を効果的に高速化することができます。ミニバッチのサイズはハイパーパラメータであり、調整することができ、32から数百までの2の累乗（32，64，128，256など）が推奨されています。

学習率 α の値をどう決めるかという問題は、「普通の」ミニバッチSGDにもあります。後のエポックでも学習が停滞する可能性があります。学習率が大きすぎると、極小値に到達するかわりに、勾配降下がその周辺で振動し続ける可能性があります。学習の進行に合わせて学習率を更新し、エポック数の後半で学習率を下げることができる**学習率減衰スケジューリング**が数多くあります。学習率減衰スケジュールを使用することの利点は、勾配降下の収束が速くなる（学習が速くなる）ことと、モデルの品質が高くなることです。以下では、いくつかの一般的な学習率減衰スケジューリングを説明します。

6.1.5 学習率減衰スケジューリング

学習率減衰方式は、エポックが進むにつれて、**学習率** α の値を徐々に小さくしていきます。こうすることで、パラメータの更新がより細かくなります。α を制御するには、スケジューリングと呼ばれるいくつかの手法があります。

時間ベースの学習率減衰スケジューリングは、前のエポックの学習率に応じて学習率を変化させます。学習率の更新の数式は、一般的な時間ベースの学習率減衰スケジューリングでは、以下のようになっています。

$$\alpha_n \leftarrow \frac{\alpha_{n-1}}{1 + d \times n}$$

ここで、α_n は学習率の新しい値、α_{n-1} は前のエポック $n-1$ での学習率、d は減衰率（ハイパーパラメータ）です。例えば、学習率の初期値 $\alpha_0 = 0.3$ とすると、最初の5つのエポックでの学習率の値は以下の表のようになります。

学習率	エポック
0.15	1
0.10	2
0.08	3
0.06	4
0.05	5

ステップベースの学習率減衰スケジューリングは、あらかじめ定義された、いくつかのドロップステップに従って学習率を変化させます。一般的なステップベースの学習率減衰スケジュールでの学習率の更新の数式は以下の通りです。

$$\alpha_n \leftarrow \alpha_0 d^{\text{floor}\left(\frac{1+n}{r}\right)}$$

ここで、α_nはエポックnにおける学習率、α_0は学習率の初期値、dはドロップステップ[訳注]ごとに学習率をどの程度変化させるかを示す**減衰率**（0.5は半分になる）、rはドロップステップの長さを定義するいわゆるドロップレート（10は10エポックごとに減衰させる）です。上の式のfloor演算子は、その引数の値が1より小さい場合、0になります。

指数学習率減衰スケジューリングは、ステップベースと似ています。ただし、ドロップステップの代わりに、減少する指数関数を使用します。一般的な指数型学習率減衰スケジュールによる学習率更新の数式は、以下の通りです。

$$\alpha_n \leftarrow \alpha_0 e^{-d \times n}$$

ここで、dは減衰率、eは**オイラー数**です。

ミニバッチSGDを改良したものとしては、モーメンタム法、RMSProp（Root Mean Squared Propagation）、Adam などがよく知られています。これらのアルゴリズムは、学習プロセスの性能に基づいて、学習率を自動的に更新します。学習率の初期値、減衰スケジュールと減衰率、その他の関連するハイパーパラメータの選択を気にする必要はありません。これらのアルゴリズムは実際に良好な性能を示しており、学習率を手で調整する代わりにこのアルゴリズムを使用することがよくあります。

モーメンタム法は、勾配降下を適切な方向に導き、振動を低減することで、ミニバッチSGDを高速化します。モーメンタム法は、現在の勾配を計算したエポックだけを使って探索を誘導するのではなく、過去のエポックの勾配を蓄積して進むべき方向を決定します。これにより、学習率を手動で調整する必要がなくなりました。

最近のニューラルネットワークの損失関数最適化アルゴリズムには、**RMSProp** や **Adam**

などがありますが、後者は最も新しく、汎用性があります。まずは Adam でモデルの訓練を開始してみてください。その後、モデルの品質が許容レベルに達しない場合は、別の損失関数最適化アルゴリズムを試してみてください。

6.1.6 正則化

ニューラルネットワークでは、**L1 正則化**と**L2 正則化**の他に、ニューラルネットワーク特有の正則化であるドロップアウト、早期停止、バッチ正規化が使用できます。後者は技術的には正則化技術ではありませんが、多くの場合、モデルに正則化効果をもたらします。

ドロップアウト（dropout）の概念は非常にシンプルです。訓練データをネットワークで「実行」するたびに、一時的にいくつかのノードをランダムに計算から除外します。除外されるノードの割合が多いほど、正則化効果が強くなります。一般的なニューラルネットワークライブラリでは、連続する2つの層の間にドロップアウト層を追加したり、層のドロップアウトのハイパーパラメータを指定したりすることができます．ドロップアウトのハイパーパラメータは、[0, 1]の範囲で変化し、計算からランダムに除外するノードの割合を表します。このハイパーパラメータの値は、実験的に求める必要があります。ドロップアウトは単純ですが、その柔軟性と正則化の効果は驚異的です。

早期停止（early stopping）は、ニューラルネットワークを訓練でエポックが終わるごとにモデルを保存します。エポック毎に保存されたモデルを**チェックポイント**と呼びます。各チェックポイントの性能を検証セットで評価します。勾配降下法では、エポックの数が増えていくと損失が減少していきます。あるエポックが終わった後、モデルは過学習が始まり、検証データでのモデルの性能が悪化する可能性があります。第5章の図5.10の偏り・分散の図を思い出してください。各エポックの後にモデルを保持することで、検証セットで性能が低下し始めたら、訓練を停止することができます。また、固定のエポック数で訓練を続け、最適なチェックポイントを選ぶこともできます。機械学習の専門家の中には、この手法を使っている人もいますし、適切な手法でモデルを正則化しようとする人もいます。

バッチ正規化（Batch Normalization）（どちらかと言えばバッチ標準化）とは、各層の出力を次の層が入力として受け取る前に**標準化**することです。実際には、バッチ正規化を行うことで、より速く、より安定した訓練が可能になり、ある程度の正則化効果も得られます。バッチ正規化の採用は常に検討すべきです。一般的なニューラルネットワークライブラリでは、2つの層の間にバッチ正規化層を挿入することができます。

また、どのような学習アルゴリズムにも適用できる正則化のテクニックとして、**データ拡張**（data augmentation）があります。この手法は、画像を扱うモデルの正則化によく使われます。実際には、データ拡張を適用することで、モデルの性能が向上することがよくあります。

6.1.7 ネットワークサイズの探索とハイパーパラメータのチューニング

　深層モデルの訓練方法のステップ5は、浅いモデルの訓練方法と同様に、ハイパーパラメータのチューニングの方法Tの選択です。

　ステップ6では、Tを使ってハイパーパラメータ値の組み合わせを選びます。代表的なパラメータとしては、ミニバッチのサイズ、学習率の値（普通のミニバッチSGDを使用する場合）、またはAdamなど学習率を自動的に更新するアルゴリズムを使うこともできます。また、層数と層ごとのノード数の初期値も決めます。最初のモデルを十分な速さで訓練できるように、手頃なものから始めることをお勧めします。例えば、隠れ層が2つ、層あたりのノード数が128個というのは、出発点として適当なものでしょう。

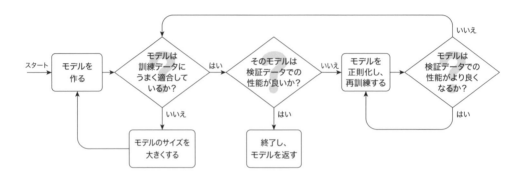

図6.3：ニューラルネットワークモデルの訓練フローチャート

　ステップ7では、「訓練モデルMを作成し、アルゴリズムAを用いて、ハイパーパラメータをHと決め、損失関数Cを最適化する」とあります。ここが浅い学習との大きな違いです。浅い学習のアルゴリズムやモデルを扱うときには、それらに組み込まれたハイパーパラメータの一部しかチューニングできません。モデルのアーキテクチャや複雑さについては、ほとんどコントロールできないのです。ニューラルネットワークでは、すべてをコントロールすることができ、モデルの訓練は単一の作業ではなく、プロセスとして行われます。深層モデルを構築するには、まず適度な大きさのモデルを作成し、図6.3のフローチャートに沿って作業を進めます。

　最初にいくつかのモデルを用意し、訓練データでうまく訓練できるようになるまでモデルのサイズを大きくしていくことが分かります。次に、そのモデルを検証データで評価します。良好な性能指標が得られた場合は、モデルの開発をやめて終了します。得られない場合は、正則化してモデルを再訓練します。

　これまで見てきたように、ニューラルネットワークの正則化にはいくつかの方法がありま

す。最も効果的なのは**ドロップアウト**で、ネットワークからいくつかのノードをランダムに削除して、よりシンプルなモデルにします。よりシンプルなモデルは、ホールドアウトデータでより良い性能がでるでしょう。これがみなさんの目標です。

　正則化とモデルの再訓練を何度か繰り返した後、検証データでのモデルの性能に改善が見られなかったとします。そのモデルがまだ訓練データに適合しているかどうかを確認します。適合していない場合は、各層のサイズを大きくしたり、別の層を追加したりして、モデルのサイズを大きくします。これをモデルが訓練データに適合するまで続けます。その後、検証データでモデルを評価します。このプロセスは、モデルを大きくして、検証データの性能が改善されるまで続けます。そして、検証データの性能が十分なものであれば、モデルの訓練を終了します。

　この性能が不十分場合は、ステップ8でハイパーパラメータの異なる組み合わせを選択し、別のモデルを構築し、テストする値がなくなるまで、異なるハイパーパラメータの値をテストし続けます。この過程で、訓練したモデルの中で最も良いモデルを残します。この最も良いモデルの性能がまだ不十分な場合は、異なるネットワークアーキテクチャを試したり、ラベル付きデータを増やしたり、あるいは転移学習を試したりします。**転移学習**については、6.1.10項で詳しく説明します。

　訓練されたニューラルネットワークの特性は、どのようなハイパーパラメータの値を選ぶかに大きく依存します。しかし、ハイパーパラメータの値を決め、モデルを訓練し、検証データでその特性を検証する前に、どのハイパーパラメータが重要でそれに時間を費やすべきかを決める必要があります。

　もちろん、みなさんは、時間と計算資源が無限にあれば、すべてのハイパーパラメータをチューニングするでしょう。しかし、実際には、時間は限られており、資源も比較的少ないことが多いでしょう。どのハイパーパラメータをチューニングすべきなのでしょうか？

　この質問に対する明確な答えはありませんが、特定のモデルを扱う際にチューニングするハイパーパラメータを選択するのに役立ついくつかの経験則があります。

- モデルは、いくつかハイパーパラメータは他のパラメータよりも感度が高い。
- 選択肢は、ハイパーパラメータのデフォルト値を使用するか、変更するかになることが多い。

　ニューラルネットワークの訓練用ライブラリには、確率的勾配降下法（多くの場合、**Adam**）、パラメータの初期化方法（多くの場合、**正規乱数**か**一様乱数**）、ミニバッチサイズ（多くの場合，32）などのハイパーパラメータのデフォルト値が用意されています。これらの値は、実用的な経験から得られた知見に基づいて選ばれています。オープンソースのライブラリやモジュールは、たくさんのデータサイエンティストやエンジニアの共同作業の結果生み出されたものです。これらの有能で経験豊富な人々は、様々なデータセットや実践的な問題を扱う

際の「良い」デフォルトを多くのハイパーパラメータに対して見つけてきたのです。

　ハイパーパラメータをチューニングする場合、デフォルト値を使用するのではなく、モデルが敏感に反応するハイパーパラメータをチューニングする方が良いでしょう。表6.1は、いくつかのハイパーパラメータと、それらのハイパーパラメータに対するニューラルネットワークのおおよその感度を示しています。[2]

ハイパーパラメータ	感度
学習率	高
学習率のスケジューリング	高
損失関数	高
層ごとのノード数	高
パラメータ初期化方法	中
層の数	中
層の特性	中
正則化の度合い	中
オプティマイザ	低
オプティマイザの特性	低
ミニバッチのサイズ	低
非線形性の選択	低

表6.1：いくつかのハイパーパラメータに対するモデルのおおよその感度

6.1.8　複数の入力を扱う

　実際には、機械学習エンジニアはマルチモーダルなデータを扱うことが多くあります。例えば、入力は画像とテキストであり、出力される値はテキストが与えられた画像を説明しているかどうかを示す2値かもしれません。

　浅い学習アルゴリズムをマルチモーダルなデータに適応させるのは難しいでしょう。例えば、対応する特徴量エンジニアリング手法を適用して、各入力をベクトル化することができます。次に、2つの特徴量ベクトルを連結して、より大きな1つの特徴量ベクトルを作ります。画像の特徴量が$[i^{(1)}, i^{(2)}, i^{(3)}]$、テキストの特徴量が$[t^{(1)}, t^{(2)}, t^{(3)}, t^{(4)}]$の場合、連結された特徴量ベクトルは$[i^{(1)}, i^{(2)}, i^{(3)}, t^{(1)}, t^{(2)}, t^{(3)}, t^{(4)}]$となります。

---

[2]　2019年1月、Josh Tobinらの講演「Troubleshooting Deep Neural Networks」から引用。

　ニューラルネットワークを用いると、柔軟性が大幅に増します。それぞれの入力の種類ごとに2つの**サブネットワーク**を構築することができます。たとえば、**CNN**のサブネットワークは画像を読み、**RNN**のサブネットワークはテキストを読み込みます。どちらのサブネットワークも、最後の層に**埋め込み**を持っています。CNNには画像埋め込みがあり、RNNにはテキスト埋め込みがあります。2つの埋め込みを連結し、最後に連結された埋め込みに**ソフトマックス**や**シグモイド**などの分類層を追加します。

　ニューラルネットワークライブラリには、複数のサブネットワークの層を連結したり、平均化したりすることができる、使いやすいツールが用意されています。

6.1.9 複数の出力の処理

　1つの入力に対して複数の出力を予測したいことがあります。複数の出力の持つ問題には、実質的に多ラベル分類問題に変換できるものがあります。同じ性質のラベルを持つもの（ソーシャルネットワークのタグなど）、すなわち適当なラベルを用いることで、元のラベルの組み合わせをすべて列挙することができます。

　しかし、多くの場合、出力はマルチモーダルであり、その組み合わせを効果的に列挙することはできません。例えば、画像上の物体を検出して、その座標を返すモデルを作りたいとします。これに加えて、「人」、「猫」、「ハムスター」など、対象物を表すタグも返す必要があるとします。訓練データとしては、画像とラベルを表す特徴量ベクトルを用意します。ラベルは、対象物の座標を表すベクトルと、**one-hotエンコーディング**されたタグを表すベクトルで表現できます。

　これに対して、エンコーダーとして動作するサブネットワークを1つ作ります。このサブネットワークは、例えば、1つ以上の畳み込み層で入力画像を読み込みます。エンコーダーの最後の層は、画像埋め込みです。埋め込み層に、さらに2つのサブネットワークを追加します。1）埋め込みベクトルを入力として、物体の座標を予測するものと、2）埋め込みベクトルを入力として、タグを予測するものです。

　最初のサブネットワークは、最後の層として**ReLU**を持つことができ、これは座標などの正の実数を予測するのに適しています。このサブネットワークは、平均二乗誤差の損失値C_1が使用できます。2番目のサブネットワークは、同じ埋め込みベクトルを入力とし、各タグの確率を予測します。このサブネットワークは、**多クラス分類**に適したソフトマックス関数を最後の層に持ち、**負の対数尤度**の損失値の平均C_2（**クロスエントロピー**損失とも呼ばれる）を使用します。また、座標は$[0, 1]$の範囲かもしれません（この場合、座標を予測する層は、4つの**シグモイド**関数の出力を持ち、4つの**2値クロスエントロピー**の損失関数を平均化します）。一方、タグを予測する層は、**多ラベル分類**問題を解くことになるでしょう（この場合も、いくつかのシグモイド関数の出力を持ち、タグごとに1つ、いくつかの2値クロスエントロピー損失を平均します）。

座標とタグの両方を正確に予測したいと思われるかもしれませんが、2つの損失関数を一度に最適化することは不可能です。片方を良くしようとすると、もう片方に悪影響を与えるリスクがあり、その逆もあります。そこで、$(0, 1)$ の範囲のハイパーパラメータ γ を追加し、両方を組み合わせた損失関数を $\gamma \times C_1 + (1-) \times C_2$ と定義します。そして、他のハイパーパラメータと同様に、検証データを用いて γ の値をチューニングします。

6.1.10 転移学習

転移学習とは、事前学習済みモデルを使って新しいモデルを訓練することです。事前学習済みモデルは、その作成者（通常は大規模な組織）が利用できるビッグデータを使用して作成されています。事前学習済みモデルが学習したパラメータは、みなさんのタスクに役立つ可能性があります。

事前学習済みモデルは、2つの方法で利用できます。

- 学習したパラメータを使って、自分のモデルを初期化する
- 自分のモデルの特徴量抽出器として使用する

事前学習済みモデルを初期化に使う

前に述べた通り、パラメータの初期化方法の選択は、学習したモデルの特性に影響を与えます。事前学習済みモデルは、インターネットで入手できるものであっても、自分で学習したものであっても、通常は、みなさんの課題を解決するのに十分な性能を発揮します。

みなさんの課題が、事前学習済みモデルが解決している課題に似ていれば、みなさんの課題に対して最適なパラメータは、事前に学習されたパラメータとあまり変わらない可能性が高いでしょう。最初の方のニューラルネットワーク層（入力に最も近い層）においては特にそうです。

勾配降下法では、より狭い範囲で最適なパラメータ値を探索することになるので、訓練が早く進む可能性があります。

事前学習済みモデルが、みなさんの問題よりもはるかに大きな訓練セットを使って訓練されている場合、潜在的に良い値の範囲で探索が行われるので、より良く汎化される可能性もあります。実際、みなさんが構築したいモデルの動作に影響するデータが自分の訓練データにない場合、その動作は事前学習済みモデルから「継承」される可能性があります。

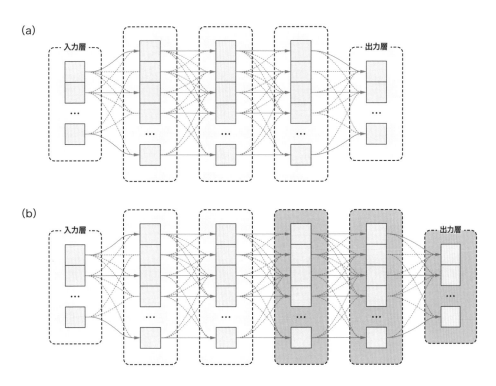

図6.4：転移学習の例。(a) 事前学習済みモデルと、(b) みなさんが作成したモデル。事前学習済みモデルの左部分を使用し、新しい層が追加されている (問題に合わせ異なる出力を行う層を含む)

事前学習済みモデルを特徴量抽出器として使う

　事前学習済みモデルをモデルの初期化に使用すると、より柔軟性が高まります。勾配降下法が、すべての層のパラメータを修正し、みなさんの課題に対してより良い性能を出す可能性があります。しかし、この方法のデメリットは、非常に深いニューラルネットワークを訓練することになってしまう場合があることです。

　学習済みモデルの中には、何百もの層と何百万ものパラメータを持つものがあります。このような大規模なネットワークを訓練するのは、計算資源をかなり必要とするので困難です。また、深層ニューラルネットワークでは、隠れ層が数層のものに比べて、勾配の消失の問題がより深刻になります。

　計算資源が限られている場合は、事前学習済みモデルのいくつかの層をモデルの**特徴量抽出器**として使用するとよいでしょう。実際には、事前学習済みモデルのうち、入力層に最も近いいくつかの初期層だけを残しておくことになります。これらの層のパラメータは「凍結」したまま、つまり変更しないでおきます。その後、凍結した層に、タスクに合わせた出力層を含む新しい層を追加します。データの訓練中に、勾配降下法が新しい層のパラメータだけ

を更新してくれます。

　図6.4は、このプロセスを図に示したものです。薄いグレーのニューラルネットワークは、事前学習済みモデルです。薄いグレーの層の一部は、パラメータを固定した状態で新しいモデルで再利用されます。濃いグレーの層は、みなさんが追加し、課題に合わせて調整します。

　みなさんは、新しいネットワークの薄いグレーの部分全体のパラメータを固定し、濃いグレーの部分のパラメータだけを訓練されるかもしれません。また、薄いグレーの右端のいくつかの層を訓練対象に設定することもできます。

　事前学習済みモデルから何層を新しいモデルに使用するか？　何層を凍結させるか？　これらはみなさんの判断に委ねられています。すなわち、これらは、みなさんの課題に最適なアーキテクチャを決定する作業の一部なのです。

6.2 モデルのスタッキング

　アンサンブル学習とは、アンサンブルモデルを訓練することです。アンサンブルモデルとは、複数の**ベースモデル**を組み合わせたもので、ベースモデルはアンサンブルモデルよりも性能が劣ります。

6.2.1 アンサンブル学習の種類

　アンサンブル学習には、**ランダムフォレスト学習**や勾配ブースティングなどのアルゴリズムがあります。これらのアルゴリズムは、数百から数千の**弱いモデル**から成るアンサンブルを訓練し、それぞれの弱いモデルの性能を大幅に上回る**強いモデル**を得ることができます。ここでは、そのアルゴリズムについては説明しません。必要に応じて、機械学習の専門書を読まれてください。[3]

　複数のモデルを組み合わせることで性能が向上する理由は、相関性のない複数のモデルの予測が一致した場合、正しい結果が得られる可能性が高くなるからです。ここでのキーワードは「無相関」です。ベースとなるモデルは、例えばSVMとランダムフォレストのように、異なる特徴量を用いて得られたもの、あるいは異なる性質のものであることが理想的です。異なる決定木学習アルゴリズムや、異なるハイパーパラメータを持つ複数のSVMを組み合わせても、大幅な性能の向上にはつながらないかもしれません。

　アンサンブル学習の目的は、各ベースモデルの長所の組み合わせを学習することです。相関性の弱いモデルをアンサンブルモデルに結合する方法は3つあります。1）平均、2）多数決、3）モデルのスタッキングです。

---

[3]　アンサンブル学習アルゴリズムについては、『The Hundred-Page Machine Learning Book』の第7章で紹介しています。

平均は、回帰だけでなく、分類スコアを返す分類モデルにも有効です。この方法では、すべての基本モデルを入力 x に適用し、その予測値を平均します。平均化されたモデルが個々のアルゴリズムよりも優れているかどうかは、検証セットでみなさんが選んだ指標を使ってテストして確認してください。

多数決は分類モデルに有効です。これは、すべての基本モデルを入力 x に適用し、すべての予測値の中から多数派のクラスを返すというものです。同点の場合は、それらのクラスからランダムに1つを選ぶか、予測を間違えると大きな損失がビジネスに生じる場合はエラーメッセージを返すことができます。

モデルのスタッキングは、他の強力なモデルの出力を入力して強力なモデルを訓練するアンサンブル学習法です。ここでは、モデルのスタッキングについて詳しく説明します。

6.2.2 モデルのスタッキングのアルゴリズム

同じクラスを予測する分類器 f_1、f_2、f_3 を組み合わせたいとします。元の訓練データ (x_i, y_i) からスタッキングされたモデル用の訓練データ $(\hat{x}_i, \hat{y}_i)$ を作成するために、$\hat{x}_i \rightarrow [f_1(\mathbf{x}), f_2(\mathbf{x}), f_3(\mathbf{x})]$、$\hat{y}_i \leftarrow y_i$ と設定します。これを図 6.5 に示します。

ベースモデルの中に、クラスだけではなくクラスのスコアを返すものがあれば、それらのスコアをスタッキングされたモデル（スタッキングモデル）の入力特徴量として追加することができます。

スタッキングモデルの学習には、先ほど作成したデータを使用し、クロスバリデーションによりモデルのハイパーパラメータをチューニングし、検証セットで、スタッキングモデルの性能が、スタッキングされた各ベースモデルよりも高くなるようにします。

異なる機械学習アルゴリズムとモデルを使用することに加えて、いくつかのベースモデルは元の訓練セットからデータと特徴量をランダムにサンプリングして訓練することで弱い相関性を持たせることができます。さらに、同じ学習アルゴリズムを用いても、大きく異なるハイパーパラメータ値で学習すれば、十分に相関性のないモデルを生成することができます。

6.2.3 モデルのスタッキングにおけるデータ漏洩

データ漏洩を防ぐために、スタッキングモデルの訓練には注意が必要です。スタッキングモデル用の訓練セットを作成するには、クロスバリデーションと同じ様な作業を行います。まず、すべての訓練データを10個以上のブロックに分けます。ブロック数は多ければ多いほど良いですが、多くなるとモデルの訓練のプロセスは遅くなります。

訓練データから1つのブロックを除外し、残りのブロックでベースモデルを訓練します。次に、除外したブロックのデータをそのベースモデルに適用します。その予測値を計算し、除外したブロック用の訓練データを作成します。

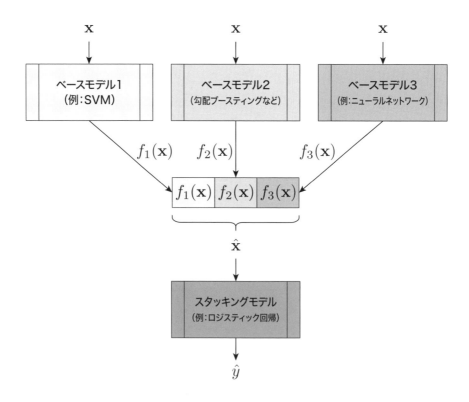

図6.5：3つの弱い相関の強いモデルをスタッキングしたもの

　残りのブロックごとに同じ作業を繰り返すと、最終的にスタッキングモデルの訓練セットができあがります。この新しく作られた訓練セットは、元の訓練セットと同じ大きさになります。

6.3 分布シフトへの対応

ホールドアウトデータは本番環境で入力されるデータに似ている必要があることを思い出してください。しかし、十分な量のデータが得られない場合もあります。一方で、本番データと似ているが全く同じではないラベル付きデータが入手できる場合もあります。例えば、Webをクローリングしたラベル付きの画像が大量にあり、みなさんの目的はInstagramの写真の分類器を訓練することだったとしましょう。しかし、Instagramの写真には十分なラベルがついていないため、Webクローリングデータを使ってモデルを訓練し、そのモデルを使ってInstagramの写真を分類できるようにしたいと考えています。

6.3.1 分布シフトの種類

訓練データとテストデータの分布が一致しないことを、**分布シフト**と呼びます。分布シフトにどのように対処するかは、現在のところまだ研究の段階です。分布シフトには3つのタイプがあります。

- **共変量シフト**：特徴量の値のシフト
- **事前確率シフト**：目的変数の値の変化
- **概念ドリフト**：特徴量とラベルの関係の変化

みなさんのデータが分布シフトの影響を受けていることはわかっていても、それがどのようなタイプのシフトなのかは通常わかりません。

テストセットのデータ数が訓練セットのサイズに比べて比較的多い場合は、テストデータのうち一定の割合をランダムに選び、一部を訓練セットに、一部を検証セットに移し、モデルを訓練します。しかし、訓練データの数が非常に多く、テストデータの数が比較的少ない場合もあります。そのような場合には、**敵対的検証**（Adversarial Validation）を行うのがより効果的な方法です。

6.3.2 敵対的検証

敵対的検証の準備は次の通りです。訓練データとテストデータの特徴量ベクトルには同じ数の特徴量が含まれており、それらの特徴量は同じ情報を表していると仮定します。元の訓練セットを2つのサブセット（訓練セット1と訓練セット2）に分割します。

訓練セット1の例を以下のように変換して、修正訓練セット1を作成します。訓練セット1の各データに、元のラベルを追加の特徴量として加え、新しいラベル「訓練」を割り当てます。

元のテストセットのデータを以下のように変換して、修正テストセットを作成します。テストセットの各データに、元のラベルを特徴量として追加し、新しいラベル「テスト」を割り当てます。

修正訓練セット1と修正テストセットを結合して、新しい訓練セットを作ります。この訓練セットを使って、「訓練」データと「テスト」データを区別する2値分類問題を解くことになります。この新しい「訓練セット」を使って、予測スコアを返す2値分類器を訓練してください。

注意してほしいのは、訓練された2値分類器は、与えられた元のデータに対して、それが訓練データかテストデータかを予測することです。この2値分類器を訓練セット2に適用してください。「テスト」と予測されたデータの中で、2値分類器が最も確信しているものを特定し、これらのデータを、元の問題の検証データとして使用します。

2値分類器が最も高い確度で「訓練」と予測した例を訓練セット1から削除します。訓練セット1の残りの例を、元の問題の訓練データとして使用します。

元の訓練セットを訓練セット1と訓練セット2に分割する方法は実験で調べる必要があります。また、訓練セット1から何個のデータを訓練に使用し、何個を検証に使用するかを決定する必要もあります。

6.4 不均衡なデータセットの処理

3.9節では、オーバーサンプリングやアンダーサンプリング、データの生成など、**不均衡なデータセット**を処理するためのいくつかのテクニックを説明しました。

この節では、データの収集と準備の段階ではなく、訓練中に適用できるテクニックを説明します。

6.4.1 クラスの重み付け

サポートベクターマシン（SVM）、**決定木**、**ランダムフォレスト**などのアルゴリズムやモデルでは、各クラスに重みを与えることができます。通常、損失関数の損失に重みを掛けます。例えば、少数派のクラスに大きな重みを与えることができます。これにより、学習アルゴリズムが少数派クラスのデータを無視することが難しくなります。クラスの重み付けがない場合よりもはるかに損失が高くなるからです。

では、サポートベクターマシンではどうなのか見てみましょう。今回の問題は、電子商取引の真偽を判別することです。本物の取引のデータは、非常にたくさんあります。**ソフトマージン**付きのSVMを使用すると、誤分類されたデータに対する損失を定義することができます。SVMのアルゴリズムは、超平面を移動することで誤分類されたデータの数を減します。誤分類の損失が両方のクラスで同じであれば、少数派の「不正な」データは、多数派のクラスを

より正しく分類するために、誤分類されるリスクがあります。この状況を図6.6(a)に示します。この問題は、不均衡なデータセットを扱うほとんどの学習アルゴリズムで見られます。

少数派の誤分類の損失を高く設定すると、モデルはそれらのデータを誤分類しないように頑張ります。しかし、これは図6.6(b)に示されるように、いくつかの多数派クラスのデータを誤分類してしまうという代償を払うことになります。

6.4.2 再サンプルされたデータセットのアンサンブル

アンサンブル学習は、クラスの不均衡問題を軽減するもう1つの方法です。多数派のデータをランダムにH個のサブセットに分割し、H個の訓練セットを作成します。H個のモデルを訓練した後、H個のモデルの出力を平均化（または多数決）して予測を行います。

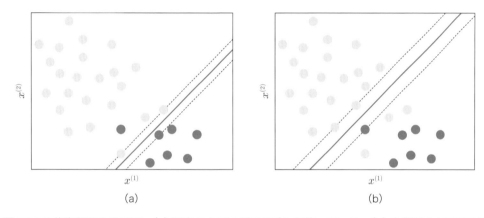

図6.6：不均衡問題の説明図。(a) 両方のクラスが同じ重みを持っている。(b) 少数派のクラスのデータがより高い重みを持っている

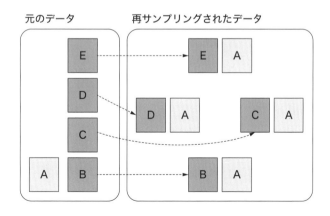

図6.7：再サンプリングされたデータセットのアンサンブル

図6.7は、$H=4$の場合のプロセスを示しています。ここでは、多数派クラスのデータを4つのサブセットにまとめることで、不均衡な2値学習問題を4つの均衡な問題に変換しています。少数派クラスのデータは、全部が4回コピーされます。

このやり方はシンプルで拡張性があり、異なるCPUコアやクラスタノードでモデルを訓練・実行することができます。また、アンサンブルモデルは、多くの場合、アンサンブル内の個々のモデルよりも優れた予測を行います。

6.4.3 その他の手法

確率的勾配降下法を使用した場合、クラスの不均衡にはいくつかの方法で対処できます。まず、クラスごとに学習率を変えることができます。多数派クラスのデータでは低い値、それ以外は高い値を設定します。次に、少数派クラスのデータを処理するたびに、連続してそのモデルのパラメータを更新することができます。

不均衡な学習問題の場合、モデルの性能は、**クラスごとの正解率**や**κ係数**など、前の章の5.5.2節で検討した性能指標を用いて測定します。

6.5 モデルのキャリブレーション

分類モデルは、予測されたクラスだけでなく、予測されたクラスが正しいのはどれくらいの確率かを返すことが重要な場合があります。モデルの中には、予測されたクラスと一緒にスコアを返すものがあります。その値が0と1の間であっても、必ずしもそれが確率であるとは限りません。

6.5.1 よくキャリブレーションされたモデル

入力データ$\mathbf{x}$と予測ラベル$\hat{y}$に対して、$\mathbf{x}$がクラス$\hat{y}$に属する確率と解釈できるスコアを返す場合、そのモデルは**よくキャリブレーションされている**と言います。

例えば、よくキャリブレーションされた2値分類器は、実際に正しいクラスに属するデータの約80%に対して0.8のスコアを返します。

ほとんどの機械学習アルゴリズムは、図6.8の**キャリブレーションのグラフ**が示すように、[4]十分にキャリブレーションされていないモデルを訓練します。

2値モデルのグラフでは、モデルがどの程度キャリブレーションされているかを確認することができます。X軸には、予測されたスコアによってデータをグループ化したビンがあり

---

[4]　グラフは https://scikit-learn.org/stable/modules/calibration.html から引用しています。

ます。例えば、10個のビンがある場合、左端のビンは予測スコアが$[0, 0.1]$の範囲にあるすべてのデータをグループ化し、右端のビンは予測スコアが$[0.9, 1.0]$の範囲にあるすべてのデータをグループ化したものです。Y軸には、各ビンに含まれる正解のデータの割合を示しています。

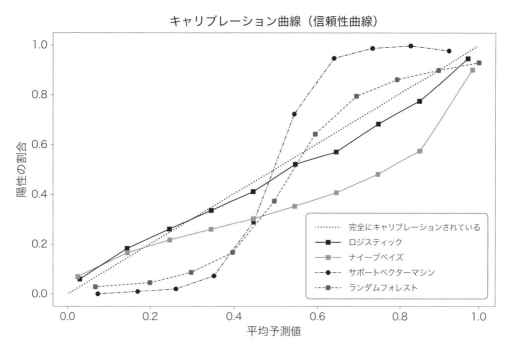

図6.8：複数の機械学習アルゴリズムで訓練したモデルをランダムな2値データセットに適用した場合のキャリブレーション曲線

　多クラス分類では、クラスごとに**1対他**（one-versus-rest）の方法で1つのキャリブレーション曲線を作成します。1対他は、2値分類学習アルゴリズムを変換して多クラス分類問題をけるようにする一般的な方法です。この考え方は、多クラス問題をC個の2値分類問題に変換し、C個の2値分類器を構築するというものです。例えば、3つのクラス$y \in 1,2,3$がある場合、元の3つのデータセットのコピーを作成し、それらを修正します。最初のコピーでは、1に等しくないすべてのラベルを0に置き換え、2番目のコピーでは、2に等しくないすべてのラベルを0に置き換え、3番目のコピーでは、3に等しくないすべてのラベルを0に置き換えます。これで、ラベル1と0、2と0、3と0を区別することを学習してほしい、3つの2値分類問題ができました。ご覧のように、この3つの2値分類問題では、ラベル0は「1対他」の「他」を表しています。

　モデルがよくキャリブレーションされている場合、グラフは対角線（図6.8の点線）の周りで振動します。グラフが対角線に近いほど、モデルのキャリブレーションがうまくいっている

199

ことになります。ロジスティック回帰モデルは、正のクラスが正である確率を返すので、そのグラフは対角線に最も近くなります。モデルが十分にキャリブレーションされていない場合、グラフは、**サポートベクターマシン**や**ランダムフォレスト**モデルに見られるように、通常、シグモイド関数のような形状をしています。

6.5.2 キャリブレーションの手法

2値モデルのキャリブレーションには、2つの手法がよく使われます。**Plattスケーリング**と**単調回帰**です。この2つは似た原理に基づいています。

モデルfをキャリブレーションしたいとします。まず最初に、キャリブレーション用のホールドアウトデータセットが必要です。過学習を避けるために、訓練データや検証データをキャリブレーションに使用することはできません。このキャリブレーション用のデータセットのサイズをMとします。$i=1,...,M$の各データにモデルfを適用し、各データiの予測値f_iを得ます。これから新しいデータセットZを作ります。ここで、各データは(f_i, y_i)であり、y_iはデータiの正解ラベルであり、ラベルは$\{0, 1\}$の値を持ちます。

Plattスケジューリングと単調回帰の唯一の違いは、前者がデータセットZを用いてロジスティック回帰モデルを作成するのに対し、後者はZの単調回帰、つまり、できるだけデータに近い非減少関数を作成することです。Plattスケーリングか単調回帰のいずれかで得られたキャリブレーションモデルzがあれば、入力xに対するキャリブレーションされた確率を$z(f(x))$で予測することができます。

キャリブレーションされたモデルは、より質の高い予測をする場合もあれば、そうでない場合もあることに注意してください。これは、モデルの性能指標に依存します。

実験によると[5]、Plattスケーリングは、予測される確率の歪みがシグモイド型の場合に最も効果的です。単調回帰は、より広い範囲の歪みを補正することができます。しかし、残念なことに、この効果には代償が伴います。分析の結果、単調回帰は過学習の傾向が強く、データが少ない場合にはPlattスケーリングよりも性能が低下することがわかっています。

また、8つの分類問題を使った実験では、キャリブレーション前はランダムフォレスト、ニューラルネットワーク、バギングされた決定木が、よくキャリブレーションされた確率を予測するのに最適な学習方法であり、キャリブレーション後はブーストツリー、ランダムフォレスト、SVMが、最適な手法であることが示されています。

---

[5]　Alexandru Niculescu-Mizil and Rich Caruana, "Predicting Good Probabilities With Supervised Learning", Proceedings of the 22nd International Conference on Machine Learning, Bonn, Germany, 2005に掲載されています。

6.6 トラブルシューティングと予測エラーの解析

　機械学習のパイプラインのトラブルシューティングは難しい問題です。コードのバグでモデルの性能が低下しているのか、訓練データや学習アルゴリズム、パイプラインの設計方法に問題があるのかを区別するのは困難です。さらに、同じ正解率の低下でも、様々な理由で説明ができます。学習の結果は、ハイパーパラメータやデータセットの構成のわずかな変化にも敏感な場合があります。

　このような課題があるため、モデルの訓練は通常、反復的なプロセスで行います。つまり、モデルを訓練し、その動作を観察し、観察結果に基づいて調整を行うプロセスを繰り返します。

6.6.1 モデルの性能が良くない場合の理由

　訓練データに対するモデルの性能が悪い（学習不足）場合、理由は以下の通りです。

- モデルのアーキテクチャや学習アルゴリズムの表現力が足りない（より高度な学習アルゴリズム、**アンサンブル手法**、より深い**ニューラルネットワーク**を試す）
- 正則化しすぎている（**正則化**を減らす）。
- ハイパーパラメータに最適でない値を使っている（**ハイパーパラメータをチューニング**する）。
- 特徴量が十分な**予測能力**を持っていない（より情報量の多い特徴量を追加する）。
- モデルの汎化に十分なデータがない（より多くのデータを入手する、**データ拡張**を使う、または**転移学習**を用いる）
- コードにバグがある（モデルを定義・訓練するコードをデバッグする）

　モデルが訓練データではうまくいくが、ホールドアウトデータではうまくいかない（訓練データに過学習している）場合、理由は以下の通りです。

- 汎化のためのデータが不足している（データを追加するか、データ拡張を行う）。
- モデルの正則化が不十分である（正則化を追加するか、ニューラルネットワークの場合は正則化と**バッチ正規化**の両方を追加する）。
- 訓練データの分布がホールドアウトデータの分布と異なっている（**分布シフト**を減らす）。
- ハイパーパラメータに最適でない値を使っている（ハイパーパラメータを調整する）。
- 特徴量の予測能力が低い（予測能力の高い特徴量を追加する）。

6.6.2 反復的なモデルの改良

新しいラベル付きデータにアクセスできる場合（例えば、例を自分でラベリングしたり、簡単にラベラーの助けを借りることができる場合）、単純な反復プロセスを使用してモデルを再訓練することができます。

1. これまでに特定されたハイパーパラメータの最も良い値を使用してモデルを訓練する。
2. モデルを検証セットのサブセット（100〜300データ）に適用してテストする。
3. そのサブセットで最も頻繁に発生するエラーパターンを見つける。これらのデータは、モデルが過学習しているので、検証セットから削除します。
4. 新しい特徴量を作成するか、訓練データを追加し、観察されたエラーパターンを修正する。
5. 頻出するエラーパターンが見られなくなるまで繰り返す（ほとんどのエラーが異なって見えるようになるまで）。

反復的なモデルの改良は、**予測エラーの分析**を簡略化したものです。以下に、より原理的なアプローチを説明します。

6.6.3 エラーの分析

予測エラーには次のようなものがあります。

- 一様なもの：すべてのユースケースで同じ割合で発生する
- 特定なもの：特定のユースケースで頻繁に発生する

特定なパターンを持つエラーは、特別に注意する必要があります。エラーパターンを修正することで、多くのデータに対してエラーを修正することができます。特定のエラー（エラーの傾向）は、通常、訓練データの中であるユースケースが十分に表現されていない場合に発生します。例えば、大手Webカメラメーカーが開発した顔検出システムでは、黒人ユーザーよりも白人ユーザーの方がうまく動作しました。また、暗視装置を搭載した人物検出システムでは、夜間よりも昼間の方が良好に動作しました。これは夜間の訓練データが訓練データには少なかったためです。

一様なエラーを完全に回避することはできませんが、特定のエラーの中で重要なものは、モデルを本番環境にデプロイする前に見つけ出す必要があります。これは、テストデータをクラスタリングし、クラスタの異なるデータでモデルをテストすることで見つけ出せます。本番環境（オンライン）のデータの分布は、モデルの訓練や導入前のテストに使用したオフラインデータの分布とは大きく異なる可能性があります。そのため、オフラインデータではデ

ータが少ないクラスタでも、オンラインでは高い頻度で現れることがあります。

4.8節では、次元削減の手法をいくつか説明しました。エラーの傾向を調べるためにクラスタリングだけでなく、**UMAP**（uniform manifold approximation and projection）や**オートエンコーダー**を使用することもできます。これらの手法を使ってデータの次元を2次元に下げ、データセット全体の誤差の分布を視覚的に調べることができます。具体的には、2次元の散布図でデータを可視化し、クラスの異なるデータの色を変えてみてください。散布図でエラーの傾向を確認するには、モデルの予測が正しいかどうかに応じて、印を変えてみます。例えば、ラベルが正しく予測されたデータには丸を、そうでないデータには四角を使います。これにより、モデルの性能が悪い場所を確認することができます。また、画像やテキストなどの知覚的なデータを扱う場合には、性能が低い領域のデータを視覚的に調べることも有効です。

ホールドアウトデータでのモデルの性能に満足していても、満足していなくても、個々のエラーを分析することで、常にモデルを改善することができます。これまで述べてきたように、最良の方法は、一度に100〜300のデータで繰り返し作業を行うことです。少数のデータを対象にすることで、迅速に繰り返すことができます。繰り返しの後でモデルを再訓練することで、さらに十分なデータで明らかなパターンを見つけることができます。

間違いのパターンの修正に時間をかける価値があるかどうかは、どのように判断すればよいのでしょうか。その判断は、**予測エラーのパターンの頻度**に基づいて行えます。その方法を見てみましょう。

モデルの正解率を80%とすると、不正解率は20%になります。すべての間違いのパターンを修正すれば、モデルの性能を最大で20ポイント向上させることができます。間違いの分析のデータが300であった場合、モデルは$0.2 \times 300 = 60$個の間違いを起こしています。

間違いを1つ1つ観察し、入力のどのような特殊性がこの60個の誤分類につながったのかを見当をつけてみましょう。「路上の歩行者を検出する」という分類問題を考えてみましょう。300枚の画像のうち、60枚の画像で歩行者を検出できなかったとします。詳細に分析した結果、2つのパターンを発見しました。1）画像がぼやけている（40枚）、2）夜間に撮影された（5枚）。さて、この両方の問題に対処するのに時間をかけるべきでしょうか？

例えば、ラベル付けされたぼけた画像を訓練データに追加するなど、ぼやけた画像の問題に対処すれば、$(40/60) \times 20 = 13$ポイントの間違いを減らすことができます。最良のケースでは、ボケ画像の誤分類問題を解決した後のエラーは、$20 - 13 = 7\%$となり、最初の20%のエラーから大幅に減少します。

一方、夜景の問題を解決した場合は、$5/60 \times 20 = 1.7$ポイントの間違いの減少が期待できます。つまり、最も良くても$20 - 1.7 = 18.3\%$の間違いが生じることになりますが、これは問題によっては重要な場合と重要でない場合もあります。ラベル付けされた夜間画像を追加で収集するコストは大きく、労力に見合わないかもしれません。

予測エラーのパターンを修正するには、次のような方法があります。

- 入力を前処理する（例：画像の背景除去、テキストのスペル修正など）
- データを拡張する（画像のぼかしや切り抜きなど）
- よりたくさんの訓練データをラベル付けする
- 新しい特徴量を開発し学習アルゴリズムが「難しい」ケースを区別できるようにする

6.6.4 複雑なシステムにおける予測エラーの解析

例えば、以下のように3つのモデルを連結した複雑な文書分類システムを扱っているとしましょう。

図6.9：複雑な文書分類システム

このシステム全体の正解率を73%とします。分類が2値であれば、73%という正解率は高くないように思えます。一方、分類モデル（図6.9の右端のブロック）が何千ものクラスをサポートしている場合、73%という正解率はそれほど低くはないと思われます。しかし、ビジネスによっては、ユーザーは人間のような、あるいは超人的な正解率を期待する場合もあるのです。

みなさんの開発した文書分類システムの性能が73%以上になることを期待されている状況を想像してみてください。さらに良くしようと思ったら、そもそもシステムのどの部分を改善する必要があるのかを決める必要があります。

図6.9の問題のように、何かの判断がいくつかの連鎖したレベルで行われ、それらの判断が互いに独立している場合には、正解率が倍増します。例えば、言語予測モデルの正解率が95%、機械翻訳モデルの正解率が90%[6]、分類器の正解率が85%だったとすると、3つのモデルが独立している場合、システム全体の正解率は $0.95 \times 0.90 \times 0.85 = 0.73$、つまり73%となります。一見すると、3つ目のモデルである分類器の正解率を最大化することが、システム全体の正解率を最も高めることになるのは当然のように思えます。しかし、実際には、あるモデルのエラーがシステム全体の性能に大きな影響を与えない場合もあります。例えば、言

---

[6] 実際に機械翻訳システムの誤差を測定することは、翻訳が完全に正確または不正確であることはほとんどないため困難です。その代わりに、BLEU (for Bilingual Evaluation Understudy Score) スコアなどの指標が使われます。

語予測モデルがスペイン語とポルトガル語をよく間違えていたとしても、機械翻訳モデルは3番目の分類モデルに適切な翻訳を生成することができます。

　3番目の分類器の作業中に、その性能が最大に達したので、続ける意味がないと判断したかもしれません。では、システム全体の品質を向上させるためには、前の2つのモデル（言語検出器と機械翻訳器）のどちらを改善すればよいのでしょうか？

　システム全体の能力の上限を知る方法に、**部分ごとに誤差分析**を行う方法があります。1つのモデルの予測値を、完璧なラベル（人間が用意したラベルなど）に置き換えます。その後、システム全体の性能を計算します。例えば、図6.9の2番目で機械翻訳システムを使う代わりに、（言語の予測が正しかった場合に）プロの人間の翻訳者に、予測された言語からテキストを翻訳してもらい、言語の予測が間違っていた場合には、原文のままにしておくことができます。

　例えば、プロの翻訳家に100文翻訳してもらったとします。これで、完璧な翻訳がシステム全体の性能にどのような影響を与えるかを測定することができます。このときのシステム全体の出力の正解率を7%とします。つまり、システム全体の性能において、翻訳の向上によって得られる潜在的な利益は、たったの1%ポイントです。機械翻訳モデルで人間レベルの性能に到達することは、努力に見合わない大変な作業であることがわかります。そのため、システム全体の性能において、予測の品質の向上の潜在的な利益が高ければ、最初の言語検出器をより優れたものにすることに時間を費やした方がよいでしょう。

6.6.5 スライス指標を用いる

　モデルがユースケースの異なるセグメントに適用される場合は、セグメントごとに別々にテストする必要があります。例えば、借り手の支払能力を予測したい場合、男性と女性の借り手に対してモデルの正解率が同じであることが望まれます。そのためには、検証データをいくつかのサブセットに分け、セグメントごとに1つのサブセットを作成します。そして、各サブセットにモデルを個別に適用して、性能指標を計算します。

　また、適合率や再現率といった指標を用いて、クラスごとにモデルを別々に評価することもできます。これらの指標は、2値分類用に定義されていることを思い出してください。多クラス分類問題で1つのクラスを分離し、他のクラスを「その他」とラベル付けすることで、各クラスの適合率と再現率を個別に計算することができます。

　性能指標の値がセグメントやクラス間で変化している場合、モデルの性能が良くないセグメントやクラスにラベル付きデータを追加したり、特徴量を追加したりして、問題の解決を図ることができます。

6.6.6 誤ったラベルを修正する

　人間が訓練データにラベルを付けると、ラベリングが間違っていることがあります。これは、訓練データとホールドアウトデータの両方でモデルの性能を低下させる原因となります。実際、似たようなデータに相反するラベル（正しいラベルと間違ったラベル）が付いていると、学習アルゴリズムは間違ったラベルを予測するように学習してしまいます。

　ここでは、間違ったラベルを持つデータを特定する簡単な方法を紹介します。訓練で使った訓練データにモデルを適用し、人間が付けたラベルと違うラベルをモデルが予測をしたデータを調べてみます。予測の方が正しいことがわかったら、そのラベルを変更します。

　時間とリソースがあれば、スコアが判定閾値に近い予測を調べることもできます。それらもラベルが間違っている場合が多いのです。

　訓練データのラベル間違いが深刻な問題である場合は、複数人に同じ訓練データのラベリングを行ってもらうことで回避することができます。すべての人が同じラベルを付けたデータだけを使うようにします。それほど深刻ではない場合は、半数以上が同じラベルを付けたデータまで使うことにします。

6.6.7 ラベル付けすべきデータを見つける

　上述したように、間違いの分析によって、特徴量空間内の特定の領域によりたくさんラベル付けされたデータが必要であることがわかります。みなさんは、ラベルの付いていないデータをたくさんお持ちかもしれません。どのデータにラベルを付ければモデルを最大限に良くするにはことができるのでしょうか。モデルが予測スコアを返す場合に効果的な方法は、最も良いモデルを用いてラベルの付いていないデータの予測スコアを計算することです。その予測スコアが予測の閾値に近いデータにラベルを付けてください。

　また、間違いの分析によって、間違いのパターンが明らかな場合は、予測間違いがたくさん発生しているデータに囲まれたデータを選んでください。

6.6.8 ディープラーニングのトラブルシューティング

深層モデルを訓練する際のトラブルを避けるには、以下のようなワークフローで進めてください。

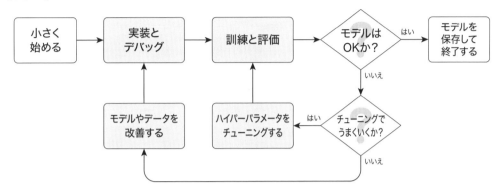

図6.10：深層学習のトラブルシューティングのワークフロー

可能な場合は、小さなモデル始めることをお勧めします。例えば、**Keras**などの高レベルライブラリを使用したシンプルなモデルなどが良いでしょう。視覚的に検証しやすいように、コード量は最大でも2画面に収まるくらいが理想的です。

あるいは、オープンソースで動作が確認されている既存のアーキテクチャを再利用してください（コードライセンスに注意してください！）。以下から初めてください。

- メモリーに乗るくらいの小さな正規化されたデータセット
- 最も簡単に使える損失関数のオプティマイザ（例：**Adam**）
- 初期化方法（例：**正規乱数**）
- 損失関数のオプティマイザと層の両方に敏感なハイパーパラメータのデフォルト値
- 正則化なし

最初の単純化したモデルとデータセットが準備できたら、一時的に訓練データセットをさらに小さくし、**ミニバッチ**1つ分のサイズにします。次に、訓練を開始します。単純化したモデルがこのミニバッチで**過学習**するかどうかを確認します。ミニバッチで過学習しない場合は、コードやデータに何か問題があるということです。次のような兆候[7]とその原因を探してみてください。

---

[7] 2019年1月、Josh Tobin et al. による講演「Troubleshooting Deep Neural Networks」から引用。

兆候	推定される原因
誤差が大きくなる	損失関数や勾配の符号が反転している
	学習率が高すぎる
	ソフトマックスが間違った次元に適用されている
誤差の発散	数値的な問題
	学習率が高すぎる
誤差が振動する	データやラベルが破損している (例：0になっている、間違ってシャッフルされている)
	学習率が高すぎる
誤差が変わらない	学習率が低すぎる
	勾配がモデル全体に行き渡っていない
	正則化が多すぎる
	損失関数への入力が正しくない
	データやラベルが壊れている

表6.2：ニューラルネットワークでミニバッチを過学習させる際のよくある問題とその原因

　みなさんのモデルを1つのミニバッチで過学習させることができたら、データセット全体を使って、検証データでの性能が向上しなくなるまで、訓練、評価、ハイパーパラメータのチューニングを行います。

　それでもモデルの性能に満足できない場合は、モデルの変更（深さや幅を増やす）や、訓練データの変更（前処理を変えたり、特徴量を追加する）を行います。再度、1つのミニバッチを過学習させることで何が変わったかを確認し、新しいモデルで訓練、評価、チューニングを行います。この作業をモデルの品質が満足するレベルになるまで繰り返してください。

　モデルに最適なアーキテクチャを探す際には、訓練セットを少なくするだけでなく、以下のように課題を単純化することもできます。

- 単純な訓練セットを作成する
- クラスの数を減らしたり、入力画像（や動画）の解像度、テキストの量、音の周波数のビットレートなどを減らしたりする

　図6.10に示す深層学習トラブルシューティングワークフローの評価ステップでは、モデルの性能低下が6.6.1節で挙げた理由のいずれかに起因するかどうかを検証してみてください。ハイパーパラメータのチューニング、モデルや特徴量、訓練データを変更することで性能が良くなるかによって次のステップを決めてください。

6.7 ベストプラクティス

この節では、機械学習モデルを訓練する際の実践的なアドバイスを集めました。以下の方法は、厳密な処方箋ではありません。むしろ、時間と労力を節約し、より高品質な結果をもたらす可能性のある推奨項目です。

6.7.1 良いモデルを提供する

良いモデルとはどういうモデルでしょうか？　良いモデルには2つの特性があります。

- 性能指標に基づく、必要な品質を持っている
- 本番環境で使用しても安全である

モデルが安全に使用できるというのは、以下の要件を満たすことを意味します。

- モデルが読み込まれたときや、変なデータや予期しないデータ入力が入力されたときにシステムがクラッシュしたり、予測エラーを発生したりしない
- CPU、GPU、RAMなどの計算資源を過度に使用しない

6.7.2 評判の良いオープンソースの実装を信頼する

最近の機械学習用のオープンソースライブラリやモジュールは、Python、Java、.NETなどの一般的なプログラミング言語やプラットフォームに対応しており、評判の良い機械学習アルゴリズムの業界標準となるような効率的な実装を提供しています。これらのライブラリやモジュールには、通常、パーミッシブ・ライセンス（Permissive License）になっています。また、ニューラルネットワークの訓練に特化したオープンソースのライブラリやモジュールもあります。

独自の機械学習アルゴリズムを開発することが合理的だと考えられるのは、特殊なプログラミング言語や非常に新しいプログラミング言語を使用する場合だけです。また、計算資源に制約のある環境でモデルを実行する場合や、既存の実装では実現できないスピードでモデルを実行する必要がある場合には、0からプログラミングすることもあります。

1つのプロジェクトで複数のプログラミング言語を使用することは避けてください。異なるプログラミング言語を使用すると、テスト、デプロイ、メンテナンスの費用が増大します。また、プロジェクトの所有権を従業員間で移行することも困難になります。

第**6**章 教師ありモデルの訓練（第2部）

6.7.3 ビジネスに特化した性能指標を最適化する

学習アルゴリズムは、訓練データでの誤差を減らそうとします。一方、データアナリストは、テストデータでの誤差を最も小さくしたいと考えています。しかし、顧客や社長からは、**ビジネスに特化した性能指標**を最大限良くすることを求められるのが一般的です。

検証データでの誤差を最小にした後は、ハイパーパラメータをチューニングに集中して、検証データでの誤差が増えても、ビジネス固有の指標を最大限に良くするようにしてください。

6.7.4 ゼロからのアップグレード

本番環境にデプロイされたモデルは、ユーザーのニーズに合わせて定期的に新しいデータで更新する必要があります。この新しい訓練データは、（3.12節の『再現性』で説明したように）スクリプトを使用して自動的に収集される必要があります。

データが更新されるたびに、ハイパーパラメータは最初からチューニングしなおす必要があります。古いハイパーパラメータでは新しいデータで最適な性能が得られない可能性があるからです。

ニューラルネットワークのような一部のモデルは、反復的にモデルを更新することができます。ただし、**ウォームスタート**は避けてください。ウォームスタートとは、新しい訓練データだけを使い、既存のモデルの追加の訓練を繰り返し行うことでモデルを更新させることです。

さらに、0から再訓練を行わずにモデルを頻繁に更新すると、**壊滅的な物忘れ**が発生する可能性があります。これは、かつて何かの能力を持っていたモデルが、新しいことを学んだために、その能力を「忘れてしまう」というものです。

なお、モデルのアップグレードは、**転移学習**とは異なります。転移学習は、事前学習済みモデルの訓練に使ったデータや、十分な計算資源が利用できない場合に使用します。

6.7.5 修正の伝播を避ける

問題 A を解決するモデル m_A を持っていて、わずかに異なる問題 B を解決するモデル m_B が必要な場合があります。m_A の出力を m_B の入力として使用し、問題 B を解決するために m_A の出力を「修正」する小さなサンプルのデータだけを使って m_B を訓練したいと思うかもしれません。このような手法は修正の伝播（correction cascading）と呼ばれ、推奨されません。

モデルのカスケーディングでは、モデル m_B（およびカスケードの残りの部分）を更新せずに、モデル m_A を更新することはできません。m_A の変更が m_B に与える影響は予測できませんが、ほとんどの場合、悪い影響を与えるでしょう。さらに、モデル m_B の開発者は、モデル m_A の変更について知らないかもしれませんし、モデル m_A の開発者は、モデル m_B が m_A

に依存していることを知らないかもしれません。モデルm_Aの変更によるモデルm_Bへの悪い影響は、長い間気づかれないかもしれません。

修正の伝播の代わりに推奨されているのは、モデルm_Aを更新することで問題Bを解決するためのユースケースが含まれるようにすることです。また、転移学習を使用したり、問題Bを解決するために完全に独立したモデルを作成してもよいでしょう。

6.7.6 モデルカスケードの使用には注意が必要

モデルカスケードは必ずしも悪い方法ではありません。あるモデルの出力を、別のモデルが持つたくさんの入力の1つとして使用することはよくあります。こうすることで、システムの導入までの時間を大幅に短縮できる可能性があります。しかし、モデルカスケードは慎重に行う必要があります。カスケードされている1つのモデルを更新するためには、カスケードされているすべてのモデルを更新しなければならず、長期的には費用が高くかかる可能性があるからです。

モデルカスケードの弊害を軽減するためには、以下の2つが有効です。

1. ソフトウェアシステム内の情報の流れを分析し、モデル全体を更新（再訓練）する。モデルmからの出力の更新は必ず、モデルm_Bの訓練データに反映せる必要があります。
2. モデルm_Aを呼び出せる人とできない人をコントロールすることで、予期せずm_Aを使用したシステムがこの問題を起こさないようにする。Googleのエンジニアが言及しているように[8]「障壁がなければ、エンジニアは当然、手近に使える最も便利な信号を使う。締め切りのプレッシャーの中で仕事をしているときには特にそうだ」

さらにモデルが出力する予測値はただの数字や文字列ではなく、本番環境のモデルに関する情報や、それがどのように使われるかに関する情報が含まれていなければなりません。

6.7.7 効率的なコードを書く、コンパイルする、並列化する

高速で効率的なコードを書けば、みなさんが実験中に「とりあえずやってみよう」とその場で実装した非効率的なスクリプトに比べて、訓練速度を桁違いに向上させることができます。今日のデータセットは大規模なので、データの前処理に数時間から数日かかることもあり、訓練も数日、時には数週間かかることもあります。

常に効率性を考慮してコードを書いてください。頻繁に実行することがないような関数やメソッド、スクリプトを書く場合にもです。一度しか実行しないはずのコードが、ループの中で何百万回も呼び出されるかもしれません。

---

[8] Sculleyらによる「Hidden Technical Debt in Machine Learning Systems」（2015年）。

ループの使用は避けてください。例えば、2つのベクトルの**内積**を計算したり、行列とベクトルを乗算したりする必要がある場合は、専用のライブラリやモジュールが持つ高速で効率的な内積や行列乗算のメソッドを使用してください。例えば、Pythonの**NumPy**ライブラリや**SciPy**ライブラリなどです。これらのライブラリやモジュールを作成したのは、才能ある熟練したソフトウェアエンジニアや研究者たちであり、Cなどの低水準プログラミング言語やハードウェアアクセラレーションを利用しており、非常に高速に動作します。

　可能であれば、コードを実行する前にコンパイルしてください。Pythonの**PyPy**や**Numba**、Rの**pqR**などのライブラリは、コードをOSでそのまま動くバイナリコードにコンパイルし、データ処理やモデルの訓練速度を大幅に向上させることができます。

　もう1つの重要な点は、並列化です。最新のライブラリやモジュールを利用すれば、マルチコアCPUを活用した学習アルゴリズムを利用することができます。また、GPUを使って、ニューラルネットワークをはじめとする様々なモデルの訓練を高速化できるものもあります。SVMなど、一部のモデルの訓練は効率的な並列化はできません。このような場合でも、複数の実験を並行して行うことで、マルチコアCPUを活用することができます。ハイパーパラメータの値、対象とする地域、ユーザーセグメントの組み合わせごとに実験を行ったり、クロスバリデーションの各フォールドを他のフォールドと並行して計算してみてください。

　可能であれば、データの保存にSSDを使用してください。学習アルゴリズムの実装には、Sparkなどの分散コンピューティング環境で動作するように設計されているものもあります。必要なデータがノートパソコンやサーバーのRAMにすべて入れるようにしてください。現在、512GB、あるいは1TB以上のRAMを搭載したサーバーで作業することも珍しくないのです。

　モデルの訓練に必要な時間を最小限に抑えることで、モデルの微調整、データの前処理アイデアのテスト、特徴量エンジニアリング、ニューラルネットワークアーキテクチャなどの頭を使う作業により多くの時間を費やすことができます。機械学習プロジェクトの最大のメリットは、人間的な感覚と直感にあります。人間であるみなさんが、待っている代わりに、働くことができれば、みなさんの機械学習プロジェクトが成功する可能性は高くなります。

　グルーコード（glue code）を最小限に減らしましょう。Googleのエンジニアは、機械学習の研究者は、汎用的なソリューションを自己完結型のパッケージとして開発する傾向があると言っています。このようなソリューションは、オープンソースのパッケージや、社内コード、独自パッケージ、クラウドベースのプラットフォームなど多岐にわたります。汎用的なパッケージを使うと、汎用的なパッケージにデータを出し入れするために大量のサポートコードを書くという、グルーコードシステムデザインパターンになることが多いのです。

　グルーコードは長期的には費用がかかり、システムを特定のパッケージの特性に固定してしまう傾向があります。その結果、別のものをテストするのに莫大な費用がかかることになります。このような方法で汎用パッケージを使用すると、改良がしにくくなります。問題が持つ対象領域に固有の特性を利用したり、目的関数を微調整したり、領域固有の目標を達成することが難しくなります。できあがったシステムは、機械学習コードが（多くても）5％、

グルーコードが（少なくとも）95％になるかもしれません。汎用パッケージを再利用するよりも、クリーンなネイティブソリューションを作成した方が費用がかからない場合もあります。

グルーコードと戦うのに重要なのは、ブラックボックスである機械学習パッケージを、組織全体で使用される共通のAPIにラップすることです。そうするとインフラストラクチャーの再利用性が高まり、パッケージの変更にかかるコストが削減されます。

少なくとも2つのプログラミング言語を切り替えられるようにすることをお勧めします。1つは（Pythonのような）高速プロトタイピング用、もう1つは（C++のような）高速実装用です。Go、Kotlin、Juliaなどの最新の言語は、どちらのケースにも対応できるかもしれませんが、本書の執筆時点では、この2つの言語は、他の言語に比べて、機械学習プロジェクトのエコシステムがまだそれほどできあがっていません。

6.7.8 新しいデータと古いデータの両方でテストする

しばらく前のデータを使って、訓練セット、検証セット、テストセットを作成した場合、その期間の前と後に収集されたデータでモデルがどのように動作するかも調べてみてください。極端に悪くなっていたら、何かしらの問題があります。

その原因として考えられるのは、**データ漏洩**と**分布シフト**です。データ漏洩とは、将来的に入手できない情報や過去の情報を利用して特徴量を設計した場合であることを思い出してください。分布シフトとは、データの特性が時間とともに変化することです。

6.7.9 より多くのデータはより賢いアルゴリズムに勝る

モデルの性能が十分でない場合、モデルの性能を向上させるために、より洗練された学習アルゴリズムやパイプラインを作りたくなることがよくあります。

しかし、実際には、より多くのデータ、つまり、より多くのラベル付けされたデータを手に入れた方が、より良い結果が得られることが多いのです。データラベリングのプロセスをうまく設計すれば、ラベラーは毎日数千の訓練データを作成することができます。また、これは、高度な機械学習アルゴリズムを開発するために必要な専門知識に比べて、コストがかからない可能性があります。

6.7.10 新しいデータはより賢い特徴量に勝る

訓練データを増やし、賢い機能を設計したにもかかわらず、モデルの性能が向上しない場合は、別の情報源を考えてみましょう。

例えば、ユーザUがあるニュースが好きかどうかを予測したい場合、ユーザUに関する過去のデータを特徴量として追加してみましょう。すべてのユーザーをクラスター化し、ユー

ザ U に最も近い k 個のユーザーの情報を新たな特徴量として利用することもできます。これは、非常に複雑な特徴量をプログラミングする、すなわち、既存の特徴量を複雑に組み合わせたりする場合に比べて、よりシンプルなアプローチです。

6.7.11 小さな進歩を大切にする

1つの革命的なアイデアを探すよりも、モデルを少しずつ改善した方が、早く期待通りの結果をもたらす場合があります。

さらに、さまざまなアイデアを試すことで、データをよりよく知ることができ、それが革命的なアイデアを見つけるのに役立つ場合もあるのです。

6.7.12 再現性を向上させる

ほとんどの機械学習アルゴリズムは乱数を多用します。例えば、ニューラルネットワークの訓練では、モデルのパラメータをランダムに初期化し、ミニバッチの確率的勾配降下法では、ミニバッチをランダムに生成し、ランダムフォレストの決定木をランダムに構築し、データを3つのセットに分割する前にデータをシャッフルする際はランダムに行う、などです。つまり、同じデータでモデルを2回訓練すると、2つの異なるモデルができてしまう可能性があります。再現性を高めるためには、疑似乱数生成器の初期化に用いる**乱数のシード**（種）の値を設定することをお勧めします。乱数の種が同じであり、データが変わらなければ、訓練のたびに全く同じモデルが得られます。

乱数の種は、`np.random.seed(15)`（NumPyとscikit-learn）、`tf.random.set_seed(15)`（TensorFlow）、`torch.manual_seed(15)`（PyTorch）、`set.seed(15)`（R）で設定できます。種の値は一定であれば何でも構いません。

機械学習フレームワークで乱数の種の値を設定できたとしても、乱数を利用するフレームワークのコードが更新されても変更されていないという保証はありません。再現性を高めるためには、各プロジェクトの依存関係を隔離する必要があります。それにはいろいろな方法があります。Pythonの**virtualenv**やRの**Packrat**のようなツールを使うか、**仮想マシンやコンテナ**で機械学習を行うかです。仮想化については、第8章の8.3節で詳しく説明します。

モデルの納品の際には、モデルを**再現する**のに必要な情報がすべて添付されていることを確認してください。3.11節と4.11節で説明した文書化とメタデータなどのデータセットと特徴量の説明に加えて、各モデルには以下の詳細を記載した文書が必要です。

- 全ハイパーパラメータの仕様（対象とする範囲を含む）と使用されるデフォルト値
- 最適なハイパーパラメータの構成を決めるのに使用した方法

- 候補モデルの評価に使用した特定の測定値または統計値の定義、および最適なモデルに対するその値
- 使用した計算機環境の説明
- 訓練した各モデルの平均実行時間、および訓練にかかった費用の見積もり

6.8 まとめ

深層モデルの訓練は、浅いモデルの訓練と比べて、不確定要素がたくさんあります。また同時に、より原則に基づいているものなので自動化に適しています。

0からモデルを訓練するのではなく、事前学習済みモデルから始めるのも有効です。ビッグデータを利用できる企業は、画像や自然言語処理に最適化されたアーキテクチャを持つ、非常に深いニューラルネットワークを訓練しオープンソース化しています。

事前学習済みモデルは、次の2つの方法で利用できます。1) 学習されたパラメータを使ってみなさんのモデルを初期化する、2) みなさんのモデルの特徴量抽出器として使用する、です。

事前学習済みモデルを使って自分のモデルを構築することを「転移学習」といいます。深層モデルが転移学習を可能にしていることは、ディープラーニングの最も重要な特性の1つです。

ミニバッチ確率的勾配降下法とそれを発展させたものは、深層モデルの損失関数の最適化アルゴリズムとして最もよく使用されています。

バックプロパゲーションアルゴリズムは、複雑な関数の導関数の連鎖律を用いて、深層モデルの各パラメータの偏導関数を計算します。勾配降下法はエポックごとに偏導関数を用いてすべてのパラメータを更新します。学習率は、更新の重要性を制御します。この作業は、エポックごとのパラメータの値があまり変化しなくなり「収束」するまで続き、収束するとアルゴリズムは停止します。

ミニバッチ法による確率的勾配降下法には、改良版にMomentum、RMSProp、Adamなど有名なものがあります。これらのアルゴリズムは、訓練プロセスの性能に基づいて、学習率を自動的に更新します。みなさんが自分で、学習率の初期値、減衰スケジュールと減衰率、その他関連するハイパーパラメータの値を選択する必要はありません。これらのアルゴリズムは、実際に良好な性能を示しており、専門家は、多くの場合、学習率を手動で調整する代わりに、これらのアルゴリズムを使用します。

L1正則化とL2正則化に加えて、ニューラルネットワークには、ニューラルネットワーク特有の正則化であるドロップアウト、早期停止、バッチ正規化があります。ドロップアウトはシンプルですが、非常に効果的な正則化手法です。バッチ正規化の使用は、最も効率のよい方法の1つです。

アンサンブル学習とは、アンサンブルモデルを訓練することです。アンサンブルモデルとは、いくつかのベースモデル（それぞれがアンサンブルモデルよりも性能の悪いもの）を組み合わせたものです。アンサンブル学習には、ランダムフォレストや勾配ブースティングなどのアルゴリズムがあり、数百から数千の弱いモデルのアンサンブルを構築し、各弱いモデルの性能を大幅に上回る強いモデルが得られます。

　強いモデルは、それらのモデルからの出力の平均値（回帰の場合）、多数決（分類の場合）をとることでアンサンブルモデルにまとめることができます。モデルのスタッキングは、アンサンブル手法の中でも最も効果的な手法で、ベースモデルの出力を入力とするメタモデルの訓練からなります。

　不均衡な学習問題は、オーバーサンプリングやアンダーサンプリングに加えて、クラスの重み付けや再サンプリングしたデータセットのアンサンブルを行うことで解決できます。確率的勾配降下法を用いてモデルを訓練する場合、クラスの不均衡はさらに2つの方法で対処できます。

1. クラスごとに異なる学習率を設定する。

2. 少数派のクラスのデータに出会うたびにモデルのパラメータを何度か連続して更新する。

　不均衡な学習問題に対しては、クラスごとの精度やκ係数など、適応型の性能指標を用いてモデルの性能が測られます。

　機械学習のパイプラインのトラブルシューティングは難しい問題です。性能の低下の原因には、コードのバグ、訓練データのエラー、学習アルゴリズムの問題、パイプラインの設計などがありえます。また、学習はハイパーパラメータやデータセットの構成のわずかな変化に敏感に反応したものかもしれません。

　機械学習モデルの予測間違いには、すべてのユースケースで同じ割合で発生する均一なものと、特定のタイプのユースケースだけで発生する特定のものがあります。

　特定の間違いには、特に注意を払う価値があります。間違いパターンを修正することで、一度の修正で多くのデータに対応することができるからです。

　モデルの性能は、次のような簡単なプロセスを反復的に行うことで改善することができます。

1. それまでに特定された最適なハイパーパラメータを使用してモデルを訓練する。

2. 検証セットの小さなサブセット（100〜300例）でモデルをテストする。

3. その小さな検証セットで最も頻繁に発生する間違いのパターンを見つける。それらのデータを検証セットから削除する（モデルがそれらのデータに過学習してしまうため）。

4. 観察されたパターンを修正するために、新しい特徴量を作成するか、訓練データを追加します。

5. 頻繁な間違いパターンが発生しなくなるまで繰り返す（ほとんどの間違いが異なって見えるようになるまで）。

　複雑な機械学習システムでは、エラー分析は部分ごとに行われます。まず、あるモデルの予測値を完璧なラベル（人間が提供したラベルなど）に置き換えて、システム全体の性能がどのように向上するかを確認します。もし大幅に改善するようであれば、そのモデルの改善にもっと力を入れる必要があります。

　再現性を高めるためには、乱数のシードを設定してください。また、モデルにすべての関連情報を添付するようにしてください。

第**7**章

モデルの評価

統計モデルは、現代の企業においてますます重要な役割を果たしています。ビジネスに統計モデルを適用すると、企業の財務指標を良くすることもできますが、責任リスクが生じる可能性もあります。そのため、本番環境で稼働しているモデルは、慎重かつ継続的に評価する必要があります。

モデルの評価は、機械学習プロジェクトのライフサイクルにおける第5ステージです。

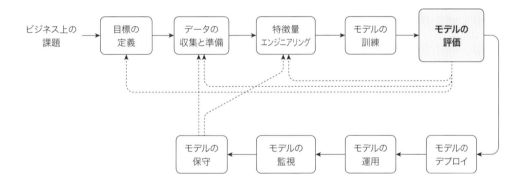

図7.1：機械学習プロジェクトのライフサイクル

機械学習をどのような領域に適応するかや、企業のビジネス目標や制約に応じて、モデルの評価には以下のような作業が含まれます。

- モデルを製品化する際の法的リスクを見積もる。例えば、モデルの予測の中には、間接的に機密情報を伝えるものがあります。アタッカーによるサイバー攻撃や競合他社が、モデルの訓練データをリバースエンジニアリングしようとする可能性があります。また、年齢、性別、人種などの特徴を予測に使用すると、組織が偏見を持っている、あるいは差別的であるとみなされる可能性があります。

  - 訓練データと本番データの分布の主な特性を調べる。訓練データと本番データ、特徴量、ラベルの統計的な分布を比較することで、分布シフトを検出します。両者の間に大きな差がある場合は、訓練データを更新し、モデルを再訓練する必要があり

ます。

- モデルの性能を評価する。本番環境にモデルをデプロイする前に、外部データ（訓練に使用されていないデータ）を用いて、モデルの予測性能を評価する必要があります。外部データには、本番環境の過去のデータとオンラインのデータの両方を含める必要があります。リアルタイムでのオンラインデータを評価する状況（コンテキスト）は、本番環境に近いものでなければなりません。

- デプロイしたモデルの性能を監視する。モデルの性能は、時間の経過とともに低下する可能性があります。これを検知して、新しいデータを追加してモデルを更新するか、全く別のモデルを訓練することが重要です。モデルの監視は、慎重に設計された自動プロセスでなければならず、人間がそのループに加わることもあります。この点については、第9章で詳しく説明します。

本章では、統計の専門家がモデルの評価段階で使用する手法を「いくつか」見てみましょう。機械学習エンジニアリングは発展途上の学問分野であり、いくつかの課題は、まだ確立された、簡単に適用できる答えがありません。特に、評価はエンジニアの視点から示されますが、ビジネスにはそのビジネス独自の成功基準があります。機械学習によるソリューションを評価する前に行うべき重要なことは、プロジェクトの中で最も困難な作業が、適切な人材によって行われたかを確認することです。つまり、ビジネスに適した測定基準や目標という形で、成功するとはどのようなことかや、何を適切に評価すべきかを明らかにすることです。

失敗の原因としてよくあるのは、エンジニアが簡単な統計的手法など基本的な手法だけで使い勝手のよい評価だけを行って、その課題に適した手法を使った正しい評価を行っていないことです。このような場合は、プロジェクトのリーダーやステークホルダーがそれぞれの役割を終えた後に、プロの統計の専門家に相談する必要があるでしょう。なお、本章で紹介している手法のうち、特にA/Bテスト（7.2節）で用いられている手法は、あくまでも例として紹介しているものであり、みなさんが扱う特定のビジネス上の課題には適していない場合もあります。重要な大規模プロジェクトでは、すべてを自分で行おうとするのは間違いです。リーダーシップチームとのタイムリーなコラボレーションや、統計の専門家への相談が不可欠です。

7.1 オフライン評価とオンライン評価

5.5節では、**オフラインモデル評価**と呼ばれる評価手法の概要を説明しました。オフラインモデル評価は、データアナリストがモデルを訓練しているときに行われ、さまざまな特徴量、モデル、アルゴリズム、ハイパーパラメータを試します。

混同行列や、適合率、再現率、AUCなどの様々な性能指標を用いて複数のモデルを比較することで、モデルを正しい方向に訓練することができます。

　まず、検証データを使用して、選択した性能指標を評価し、モデルを比較します。最も良いモデルが特定されたら、テストセットをオフラインで使用して、最適なモデルの性能を再度評価します。この最終的なオフライン評価により、デプロイ後のモデル性能が保証されます。本章では、たくさんのトピックの中から、特に、モデルのオフラインテストでの性能に関する統計区間を決める方法について説明します。

　本章のかなりの部分は、**オンラインモデル評価**、つまり、オンラインデータを使用して本番環境のモデルをテストし、比較する方法について説明します。オフラインモデル評価とオンラインモデル評価の違いと、機械学習システムにおける各評価の位置づけを図7.2に示します。

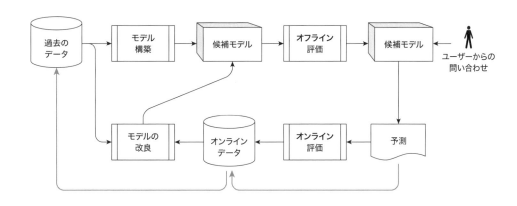

図7.2：機械学習システムにおけるオフラインモデル評価とオンラインモデル評価

　図7.2では、まず過去のデータを使ってデプロイする候補となるモデルを訓練します。次に、そのモデルがオフラインで評価され、その結果が満足のいくものであれば、そのモデルはデプロイされるモデルとなり、ユーザーからの問い合わせを受け付けるようになります。その後、ユーザーからの問い合わせとモデルの予測値を使って、モデルのオンライン評価を行います。その後、オンラインデータはモデルの改良に使用されます。このオンラインデータがオフラインデータ用のリポジトリにコピーされることでこのループが終わります。

　オフラインとオンラインの両方で評価する理由はなんでしょうか？　オフラインモデル評価の結果は、データアナリストがどれだけ適切な特徴、学習アルゴリズム、モデル、ハイパーパラメータの値を見つけたかを反映しています。言い換えれば、オフラインモデル評価は、エンジニアリング的な観点から見たモデルの良さを反映しています。

　一方、オンライン評価は、顧客満足度、平均オンライン時間、開封率、クリック率など、ビジネス上の成果を測定することに重点が置かれます。この情報は、過去のデータには反映されないかもしれませんが、ビジネスにとっては非常に重要なものです。さらに、オフライン評価では、オンラインでは観察できるいくつかの状況（接続の切断、データの損失、通信の

第**7**章 モデルの評価

遅延など）でのモデルのテストすることができません。

　過去のデータで得られた性能は、データ分布が時間的に変わらない場合に限り、システムのデプロイ後も変わらないでしょう。しかし、実際には必ずしもそうとは限りません。**分布シフト**の典型的な例としては、モバイルアプリケーションやオンラインアプリケーションのユーザーの興味の変化、金融市場の変化、気候変動、モデルが予測しようとする機械システムの特性の摩耗による変化などが挙げられます。

　そのため、本番環境にデプロイされたモデルは、継続的にモニタリング（監視）する必要があります。分布シフトが起こった場合には、新しいデータでモデルを更新し、再度デプロイする必要があります。このような監視方法の1つは、オンラインデータと過去のデータでモデルの性能を比較することです。オンラインデータでの性能が過去のデータと比較して著しく低下した場合、モデルを再訓練する必要があります。

　オンライン評価には様々な形態があり、それぞれ目的が異なります。例えば、実行時の監視は、実行中のシステムが実行時の要件を満たしているかどうかをチェックするものです。また、異なるバージョンのモデルに対してユーザーがどのような行動をとるか監視することもよくあります。ここで使用される一般的な手法として、A/Bテストがあります。あるシステムのユーザーをAとBの2つのグループに分け、それぞれに旧モデルと新モデルを提供します。そして、有意差検定を適用し、新モデルの性能が旧モデルよりも優れているかどうかを判断します。

　多腕バンディット（multi-armed bandit: MAB）はもう1つの、オンラインモデル評価の一般的な手法です。A/Bテストと同様に、候補となるモデルを一部のユーザーに公開することで、最も性能の良いモデルを特定します。その後、そのモデルが信頼できるようになるまで性能の統計データを収集し続けながら、より多くのユーザに徐々に最適なモデルを公開していきます。

7.2 A/Bテスト

A/Bテストは、最もよく使用される統計手法の1つです。オンラインでモデル評価に適用すると、「新しいモデル m_B は既存のモデル m_A よりも本番環境での動作が優れているか？」や、「2つのモデルのうちどちらが本番での動作が優れているか？」などの疑問に答えることができます。

A/Bテストは、Webサイトやモバイルアプリケーションにおいて、ある特定のデザインや文章表現の変更が、ユーザーエンゲージメント、クリック率、販売率などのビジネス指標に良い影響を与えるかどうかをテストするのによく使われます。

例えば、現在使用している既存の（古い）モデルを新しいモデルに置き換えるかどうかを決めたいとします。モデルの入力データを含む実際のトラフィックを2つの独立したグループに分割します。A（運用）とB（実験）です。グループAのトラフィックは古いモデルにルーティングされ、グループBのトラフィックは新しいモデルにルーティングされます。

2つのモデルの性能を比較することで、新しいモデルが古いモデルよりも優れているかどうかを判断します。性能の比較には、**統計的仮説検定**を用います。

一般に、仮説検定では、**帰無仮説**と**対立仮説**を立てます。A/Bテストは通常、「新しいモデルは、この特定のビジネス指標において、統計的に有意な変化をもたらすか？」という問に答えるために行われます。帰無仮説は、新しいモデルはビジネス指標の平均値を変えない、であり、対立仮説は、新モデルが指標の平均値を変化させる、です。

A/Bテストは1つのテストではなく、複数のテストを組み合わせたものです。ビジネスのパフォーマンスを表す指標に応じて、異なる統計手法が使われますが、ユーザーを2つのグループに分け、異なるグループ間の指標値の差で統計的有意性を測定するという原理は変わりません。

A/Bテストのすべての形式について説明することは、本書の範囲を超えています。ここでは2つの手法を紹介します。これらの手法はいろいろな場面で活用できます。

7.2.1 G検定

最初に説明するA/Bテストは、**G検定**に基づいています。これは、「はい」か「いいえ」の質問への回答数を数えるような指標に適しています。G検定の利点は、答えが2つしかない限り、どのような質問でも行えることです。例えば、次のようなものです。

- ユーザーがおすすめの記事を買ったかどうか？
- ユーザーが1ヶ月の間に50ドル以上使ったかどうか？
- ユーザーが購読を更新したかどうか？

どのように適用するか見てみましょう。私たちは、新しいモデルが古いモデルよりもうまく機能するかどうかを判断したいと思います。そのためには、指標となる「はい」か「いいえ」の質問を作ります。次に、ユーザをランダムにグループＡとＢに分けます。グループＡのユーザのトラフィックは古いモデルを実行している環境にルーティングされ、グループＢのトラフィックは新しいモデルにルーティングされます。各ユーザの行動を観察し、「はい」「いいえ」で回答を記録します。次の表に記入してください。

	はい	いいえ	
A	$\hat{a}_{yes}$	$\hat{a}_{no}$	n_a
B	$\hat{b}_{yes}$	$\hat{b}_{no}$	n_b
	n_{yes}	n_{no}	n_{total}

図7.3：グループＡおよびＢのユーザーによる「はい」「いいえ」の質問への回答のカウント

上の表で、$\hat{a}_{yes}$ は質問への回答が「はい」であるグループＡのユーザー数、$\hat{b}_{yes}$ は質問への回答が「はい」であるグループＢのユーザー数、$\hat{a}_{no}$ は質問への回答が「いいえ」であるグループＡのユーザー数、となっています。同様に、$n_{yes} = \hat{a}_{yes} + \hat{b}_{yes}$、$n_{no} = \hat{a}_{no} + \hat{b}_{no}$、$n_a = \hat{a}_{yes} + \hat{a}_{no}$、$n_b = \hat{b}_{yes} + \hat{b}_{no}$ であり、$n_{total} = n_{yes} + n_{no} = na + n_b$ となります。

ここで、ＡとＢの「はい」と「いいえ」の期待される回答数数、つまり、グループＡとＢが同等であった場合に得られる「はい」と「いいえ」の数を求めます。

$$a_{yes} \stackrel{\text{def}}{=} n_a \frac{n_{yes}}{n_{total}}$$
$$a_{no} \stackrel{\text{def}}{=} n_a \frac{n_{no}}{n_{total}}$$
$$b_{yes} \stackrel{\text{def}}{=} n_b \frac{n_{yes}}{n_{total}}$$
$$b_{no} \stackrel{\text{def}}{=} n_b \frac{n_{no}}{n_{total}} \qquad \text{(式7.1)}$$

ここで、G検定の値を求めると、[1]

$$G \stackrel{\text{def}}{=} 2 \left(\hat{a}_{yes} \ln \left(\frac{\hat{a}_{yes}}{a_{yes}} \right) + \hat{a}_{no} \ln \left(\frac{\hat{a}_{no}}{a_{no}} \right) + \hat{b}_{yes} \ln \left(\frac{\hat{b}_{yes}}{b_{yes}} \right) + \hat{b}_{no} \ln \left(\frac{\hat{b}_{no}}{b_{no}} \right) \right)$$

---

[1] 上の式の詳細については、統計の教科書やWikipediaを参照してください。

Gは、AからとBからのサンプルがどれだけ違うかを示す指標です。統計的には、帰無仮説（AとBは等しい）のもとでは、Gは自由度1の**カイ二乗分布**に従います。

$$G \sim \chi_1^2$$

つまり、AとBが等しければ、Gは小さくなると考えられます。Gの値が大きいと、どちらかのモデルが他のモデルよりも優れていることになります。例えば、$G = 3.84$ となったとします。AとBが等しい場合（つまり、帰無仮説の場合）、$G \geq 3.84$ となる確率は約5%です。この確率はp値と呼ばれます。

p値が十分小さい（例えば、0.05以下）場合は、新モデルと旧モデルの性能が異なる可能性が非常に高い（帰無仮説が棄却される）ことになります。この場合、b_{yes} が a_{no} よりも大きければ、新しいモデルが古いモデルよりもうまく機能する可能性が非常に高くなります。そうでなければ、古いモデルの方が優れていることになります。

Gの値に対応するp値が十分に小さくなければ、新モデルと旧モデルの性能の差は統計的に有意ではなく、旧モデルを本番環境に残すことができます。

G検定のp値はみなさんのお好みのプログラミング言語で計算することができます。Pythonでは以下のようにして求められます。

```
1  from scipy.stats import chi2
2  def get_p_value(G):
3      p_value = 1 - chi2.cdf(G, 1)
4      return p_value
```

Rでは以下のコードで動作します。

```
1  get_p_value <- function (G) {
2    p_value <- pchisq (G, df=1, lower.tail=FALSE)
3    return (p_value)
4  }
```

統計的には、2つのグループにそれぞれ少なくとも10個の「はい」と「いいえ」の結果があれば、有効なG検定の結果が得られますが、この推定値は割り引いて見る必要があります。テストにそれほど費用がかからないのであれば、2つのグループそれぞれに約1000個「はい」と「いいえ」の結果があり、少なくとも100個、それぞれのグループで各タイプの回答があれば十分でしょう。なお、2つのグループの回答数の合計は異なる場合もあります。

少なくとも100個、各グループの各タイプの回答を集められない場合は、**モンテカルロシミュレーション**を用いて、類似したテストのp値の近似値を使用することができます。

以下のコードは、Rで動作します。

```
1   p_value <- chisq.test (x,
2     simulate.p.value = TRUE)$p.value
3   }
```

ここで、xは、図7.3に示した2×2の分割表です。

なお、3つ以上のモデル（モデルA、B、Cなど）をテストしたり、質問に対する3つ以上の回答（「はい」、「いいえ」、「たぶん」など）をテストしたりすることも可能です。k個の異なるモデルとl個の異なる可能な回答を検定したい場合、G統計量は、$(k-1)\times(l-1)$の自由度を持つカイ二乗分布に従います。ここでの問題は、複数のモデルと回答を用いた検定では、モデル間のどこかに違いがあることはわかりますが、その違いがどこにあるかはわかりません。実際には、現在のモデルと新しいモデルを1つだけ比較し、2つの答えを持つ評価指標を策定する方が簡単です。より複雑な実験テストは、本書の範囲外です。

注意してほしいのは、3つ以上のモデルがある場合、2モデルの比較用に設計されたテストを用いて、2つのモデルを組にして2項比較をしたくなる場合があることです。しかし、これは統計的に間違っている可能性があるのでお勧めできません。統計の専門家に相談するのが良いでしょう。

7.2.2 Z検定

A/Bテストの2つ目の形式は、各ユーザーへの質問が（前の節の「はい」か「いいえ」の質問とは対照的に）「いくつ？」や「いくら？」の場合に適用されます。質問の例としては以下のようなものがあります。

1. ユーザーがセッションのうち何時間このWebサイトに費やしたか？
2. ユーザーが1ヶ月間にいくらお金を使ったか？
3. ユーザーは1週間にいくつニュース記事を読んだか？

説明を簡単にするために、みなさんのモデルが導入されているWebサイトでユーザーが費やした時間を計測することにしましょう。いつものように、ユーザーはWebサイトのバージョンAとBにルーティングされ、バージョンAでは古いモデルが使われ、バージョンBは新しいモデルが使われています。帰無仮説は、両方のユーザーが平均して同じ時間を過ごすというものです。対立仮説は、ユーザがWebサイトAよりもWebサイトBにより多くの時間を費やすというものです。n_AをバージョンAにルーティングされたユーザの数、n_BをバージョンBにルーティングされたユーザの数とし、iとjをそれぞれグループAとBのユーザと

します。

　Z検定の値を計算するために、まずAとBの平均と分散を計算します。平均は次のように定義されます。

$$\hat{\mu}_A \stackrel{\text{def}}{=} \frac{1}{n_A} \sum_{i=1}^{n_A} a_i$$

$$\hat{\mu}_B \stackrel{\text{def}}{=} \frac{1}{n_B} \sum_{j=1}^{n_B} b_j$$

(7.2)

　ここで、a_iとb_jはそれぞれ、ユーザiとjがWebサイトに費やした時間です。AとBの分散は、それぞれ次のように定義されます。

$$\hat{\sigma}_A^2 \stackrel{\text{def}}{=} \frac{1}{n_A} \sum_{i=1}^{n_A} (\hat{\mu}_A - a_i)^2$$

$$\hat{\sigma}_B^2 \stackrel{\text{def}}{=} \frac{1}{n_B} \sum_{j=1}^{n_B} (\hat{\mu}_B - b_j)^2$$

(7.3)

　Z検定の値は次のように定義されます。

$$Z \stackrel{\text{def}}{=} \frac{\hat{\mu}_B - \hat{\mu}_A}{\sqrt{\frac{\hat{\sigma}_B^2}{n_B} + \frac{\hat{\sigma}_A^2}{n_A}}}$$

　Zが大きいほど、AとBの差が有意である可能性が高くなります。帰無仮説（AとBは同等である）のもとでは、Zはほぼ標準正規分布に従います。

$$Z \approx \mathcal{N}(0, 1)$$

　これは、サンプルサイズが大きく、$\sigma_A^2 \approx \sigma_B^2$の場合にだけ当てはまります。そうでない場合は、統計の専門家のアドバイスを受けることをお勧めします。

　G検定と同様に、p値を使って、Zの値が、Bにかける時間がAにかける時間よりも本当に長いと考えられるのに十分に大きいかどうかを判断します。p値を計算するには、みなさんが計算したZ値と少なくとも同じくらい極端な（帰無仮説から外れる）Z値がこの分布から得られる確率を調べます。例えば、サンプルから$Z = 2.64$が得られたとします。AとBが等しければ、$Z \geq 2.64$になる確率は約5%です。

　検定の結果は、p値とみなさんが選んだ有意水準を比較することで分かります。有意水準を5%とし、p値が0.05未満であれば、帰無仮説、すなわち、2つのモデルの性能の差は統計的に有意ではないという仮説を棄却します。つまり、新しいモデルは古いモデルよりも優れているということになります。

　p値が0.05以上であれば、帰無仮説を棄却しません。これは、帰無仮説を受け入れることと同じではないことに注意してください。2つのモデルはまだ異なっている可能性があり、それ

を裏付ける証拠が得られなかっただけです。この場合、そのような証拠が見つからない限り、古いモデルを使い続けることになります。証拠がないということは、今までのやり方を続けるということを意味します。なお、p値が0.05未満になるまで証拠を集め続けるのは、統計的には正しくないので注意が必要です。統計の専門家に相談して、別のテストを設計することをお勧めします。

どの有意水準が最適かに関しては普遍的なコンセンサスはありません。実際には0.05や0.01という値がよく使われています。これらの値は、1920年代の統計学者Ronald Fisherが好んで使ったものです。用途に応じて、より大きい値や小さい値を選択してください。値が小さいほど、みなさんの考えを変えるのに必要な証拠が多くなります。

G検定と同様に、プログラミング言語を使うとZ検定のp値は簡単に計算できます。Pythonでは、次のようにして求められます。

```python
1  from scipy.stats import norm
2  def get_p_value(Z):
3      p_value = norm.sf(Z)
4      return p_value
```

以下のコードはRでも動作します。

```r
1  get_p_value <- function (Z) {
2      p_value <- 1- pnorm (Z)
3      return (p_value)
4  }
```

最も良い結果を得るためには、n_Aおよびn_Bを1000以上の値に設定することをお勧めします。

7.2.3 まとめと注意事項

本章の冒頭で述べたように、本章で紹介した手法は例として提供されているので、みなさんの特定のビジネス上の課題とは合わないかもしれません。特に、上述の2つの統計的検定は、学校でも教えられ実際によく使われていますが、残念ながら、そのすべてがビジネス上の課題に適しているわけではありません。この点を指摘したGoogle社のチーフディシジョンサイエンティストであり、本章のレビュアーの1人であるCassie Kozyrkovは、上記の2つの検定は、実際に適用して役に立つことはほとんどないと強調しています。2つのモデルが異なることを示すだけで、その差が「少なくともx」であるかどうかは示してくれないから

です。古いモデルを新しいモデルに置き換えるのに多大な費用がかかったり、リスクがある場合には、新しいモデルが「多少」優れていることが分かっているだけで置き換えるのはお勧めしません。このような場合には、課題に併せて調整した検定手法を作成する必要があり、統計の専門家に相談するのが最も良いでしょう。[2]

A/Bテストを行うプログラムは注意深くテストしてください。モデルの評価結果は、すべて正しく実装されている場合に行ってはじめて有効になります。そうしないと、何かが間違っていても気づかないでしょう。つまり、テストはそれ自身が間違っていることは教えてくれないのです。

また、グループA、Bの計測は同時に行ってください。忘れないでほしいのは、Webサイトのトラフィックは、1日のうちの時間帯や曜日が異なると異なる動きをすることです。実験の厳密性を高めるため、異なる時間帯の計測値を比較することは避けてください。同様の理由は、ユーザーの行動に大きな影響を与える可能性のある、その他の測定可能なパラメータ、例えば、居住国、インターネットの接続速度、ブラウザのバージョンなど、にも当てはまります。

7.3 多腕バンディット

オンラインモデルの評価と選択において、より高度で好ましい方法は、**多腕バンディット**（MAB）です。A/Bテストには、1つの大きな欠点があります。A/Bテストの値を算出するためにはA群とB群のテスト結果がたくさん必要なことです。このため、最適ではないモデルにルーティングされたユーザーのかなりの部分が、長期間にわたって最適ではないシステムの振る舞いを経験することになります。

理想的には、ユーザーが最適でないモデルに触れる回数をできるだけ少なくしたいでしょう。同時に、2つのモデルの性能を確実に推定するためには、2つのモデルのそれぞれにユーザーを十分な回数に使ってもらう必要があります。これは**探索と知識利用のジレンマ**と呼ばれています。つまり、より良いモデルが確実に選べるようにモデルの性能を十分に調べたいが、一方で、より良いモデルの性能を可能な限り利用したい、というものです。

確率論において、多腕バンディット問題とは、期待される報酬が最大になるように、限られた資源を競合する選択肢の間で配分する問題です。それぞれの選択肢の特性は、割り当ての時点では部分的にしか分からず、時間をかけて資源を割り当てていくうちに分かってきます。多腕バンディット問題が、2つのモデルのオンライン評価にどのように適用されるか見てみましょう（3つ以上のモデルを評価する場合のアプローチも同じです）。

限られた資源とは、システムを利用するユーザーのことです。競合する選択肢は、「アー

---

[2]　残念ながら、コンパクトな本書の中ですべての特別なケースやテストを説明することは不可能です。本書のWikiを参照してください。今後、さらに多くの統計的検定手法を追加する予定です。

ム」（腕）と呼ばれ、ここではモデルとなります。私たちは、特定のモデルを実行するシステムにユーザーをルーティングすることで、資源を選択肢に割り当てることができます（言い換えれば、「アームを選択する」ことができます）。ここでの目標は、期待される報酬を最大化することで、報酬はビジネスのパフォーマンス指標で与えられます。このような指標には、例えば、セッション中にWebサイトに費やした平均時間、1週間に読んだニュース記事の平均数、推奨された記事を購入したユーザーの割合などがあります。

UCB1（Upper Confidence Bound）は、多腕バンディット問題を解くための一般的なアルゴリズムです。このアルゴリズムは、過去のアームの性能と、そのアルゴリズムがそのアームについてどれだけ知っているかに基づいて動的にアームを選択します。つまり、UCB1は、モデルの性能の信頼度が高い場合、最も性能の高いモデルにユーザーを割り当てる頻度が高くなります。そうでない場合、UCB1は、そのモデルの性能についてより信頼度の高い推定値が得られるように、ユーザーを最適ではないモデルに割り当てる場合があります。このアルゴリズムは、それぞれのモデルの性能について十分な信頼度が得られると、ほとんどの場合、ユーザーを最も性能の良いモデルに割り当ててくれます。

UCB1の仕組みは次のようになっています。c_a は、アーム a が選択された回数、v_a は、そのアームを選択することで得られる平均的な報酬を表すとします。報酬は、ビジネスのパフォーマンス指標の値です。ここでは、その指標を、ユーザーが1セッション中にそのシステムに費やした時間の平均値とします。したがって、アームの割り当てに対する報酬は、特定のセッションの時間になります。

最初の段階では、$a = 1, ..., M$ のすべてのアームで c_a と v_a は0です。アーム a が動くと報酬 r が計算され、c_a は1増え、v_a は次のように更新されます。

$$v_a \leftarrow \frac{c_a - 1}{c_a} \times v_a + \frac{r}{c_a}$$

各時間ステップ（つまり、新しいユーザーがログインしたとき）に、アーム（つまり、ユーザーが割り当てられるシステムのバージョン）は以下のように決められます。あるアーム a が $c_a = 0$ であれば、そのアームが選択されます。そうでなければ、UCB値が最大のアームが選択されます。アーム a のUCB値 u_a は、以下のように定義されます。

$$u_a \overset{\text{def}}{=} v_a + \sqrt{\frac{2 \times \log(c)}{c_a}}$$

ここで

$$c \overset{\text{def}}{=} \sum_{a}^{M} c_a$$

このアルゴリズムは、最適解に収束することが証明されています。つまり、UCB1はほと

んどの場合、最高の性能を発揮するアームを選択することになります。

Pythonでは、UCB1を実装したコードは次のようになります。

```python
01  class UCB1():
02  def __init__(self, n_arms):
03      self.c = [0]*n_arms
04      self.v = [0.0]*n_arms
05      self.M = n_arms
06      return
07
08  def select_arm(self):
09      for a in range(self.M):
10          if self.c[a] == 0:
11              return a
12      u = [0.0]*self.M
13      c = sum(self.c)
14      for a in range(self.M):
15          bonus = math.sqrt((2 * math.log(c)) / float(self.c[a]))
16          u[a] = self.v[a] + bonus
17      return u.index(max(u))
18
19  def update(self, a, r):
20      self.c[a] += 1
21      v_a = ((self.c[a] - 1) / float(self.c[a])) * self.v[a] \
22          + (r / float(self.c[a]))
23      self.v[a] = v_a
24      return
```

対応するRのコードを以下に示します。

```r
01  setClass ("UCB1", representation (count="numeric", value="numeric", M="numeric"))
02
03  setGeneric ("select_arm", function (x) standardGeneric ("select_arm"))
04  setMethod ("select_arm", "UCB1", function (x) {
05    for (a in seq (from = 1, to = x@M, by = 1)) {
06      if (x@count[a] == 0) {
07        return (a)
08      }
09    }
10    u <- rep (0.0, x@M)
11    count <- sum (x@count)
12    for (a in seq (from = 1, to = x@M, by = 1)){
13      print (a)
```

```
14      bonus <- sqrt ((2 * log (count)) / x@count[a])
15      u[a] <- x@value[a] + bonus
16      }
17    match ( c ( max (u)),u)
18    })
19
20  setGeneric ("update", function (x, a, r) standardGeneric ("update"))
21  setMethod ("update", "UCB1", function (x, a, r) {
22    x@count[a] <- x@count[a] + 1
23    v_a <- ((x@count[a] - 1) / x@count[a]) * x@value[a] + (r / x@count[a])
24    x@value[a] <- v_a
25  })
26
27  UCB1 <- function (M) {
28    new ("UCB1", count = rep (0, M), value = rep (0.0, M), M = M)
29  }
```

7.4 モデル性能の統計範囲

　モデルの性能を報告する際には、指標値の他に、統計範囲（**統計区間**とも呼ばれる）も示さなければならない場合もあります。

　機械学習に関する本や人気のあるオンラインブログを読まれている方は、なぜ「信頼区間」ではなく「統計区間」という言葉を使うのかと思われるかもしれません。その理由は、一部の機械学習の文献では、筆者が「信頼区間」と呼んでいるものは、実際には「信用区間」だからです。この2つの用語は、統計学者からするとその違いは明確で重要です。頻度主義統計学とベイズ統計学で異なる意味を持っているからです。本書では、その微妙な違いでみなさんを悩ませる必要はないと考えました。統計学に詳しくない方は、統計区間を次のように考えるとよいでしょう。95%の統計区間とは、推定しているパラメータが区間の範囲内にある確率が95%であることを示しています。厳密に言えば、これは信頼区間の定義でもあります。信頼区間の解釈は微妙に異なっていますが、統計学を学んだばかりの人は、教科書を何冊か読んで初めてその違いを理解することになります。今回の目的では、上記の統計区間の解釈で十分です。

　モデルの統計区間を決めるため方法はいくつかあります。分類モデルに適用する手法もあれば、回帰モデルに適用する手法もあります。この節では、いくつかの手法を説明します。

7.4.1 分類誤差の統計区間

みなさんが、分類モデルの予測エラーの割合errを報告する場合（err $\overset{\text{def}}{=}$ 1 − 正解率）、以下の手法で err の統計区間を得ることができます。

Nをテストセットのサイズとします。そうすると、99%の確率で、errは以下の区間内にあります。

$$[\mathrm{err} - \delta, \mathrm{err} + \delta]$$

ここで、$\delta \overset{\text{def}}{=} z_N \sqrt{\frac{\mathrm{err}(1-\mathrm{err})}{N}}$、$z_N = 2.58$ です。

z_N の値は、必要とされる信頼度で決まります。信頼度が99%の場合は、$z_N = 2.58$ となります。それ以外の信頼度の場合、z_N の値は以下のようになります。

信頼度	80%	90%	95%	98%	99%
z_N	1.28	1.64	1.96	2.33	2.58

p 値と同様に、z_N の値もプログラムで求めると便利です。Pythonでは、次のようにして計算することができます。

```
01   from scipy.stats import norm
02   def get_z_N(confidence_level): # 値の範囲(0,100)
03       z_N = norm.ppf(1-0.5*(1 - confidence_level/100.0))
04       return z_N
```

以下のコードはR用です。

```
01   get_z_N <- function (confidence_level) { # 値の範囲(0,100)
02     z_N <- qnorm (1-0.5*(1 - confidence_level/100.0))
03     return (z_N)
04   }
```

理論的には、上記の手法は、$N \geq 30$ という非常に小さなテストセットでも機能しますが、使われているテストセットで最小サイズ N をより正確に求めたい場合は、経験則ですが、$N \times \mathrm{err}(1 - \mathrm{err}) \geq 5$ となるような N の値を使ってください。直感的には、テストセットのサイズが大きければ大きいほど、モデルの性能に関する疑念は減っていきます。

7.4.2 ブートストラップ法による統計区間の算出

任意の指標の統計区間を計算する一般的なテクニックで、分類と回帰の両方で使えるものに**ブートストラップ法**があります。ブートストラップ法とは、データセットから B 個のサンプルを作成し、その B 個のサンプルを使ってモデルを訓練したり、統計量を計算したりする統計的手順です。特に、**ランダムフォレスト**は、この考え方に基づいています。

ここでは、ブートストラップ法を適用して指標の統計区間を調べてみます。テストセットに対して、B 個のランダムなサンプル S_b を $b = 1,...,B$ に対して1つずつ作成します。ある b についてのサンプル S_b を得るために、**復元サンプリング**（復元抽出）を使用します。復元サンプリングとは、空のセットから始めて、テストセットからランダムにデータを選び、元のデータをテストセットに残したまま、そのコピーを S_b に入れる方法です。$|S_b| = N$ になるまで、ランダムにデータを選んで S_b に入れ続けます。

使用しているテストセットのブートストラップ用のサンプルが B 個できたら、各サンプル S_b をテストセットとして使用して、性能指標 m_b の値を計算します。この B 個の値を昇順に並べ替え、その B 個の指標すべての値の合計 S を求めます（$S \overset{\text{def}}{=} \sum_{b=1}^{B} m_b$）。その指標の $c\%$ の統計区間を得るためには、最小値 a と最大値 b の差が最も小さく、その区間での m_b の合計が S の少なくとも $c\%$ になるような区間を選んでください。こうすることで、統計区間は $[a,b]$ で与えられます。

この説明は少し曖昧かもしれません。例で説明しましょう。$B = 10$ とします。B 個のブートストラップ用のサンプルにモデルを適用して計算された指標値を [9.8, 7.5, 7.9, 10.1, 9.7, 8.4, 7.1, 9.9, 7.7, 8.5] とします。まず、これらの値を昇順に並べ替えると [7.1, 7.5, 7.7, 7.9, 8.4, 8.5, 9.7, 9.8, 9.9, 10.1] となります。信頼水準 c を80%とします。すると、統計区間の最小値 5 は 7.46、最大値 b は 9.92 となります。上記の2つの値は、Python の percentile 関数を使って求めることができます。

```python
from numpy import percentile
def get_interval(values, confidence_level):
    # confidence_levelは(0,100)の値
    lower = percentile(values, (100.0-confidence_level)/2.0)
    upper = percentile(values,
                       confidence_level+((100.0-confidence_level)/2.0))
    return (lower, upper)
```

同じことがRでも、quantile関数を使ってできます。

```r
get_interval <- function (values, confidence_level) {
    # confidence_levelは(0,100)の値
```

```
03      cl <- confidence_level/100.0
04         quant <- quantile (values, probs = c ((1.0-cl)/2.0,
                                cl+((1.0-cl)/2.0)),
05      names = FALSE)
06      return (quant)
07   }
```

　統計区間の範囲が $a = 7.46$ と $b = 9.92$ がわかれば、モデルの指標の値が区間 $[7.46, 9.92]$ で信頼水準が80%であるということができます。

　実際に使用され信頼水準は95%か99%です。信頼水準が高ければ高いほど区間は広くなります。ブートストラップ用のサンプル数 B は通常100に設定されます。

7.4.3　ブートストラップ法による回帰の予測区間

　今までは、モデル全体と与えられた性能指標の統計区間を考えてきました。この節では、ブートストラップ法を使って、回帰モデルが入力としてとる特徴量ベクトル x に対する**予測区間**を計算します。

　次の問いに答えたいとします。回帰モデル f と特徴量ベクトル x が与えられたとき、予測 $f(\mathbf{x})$ が c %の信頼水準で存在する区間 $[f_{min}(\mathbf{x}), f_{max}(\mathbf{x})]$ を求めよ。

　ここでのブートストラップ法の手順も同じです。唯一の違いは、テストセットではなく訓練セットで B 個のブートストラップ用のサンプルを作ることです。B 個のブートストラップ用のサンプルを B 個の訓練セットとして使うことで、B 個の回帰モデルを作成します（ブートストラップ用のサンプルごとに1つ）。入力される特徴量ベクトルを x とし、信頼水準を c とします。B 個のモデルを x に適用し、B 個の予測値を得ます。ここで、上記と同じ手法を用いて、その区間にある予測値の合計が B 個の予測値の合計の少なくとも c %を占めるような最も狭い区間を持つ最小値 a と最大値 b の間を見つけます。これで、予測値 $f(\mathbf{x})$ を返し、その予測値が c %の信頼水準で区間 $[a, b]$ にあるといえます。

　前述のように、信頼水準は通常95%または99%です。ブートストラップ用のサンプル数 B は100（または時間が許す限り大きな値）に設定されます。

7.5　テストセットの妥当性の評価

　従来のソフトウェアエンジニアリングでは、ソフトウェアの不具合をテストすることで特定します。このようなテスト群は、ソフトウェアが製品化される前にコードのバグを発見できるように設計されています。これと同じ手法が、ユーザーから受け取った入力を特徴量に変換するコード、モデルの出力を解釈し、その結果をユーザーに提供するコードなど、統計

モデルの「周り」で開発されたすべてのコードのテストにも適用できます。

　モデル自身も評価する必要があります。このようなモデルを評価するためのテストも、モデルが本番環境に導入される前に、モデルの不具合を特定できるように設計され、作られている必要があります。

7.5.1 ニューラルネットワークの網羅率

　ニューラルネットワークを評価する場合、特に自動運転車や宇宙ロケットなどのミッションクリティカルな状況で使用されるニューラルネットワークを評価する場合は、テストセットが十分な網羅率を持つものである必要があります。ニューラルネットワークモデル用のテストにおける**ニューロンの網羅率**は、総ノード数に対する、テストセットのデータによって活性化されたノード（ニューロン）の割合で定義されます。良いテストセットは、ニューロンの網羅率が100%に近いものです。

　このようなテストセットを作成するには、ラベルなしのデータセットから始め、モデルのノードの網羅率が0の状態からはじめます。次に、以下の手順を繰り返します。

1. ラベルの付いていないデータ i をランダムに選び、それにラベルを付ける。
2. その特徴量ベクトル x_i をモデルの入力に送る。
3. x_i でモデル内のどのノードが活性化されたかを調べる。
4. 予測が正しければ、それらのノードは網羅済みとマークする。
5. ステップ1に戻り、ニューロンの網羅率が100%に近くなるまで繰り返します。

　ノードは、その出力がある閾値を超えると、活性化したとみなされます。ReLUの場合は通常0、シグモイドの場合は0.5となります。

7.5.2 ミューテーションテスト

　ソフトウェアエンジニアリングでは、**テスト対象となっているソフトウェア**（software under test: SUT）に対するテスト網羅率は、**ミューテーションテスト**（ミューテーション解析）を用いて調べることができます。ある SUT をテストするために作成されたテストセットがあるとします。ここで、その SUT の「ミュータント」をいくつか生成します。ミュータントとは、ソースコードの + を - に、`<` を `>` に置き換えたり、`if-else` 文の `else` を削除したりするなど、ランダムに SUT に変更を加えたものです。次に、それぞれのミュータントにテストセットを適用し、少なくとも1つのテストがそのミュータントの誤りを発見できるかどうかを確認します。テストが1つでも成功すれば、そのミュータントを殺したことになります。次に、全ミュータントに対して、殺したミュータントの割合を計算します。テストセットが良

いものであれば、この割合は100%になります。

　機械学習においても、同様のアプローチをとることができます。統計モデルのミュータントを作成する場合は、コードではなく、訓練データを修正します。モデルが深い場合は、層をランダムに削除したり追加したり、活性化関数を削除したり置き換えたりすることもできます。訓練データは以下のようにして変更します。

- 重複するデータを追加する。
- 一部のデータのラベルを偽る。
- 一部のデータを削除する。
- いくつかの特徴量の値にランダムなノイズを加える。

　少なくとも1つのテストデータに対して、統計モデルのミュータントが間違った予測を行った場合、そのミュータントを殺したと言います。

7.6 モデルの特性の評価

　適合率やAUCなどの性能指標に基づいてモデルの品質を測定するとき、その**正当性**を評価します。このような共通して評価されるモデルの特性以外にも、ロバスト性や公平性などのモデルの特性を評価することも適切でしょう。

7.6.1 ロバスト性

　機械学習モデルの**ロバスト性**（頑健性）とは、入力データに何らかのノイズを加えた場合のモデルの性能の安定性を指します。ロバストなモデルは、ランダムなノイズを加えた入力データを与えた場合、モデルの性能はノイズのレベルに比例して低下する、という振る舞いをします。

　ここで、入力される特徴量ベクトル$\mathbf{x}$を考えます。この入力データをモデルfに適用する前に、ランダムに選んだいくつかの特徴量の値を0に置き換えます。これを入力$\mathbf{x}'$とします。引き続き、$\mathbf{x}$と$\mathbf{x}'$の**ユークリッド距離**がδ以下である限り、$\mathbf{x}$の特徴量の値をランダムに選択し置き換えます。次に、$\mathbf{x}$と$\mathbf{x}'$にモデルfを適用して、予測値$f(x)$と$f(x')$を得ます。δとϵの値を固定します。

　モデルfは、$\|\mathbf{x}-\mathbf{x}'\| \leq \delta$である$\mathbf{x}$と$\mathbf{x}'$に対して$|f(\mathbf{x})-f(\mathbf{x}')| \leq \epsilon$である場合、入力の$\delta$摂動に対して$\epsilon$ロバストであるといいます。

　この性能指標に対して同程度な性能を持つモデルが複数ある場合、テストデータでϵが最も小さいモデルを本番環境にデプロイしたいと思われるでしょうが、実際には、適切なδの

値をどのように設定するかは必ずしも明確ではありません。複数の候補の中からより実用的にロバストなモデルを特定する方法は次のようなものです。

元のテストセットのすべてのデータを δ 摂動したテストセットを、δ 摂動したテストセットと言うことにします。次に、ロバスト性をテストしたいモデル f を選んでください。妥当な $\hat{\epsilon}$ の値（本番環境でのモデルの予測が正しい予測から $\hat{\epsilon}$ 以上離れていなければ、それを許容範囲であると考えられるもの）を設定してください。小さな値の δ から始めて、δ 摂動したデータセットを作成します。元のテストセットのデータ $\mathbf{x}$ それぞれに対して、δ 摂動したテストセットの対応するデータ $\mathbf{x'}$ について $| f(\mathbf{x}) - f(\mathbf{x'})| \leq \epsilon$ となるような ϵ の最小値を求めてください。

$\epsilon \geq \hat{\epsilon}$ の場合は、δ の値が大きすぎるので、小さな値を設定してやり直してください。

$\epsilon < \hat{\epsilon}$ であれば、δ を少し大きくし、新しく δ 摂動したテストセットを作り、このテストセットで ϵ を求め、$\epsilon \leq \hat{\epsilon}$ である限り δ を大きくし続けてください。$\epsilon \geq \hat{\epsilon}$ となる $\delta = \hat{\delta}$ の値を見つけたら、ロバスト性をテストしているモデル f は、入力の $\hat{\delta}$ 摂動に対して $\hat{\epsilon}$ ロバストであるということです。次に、ロバスト性をテストしたい別のモデルを選び、その $\hat{\delta}$ を求めます。この作業をすべてのモデルのテストが終わるまで続けます。

各モデルの $\hat{\delta}$ 摂動の値がわかったら、$\hat{\delta}$ が最大のモデルを本番に投入します。

7.6.2 公平性

機械学習アルゴリズムは、人間が教えていることを学習しがちです。その教えは、訓練データという形で行われます。人間にはバイアスがあり、データの収集やラベル付けに影響を与えることがあります。時には、バイアスは、歴史的、文化的、地理的なデータに現れます。その結果、3.2節で見たように、偏ったモデルになってしまうことがあるのです。

不公平さから保護する必要があり、慎重に扱うべき属性を、**保護属性**や**センシティブ属性**と呼びます。法的に認められている保護属性には、人種、肌の色、性別、宗教、国籍、市民権、年齢、妊娠、家族構成、障害の有無、退役軍人の有無、遺伝情報などがあります。

公平性は多くの場合、課題の対象領域に固有であり、領域ごとに独自の規制がある場合があります。規制の対象となる領域には、販売信用、教育、雇用、住宅、公共施設などがあります。

公平性の定義は、対象領域によって大きく異なります。本書の執筆時点では、学会において、公正さとは何かについて確固たるコンセンサスは得られていません。最も一般的に引用されている概念は、デモグラフィックパリティ（民主的公平性）と機会均等です。

民主的公平性（**統計学的パリティ**、または**独立性パリティ**とも呼ばれる）とは、保護属性を持つセグメントそれぞれがモデルからポジティブな予測を受ける割合が等しくなることを意味します。

ポジティブな予測とは、「大学に合格した」や「ローンの貸し付けを得る」などを意味する

としてみましょう。数学的には、民主的公平性は次のように定義されます。G_1 と G_2 を、テストデータに属する2つの離散したグループとし、性別などのセンシティブ属性 j で分けます。x が女性を表す場合 $\mathbf{x}^{(j)} = 1$ とし、そうでない場合は $\mathbf{x}^{(j)} = 0$ とします。

テスト中の2値モデル f は、$\Pr(f(\mathbf{x}_i) = 1 | \mathbf{x}_i \in G_1) = \Pr(f(\mathbf{x}_k) = 1 | \mathbf{x}_k \in G_2)$ であれば、民主的公平性を満たします。つまり、テストデータで測定した場合、女性がモデル f で1を予測する確率は、男性が1を予測する確率と同じになります。

訓練データの特徴量ベクトルから保護属性を除外しても、残りの特徴量の一部が除外されたものと**相関している**可能性があるため、モデルが民主的に公平であることは保証されません。

機会均等とは、グループの属する人々が適格であると仮定した場合、各グループがモデルからポジティブな予測を等しく得られることを意味します。

数学的には、

$$\Pr(f(\mathbf{x}_i) = 1 | \mathbf{x}_i \in G_1 \cap y_i = 1) = \Pr(f(x_k) = 1 | x_k \in G_2 \cap y_k = 1)$$

であれば、テストしている2値モデル f は機会均等を満たします。ここで、y_i と y_k はそれぞれ特徴量ベクトル $\mathbf{x}_i$ と $\mathbf{x}_k$ の実際のラベルです。上記の等式は、テストデータで測定すると、モデル f が、1と予測されるべき女性を1と予測する確率は、同じく1と予測されるべき男性を1と予測する確率と同じであることを意味します。**混同行列**的には、機会均等は、**真陽性率** (TPR) が保護属性の各値に対して等しくなることが必要です。

7.7 まとめ

本番環境のすべての統計モデルは、慎重かつ継続的に評価する必要があります。モデルの適用領域と企業の目標や制約にもよりますが、モデルの評価には以下の作業が含まれます。

- モデルを本番環境にデプロイする際の法的リスクを見積もる。
- モデルの訓練に使用したデータの分布の主な特性を理解する。
- デプロイ前のモデルの性能を評価する。
- デプロイ後のモデルの性能を監視する。

オフラインでのモデル評価は、モデルの訓練後に行われ、過去のデータに基づいて行われます。オンラインモデル評価では、オンラインデータを使用し、本番環境で複数のモデルのテストと比較を行います。

オンラインモデル評価の一般的な手法は、A/Bテストです。A/Bテストでは、ユーザーをAとBの2つのグループに分け、それぞれに旧モデルと新モデルを提供し、統計学的有意性検定を行い新モデルが旧モデルと統計的に異なるかどうかを判断します。

多腕バンディットアルゴリズムは、オンラインモデル評価のもう1つの一般的な手法です。まず、すべてのモデルをランダムにユーザに公開します。その後、性能の悪いモデルの公開を徐々に減らし、最も性能の良いモデルだけが常に公開されるようにします。

訓練モデルの性能評価に加えて、統計区間（信頼区間）を示す必要がある場合もあります。

分類モデルでも回帰モデルでも、ブートストラップ法と呼ばれる一般的な手法を用いて、任意の指標の統計区間を計算することができます。ブートストラップ法とは、統計手法の1つで、データセットからB個のサンプルを作成し、そのB個のサンプルのそれぞれを用いてモデルを訓練し、何らかの統計量を計算します。

モデルの評価に使用するテストデータは、モデルを導入する前に欠陥のある動作が発見できるものでなければなりません。テストセットの評価には、ニューロンの網羅率やミューテーションテストなどの手法が用いられます。

モデルがミッションクリティカルなシステムで使用される場合や、規制された領域（販売信用、教育、雇用、住宅、公共施設など）で使用される場合には、精度、ロバスト性、公平性を評価する必要がある場合があります。

第**8**章

モデルの導入

　モデルが訓練され、徹底的にテストされたら、デプロイ（導入）することができます。モデルのデプロイとは、そのシステムが実際のユーザーが生成した問い合わせ（クエリ）を受け付けるようにすることです。システムがクエリを受け入れると、クエリは特徴量ベクトルに変換されます。この特徴量ベクトルは、予測値を計算するための入力としてモデルに送られます。予測結果は、ユーザーに返されます。

　モデルのデプロイは、機械学習プロジェクトのライフサイクルにおける第6ステージにあたります。

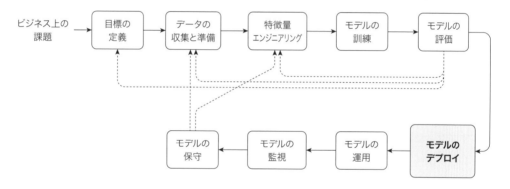

図**8.1**：機械学習プロジェクトのライフサイクル

　訓練したモデルは様々な方法でデプロイすることができます。サーバーに導入したり、ユーザのデバイスにインストールすることもできます。また、すべてのユーザーに一度にデプロイすることも、一部のユーザーにだけデプロイすることもできます。以下では、このようなパターンについて説明します。

　モデルは以下のいくつかのパターンでデプロイすることができます。

- インストール可能なソフトウェアパッケージの一部として静的にデプロイする
- ユーザーのデバイスに動的にデプロイする
- サーバー上に動的にデプロイする
- モデルストリーミングを用いてデプロイする

8.1 静的デプロイ

機械学習モデルの静的デプロイは、従来のソフトウェアの導入と非常によく似ています。みなさんは、ソフトウェア全体をインストールするパッケージを準備します。モデルは実行時に利用可能なリソースとしてパッケージ化されます。OSや実行時環境に応じて、モデルと特徴量抽出器のオブジェクトは、ダイナミックリンクライブラリ（WindowsではDLL）や共有オブジェクト（Linuxでは*.soファイル）としてパッケージ化でき、Javaや.NETなどの仮想マシンベースのシステムでは、標準的なリソース置き場にシリアライズして保存することができます。

静的デプロイには利点がたくさんあります。

- ソフトウェアが直接モデルにアクセスできるため、ユーザの実行時間が短くなる。
- 予測時にユーザーのデータをサーバーにアップロードする必要がないため、時間の節約とプライバシーの保護が可能になる。
- オフライン時にもモデルを実行することができる。
- ソフトウェア開発者はモデルの運用や維持に気を配る必要がなく、ユーザーの責任となる。

しかし、静的デプロイにはいくつかの欠点があります。まず第一に、機械学習コードとアプリケーションコードそれぞれの役割、すなわち、どこで分離すべきかが必ずしも明確にはないことです。そのため、モデルをアップグレードする場合は、アプリケーション全体をアップグレードしなくてはならなくなります。第二に、モデルが予測に特別なハードウェア（アクセラレータやGPUへのアクセスなど）を使っている場合、静的デプロイが可能な場所と不可能な場所が複雑になり、混乱を招く可能性があります。

8.2 ユーザーデバイスへの動的デプロイ

デバイスへの動的デプロイは、ユーザがシステムの一部をソフトウェアアプリケーションとしてデバイス上で実行するという意味で、静的デプロイと似ています。異なる点は、動的デプロイでは、モデルがアプリケーションのバイナリコードの一部ではないことです。そのため、モデルの分離がより明確になります。このため、ユーザーデバイス上で実行されるアプリケーション全部を更新することなくモデルの更新を行うことができます。さらに、動的デプロイでは、利用可能な計算資源にあった適切なモデルを選択することもできます。

動的デプロイにはいくつかの方法があります。

- モデルのパラメータをデプロイする
- シリアライズされたオブジェクトをデプロイする
- ブラウザへデプロイする

8.2.1 モデルパラメータのデプロイ

この方法の前提は、モデルのファイルには学習したパラメータしか含まれておらず、ユーザーのデバイスにはモデルの実行環境がインストールされているというものです。**TensorFlow** などのいくつかの機械学習パッケージには、モバイルデバイスで実行できる軽量バージョンがあります。

また、Appleの **Core ML** などのフレームワークでは、**scikit-learn**、**Keras**、**XGBoost** などのパッケージで作成したモデルをAppleのデバイスで実行することができます。

8.2.2 シリアルライズされたオブジェクトのデプロイ

ここでは、モデルのファイルはシリアルライズされたオブジェクトであり、アプリケーションがそれを非シリアライズします。この方法の利点は、ユーザーのデバイス上にモデルのランタイム環境を用意する必要がないことです。必要な依存関係はすべて、モデルのオブジェクトとともにシリアルライズされています。

この方法の欠点は、アップデートが非常に「重い」ということです。これは、何百万人ものユーザーを抱えるソフトウェアシステムの場合に問題となります。

8.2.3 ブラウザへのデプロイ

最近のデバイスは、デスクトップでもモバイルでも、ほとんどがブラウザにアクセスできます。**TensorFlow.js** などの機械学習フレームワークには、ランタイムとしてJavaScriptを使用することで、ブラウザ上でモデルの訓練と実行を可能にするものがあります。

TensorFlowモデルをPythonで訓練し、それをブラウザのJavaScriptランタイム環境にデプロイして実行することも可能です。また、クライアントのデバイスでGPUが利用できる場合、Tensorflow.jsはそれを利用することもできます。

8.2.4 メリットとデメリット

ユーザーのデバイスに動的デプロイすることの主な利点は、ユーザーから見てモデルへの呼び出しが高速になることです。また、ほとんどの計算がユーザーのデバイスで実行される

ため、会社のサーバーへの負荷も軽減されます。さらに、モデルがブラウザにデプロイされた場合、モデルのパラメータを含むウェブページを提供するだけで済みます。ブラウザベースの導入方式の欠点は、帯域幅のコストとアプリケーションの起動に時間がかかる可能性があることです。アプリケーションのインストールに必要なダウンロードは1回だけですが、ユーザーはウェブアプリケーションを起動するたびにモデルのパラメータをダウンロードしなければならないのです。

　もう1つの問題は、モデルの更新時に発生します。シリアライズされたオブジェクトはかなりの量になることがあります。ユーザーの中には、更新中にオフラインになってしまう人や、今後の更新をすべてオフにしてしまう人もいるでしょう。そうなると、ユーザーごとにモデルのバージョンが大きく異なってしまうことになります。そうなると、アプリケーションのサーバー側の部分をアップグレードするのが難しくなります。

　ユーザーの端末にモデルをデプロイするということは、第三者がモデル分析に利用できてしまうということを意味します。彼らは、モデルをリバースエンジニアリングしてその動作を再現しようとするかもしれません。様々な入力を与えて出力を調べることで、弱点を探すこともできるでしょう。あるいは、自分のデータを使って、モデルが自分たちが望むものを予測するようにするかもしれません。

　例えば、ユーザーが自分が興味を持つニュースを読むことができるモバイルアプリケーションがあったとします。コンテンツプロバイダは、モデルをリバースエンジニアリングして、そのプロバイダが提供するニュースがより頻繁に推奨されるようにするかもしれません。

　静的デプロイの場合と同様に、ユーザーのデバイスに導入すると、モデルの性能を監視するのが難しくなります。

8.3 サーバーへの動的デプロイ

　上記の複雑さと性能の監視の問題から、最も一般的な導入パターンは、モデルをサーバー上に配置し、**REST API**としてWebサービスや**gRPC**（Google's Remote Procedure Call）の形で利用できるようにすることです。

8.3.1 仮想マシンへのデプロイ

　クラウド環境にデプロイされる一般的なWebサービスアーキテクチャでは、予測結果は、HTTPリクエストへの応答として提供されます。仮想マシン上で動作するWebサービスは、入力データを含むユーザーリクエストを受信し、その入力データに基づいて機械学習システムを呼び出し、機械学習システムの出力を出力用のJSONまたはXMLに変換します。負荷が高くならないように、複数の同じ機能を持つ仮想マシンを並列に動作させます。

ロードバランサーは、入力されたリクエストを、そのときの仮想マシンの利用状況に応じて、特定の仮想マシンに振り分けます。仮想マシンは、手動で追加・終了することもできますし、使用状況に応じて仮想マシンを起動・終了させる EC2 の**オートスケーリンググループ**の一部とすることもできます。図8.2はこのデプロイパターンを示しています。濃い灰の四角で示された各インスタンスは、特徴量抽出器とモデルの実行に必要なすべてのコードと、そのコードにアクセスするための Web サービスを保持しています。

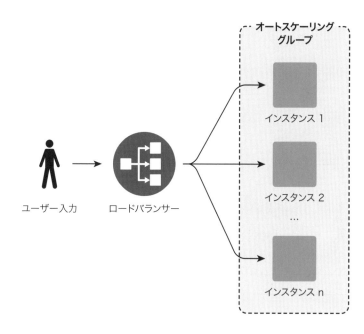

図8.2：機械学習モデルを Web サービスとして仮想マシン上にデプロイする。

Python では、REST API の Web サービスは通常、**Flask** や **FastAPI** などの Web アプリケーションフレームワークを使って実装します。R では **Plumber** がこれに相当します。

深層モデルの訓練に使用される TensorFlow には、組み込みの gRPC サービスである TensorFlow Serving が提供されています。

仮想マシン上にデプロイするメリットは、ソフトウェアシステムのアーキテクチャが概念的にシンプルになることです。これは典型的な Web または gRPC サービスです。

デメリットは、サーバーのメンテナンスが（物理的または仮想的に）必要なことです。仮想化を使用している場合は、仮想化と複数OSの実行によるオーバーヘッドが加わることです。また、ネットワークの遅延は、予測結果を速く計算する必要がある場合には深刻な問題となります。最後に、仮想マシンへのデプロイは、コンテナへの導入や後述するサーバーレスのデプロイと比較して、比較的コストがかかります。

第**8**章

モデルの導入

8.3.2 コンテナへの導入

　仮想マシンベースの導入に代わる最新の方法として、コンテナベースのデプロイがあります。コンテナを使用すると、仮想マシンを使用する場合に比べてリソースを節約でき、柔軟性が高いと考えられます。コンテナは、独自のファイルシステム、CPU、メモリ、プロセス空間を持つ独立したランタイム環境であるという意味で、仮想マシンに似ています。しかし、大きな違いは、すべてのコンテナが同じ仮想マシンまたは物理マシン上で実行され、OSを共有しているのに対し、仮想マシンはそれぞれ独自のOSのインスタンスを実行していることです。

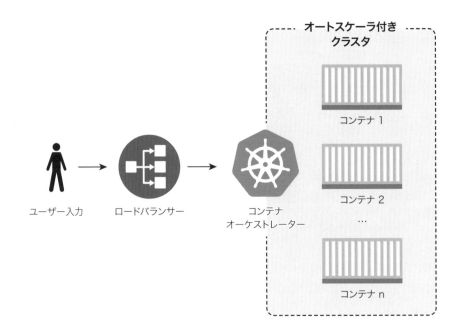

図8.3：クラスタ上で動作するコンテナにWebサービスとしてモデルを導入する。

　デプロイの流れは以下のようになっています。機械学習システムとWebサービスをコンテナ内にインストールします。通常、コンテナとは**Docker**コンテナのことですが、それ以外の方法もあります。次に、コンテナオーケストレーションシステムを使用して、物理サーバーまたは仮想サーバーのクラスター上でコンテナを実行します。オンプレミスやクラウドプラットフォームで動作する典型的なコンテナオーケストレーションシステムは**Kubernetes**です。クラウドプラットフォームによっては、**AWS Fargate**や**Google Kubernetes Engine**など、独自のコンテナオーケストレーションエンジンを提供するものと、Kubernetesをネイティブにサポートするものがあります。

図8.3はそのデプロイパターンを示したものです。ここでは、仮想マシンまたは物理マシンがクラスターに編成され、そのリソースがコンテナオーケストレーターによって管理されています。新しい仮想マシンや物理マシンを手動でクラスタに追加したり、止めたりすることができます。みなさんのソフトウェアがクラウド環境にデプロイされている場合、クラスターオートスケーラーは、クラスターの使用状況に応じて、仮想マシンを起動（およびクラスターへの追加）または終了させることができます。

コンテナへのデプロイは、仮想マシンへの導入と比較して、リソース効率が高いという利点があります。これにより、ユーザリクエストに応じて自動的にスケールアップしたり、**スケールを0にする**（scale-to-zero）にすることも可能です。スケールを0にするとは、アイドル状態のコンテナを0にして、リクエストがあれば復活させることができるというものです。その結果、常時稼働しているサービスに比べて、リソースの消費量が少なくなります。これにより、消費電力を抑え、クラウドリソースのコストを削減することができます。

欠点としては、一般的にコンテナによるデプロイはより複雑で、専門知識が必要であると考えられていることです。

8.3.3 サーバーレスデプロイ

Amazon、Google、Microsoftなど、いくつかのクラウドサービス事業者が、いわゆるサーバーレスコンピューティングを提供しています。Amazon Web ServicesではLambda-functions、Microsoft Azure や Google Cloud Platform では Functions と呼ばれているものです。

サーバーレスデプロイは、機械学習システムの実行に必要なコード（モデル、特徴量抽出器、予測コード）をすべて含むzipアーカイブを準備することから始まります。zipアーカイブには、特定の関数、すなわち、特定のシグネチャを持つクラスメソッド定義（エントリーポイント関数）を含むファイルが必要です。このzipアーカイブは、クラウドプラットフォームにアップロードされ、一意な名前で登録されます。

このようなクラウドプラットフォームは、このサーバーレス関数に入力を送信するAPIを提供します。このAPIは、関数名を指定し、ペイロードを提供することで、出力を得ることができます。クラウドプラットフォームは、コードとモデルを適切な計算機資源にデプロイし、コードを実行し、出力をクライアントに戻す作業を行います。

通常、関数の実行時間、zipファイルのサイズ、実行時に利用可能なRAMの量は、クラウドサービスプロバイダーによって制限されています。

zipファイルサイズの制限は課題となります。典型的な機械学習モデルは、複数のかなり大きな依存関係を必要とします。多くの場合、モデルを適切に実行するために、NumPy、SciPy、scikit-learnなどのPythonのライブラリが必要となります。クラウドプラットフォームによっては、Java、Go、PowerShell、Node.js、C#、Rubyなどの他のプログラミング言語もサポートされています。

第**8**章

モデルの導入

247

サーバーレスデプロイには多くの利点があります。まず、サーバーや仮想マシンなどのリソースを用意する必要がないことです。依存関係をインストールしたり、システムをメンテナンスしたり、アップグレードしたりする必要もありません。サーバーレスシステムは拡張性が高く、1秒間に数千のリクエストを簡単かつ楽にサポートできます。サーバーレス機能は、同期と非同期の両方の動作モードをサポートしています。

　また、サーバーレスデプロイは費用対効果が良く、計算時間に対してだけ費用が発生します。前述のオートスケーリングを使った2つのデプロイパターンでも実現できるかもしれませんが、オートスケーリングは大きな遅延があります。需要が減少しても、終了するまでは、過剰な仮想マシンが稼働し続ける可能性があります。

　また、サーバーレスデプロイは、**カナリアデプロイ**（canary deployment）を容易にします。カナリアデプロイとは、ソフトウェアエンジニアリングにおいて、更新されたコードを少数のエンドユーザーだけにプッシュする方法のことです。新バージョンは少数のユーザー（通常は気づかれない）だけにしか配布されないため、その影響は比較的小さく、万一新しいコードにバグがあったとしても、変更をすぐに取り消すことができます。本番環境に2つのバージョンのサーバーレス機能を設定し、一方だけに少量のトラフィックを送り始め、多くのユーザーに影響を与えることなくテストすることは簡単です。カナリアデプロイについては、8.4節で詳しく説明します。

　ロールバックもサーバーレスデプロイでは非常にシンプルで、ZIPアーカイブを1つ置き換えるだけで、前のバージョンの機能に簡単に切り替えることができます。

　ここまで、ZIPアーカイブのサイズ制限と、実行時で利用可能なRAMについて説明してきました。これらはサーバーレスデプロイの重要な欠点です。同様に、GPUアクセス[1] が利用できないことも、深層モデルのデプロイには大きな制限となります。

　もちろん、複雑なソフトウェアシステムでは、デプロイパターンを組み合わせても構いません。あるモデルに適したデプロイパターンは、別のモデルではあまり最適ではないかもしれません。複数のデプロイパターンを組み合わせたものを**ハイブリッドデプロイパターン**と呼びます。Google HomeやAmazon Echoのようなパーソナルアシスタントでは、起動フレーズ（「OK, Google」や「Alexa」など）を認識するモデルをクライアントのデバイス上に導入し、代わりにより複雑なモデルをサーバー上で実行して「曲XをデバイスYに入れて」のようなリクエストを処理することがあります。また、ユーザーのモバイル端末にデプロイされたものは、映像を拡張したり、簡単なインテリジェント効果をリアルタイムに加えることができます。サーバー上のモデルは、手ぶれ補正や超解像など、より複雑な処理を行うのに使用されます。

---

[1]　2020年7月現在

8.3.4 モデルストリーミング

モデルストリーミングは、REST APIとは逆のデプロイパターンです。REST APIでは、クライアントはサーバーにリクエストを送信し、レスポンス（予測）を待ちます。

複雑なシステムでは、同じ入力に対してたくさんのモデルが適用されることがあります。もしくは、あるモデルが別のモデルからの予測を入力することもあります。例えば、ニュースの記事が入力されたとします。あるモデルは記事のトピックを予測し、別のモデルは固有表現を抽出し、3つ目のモデルは記事の要約を生成する、といった具合です。

REST APIのデプロイパターンでは、モデルごとに1つのREST APIが必要です。クライアントは、ニュースの記事をリクエストの一部として送信することで、あるAPIを呼び出し、レスポンスとしてトピックを取得します。次に、クライアントはニュース記事を送信して別のAPIを呼び出し、レスポンスとして固有表現を取得する、といった具合です。

ストリーミングは異なった仕組みで機能します。モデルごとにREST APIを用意するのではなく、すべてのモデルとその実行に必要なコードを**ストリーム処理エンジン**（SPE）に登録します。これには、**Apache Storm**、**Apache Spark**、**Apache Flink**などがあります。また、これらは、**Apache Samza**、**Apache Kafka Streams**、**Akka Streams**などの**ストリーム処理ライブラリ**（SPL）をベースにしたアプリケーションとしてパッケージ化されています。

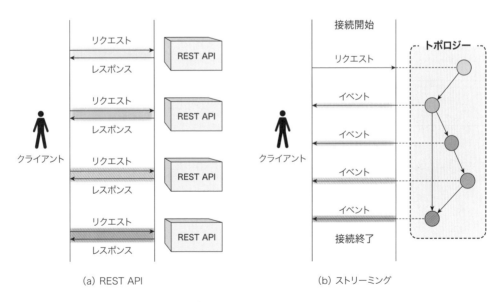

(a) REST API   (b) ストリーミング

図8.4：REST APIとストリーミングの違い

（a）REST APIを使用するクライアントは、1つのデータを処理するために、一連のリクエストを1つずつ送信し、同期的にレスポンスを受信する。

（b）ストリーミングを使用するクライアントは、1つのデータを処理するために、接続を開き、リクエストを送信し、発生した更新イベントを受信する。

これらのSPEやSPLの説明は本書の範囲を超えていますが、共通しているのは、REST APIベースのアプリケーションとは異なる特性を持っていることです。それぞれのストリーム処理アプリケーションでは、**データ処理トポロジー**の概念が暗黙的もしくは明示的に存在します。入力データは、無限のストリームとしてクライアントから送られてきます。ストリームのデータはあらかじめ定義されたトポロジーに従って、トポロジー内のノードで変換されます。変換されたストリームは、接続された他のノードに渡されます。

　ストリーム処理アプリケーションでは、ノードは入力を何らかの方法で変換し、次のいずれかを実行します。

- 出力を他のノードに送る
- 出力をクライアントに送る
- 出力をデータベースやファイルシステムに保存する

　あるノードはニュース記事を受け取り、そのトピックを予測し、別のノードはニュース記事と予測されたトピックの両方を受け取り、サマリーを生成するといった具合です。

　REST APIベースのアプリケーションとストリーミングベースのアプリケーションの違いを図8.4に示します。図8.4aは、REST APIを使用するクライアントが、一連のリクエストを送信することで、ニュース記事などのデータを処理している様子を示しています。さまざまなREST APIが次々とリクエストを受け取り、同期的にレスポンスを生成しています。一方、ストリーミングを使用するクライアント（図8.4b）は、ストリーミングアプリケーションへの接続を開き、リクエストを送信して、更新イベントを随時受信します。

　図8.4bのストリーミングベースのアプリケーションの右側には、アプリケーション内のデータフローを定義するトポロジーがあります。クライアントから送られた入力データそれぞれは、**トポロジーグラフ**のすべてのノードを通過します。ノードは、更新されたイベントをクライアントに送信したり、データをデータベースやファイルシステムに保存したりすることができます。

　SPEベースのストリーミングアプリケーションは、それ専用の仮想マシンまたは物理マシンのクラスタ上で動作し、データ処理の負荷を利用可能なリソースに分散させる役割を果たします。SPLベースのストリーミングアプリケーションは、データ処理のための専用クラスタを必要としません。仮想マシンや物理マシン、コンテナオーケストレーター（Kubernetesなど）などの利用可能なリソースと統合することができます。

　REST APIが採用されるのは通常、クライアントが繰り返しパターンの多いリクエストではなく、アドホックなリクエストを送信できるようにするためです。REST APIは、クライアントがAPIのレスポンスをどう処理するかを自由に決めたい場合に最適な選択です。その一方で、クライアントの各リクエストが

- 典型的であり、

- 一定の変換パターン、特に複数の中間的な変換を経ており、

- 特定のデータをファイルシステムやデータベースに保存するなど、常に同じ動作を行う場合は、ストリーミングベースのアプリケーションは、リソース効率、低遅延、セキュリティ、フォールトトレランス性の面で優れています。

8.4 デプロイ方法

一般的なデプロイ方法は以下の通りです。

- シングルデプロイ
- サイレントデプロイ
- カナリアデプロイ
- 多腕バンディット

それぞれの方法について考えてみましょう。

8.4.1 シングルデプロイ

シングルデプロイは、最もシンプルな方法です。概念的には、新しいモデルができたら、それをファイルにシリアライズし、古いファイルを新しいファイルで置き換えます。必要に応じて、特徴量抽出器も置き換えます。

クラウド環境のサーバーにデプロイするには、新しい仮想マシンや新しいコンテナを用意し、そこで新しいモデルを実行するようにします。次に、仮想マシンまたはコンテナのイメージを置き換えます。最後に、それまでの仮想マシンやコンテナを徐々に停止したり削除して、オートスケーラーに新しいマシンを起動させます。

物理的なサーバーにデプロイする場合は、新しいモデルのファイル（必要に応じて特徴量抽出を行うオブジェクトも）をサーバーにアップロードします。その後、それまで使っていたファイルや古いコードを新しいものに置き換えて、Webサービスを再起動します。

ユーザーの端末にデプロイする場合は、新しいモデルファイルを、必要に応じて特徴量抽出を行うオブジェクトと一緒に、ユーザーの端末にプッシュし、ソフトウェアを再起動します。

インタープリタで動くコードを使用している場合は、ソースコードを置き換えるだけで、特徴量抽出オブジェクトを導入することができます。ソフトウェアアプリケーション全体の再インストールしなくてすむように、サーバーまたはユーザーの端末上で、特徴量抽出オブジェクトをファイルにシリアライズすることができます。特徴量抽出器のオブジェクトを非

シリアライズするのは、モデルを実行するソフトウェアが、起動時に行います。

シングルデプロイはシンプルであるという利点がありますが、最もリスクの高い方法でもあります。新しいモデルや特徴量抽出器にバグがあると、すべてのユーザーに影響を与えることになります。

8.4.2 サイレントデプロイ

シングルデプロイの対極にあるのが**サイレントデプロイ**です。サイレントデプロイでは、新しいモデルと新しい特徴量抽出器をデプロイし、以前のものは残しておき、両方のバージョンが並行して実行されます。ユーザーは切り替えが完了するまで、新しいモデルに触れることはありません。新しいモデルが行った予測は、ログに記録され、しばらくしてから、可能性のあるバグを検出するために分析されます。

サイレントデプロイには、ユーザーに悪影響を与えることなく、新しいモデルが期待通りに動作することを確認するための十分な時間を確保できるというメリットがあります。欠点は、2つモデルを実行する必要があり、リソースを多く消費することです。また、アプリケーションによっては、ユーザーに予測値を公開せずに新しいモデルを評価することは不可能な場合があります。

8.4.3 カナリアデプロイ

カナリアデプロイは、新しいモデルをごく一部のユーザーにだけプッシュし、残りのほとんどのユーザーは古いモデルを使ったままにするというものです。サイレントデプロイとは異なり、カナリアデプロイでは、新しいモデルの性能とその予測の効果を検証することができます。シングルデプロイとは異なり、カナリアデプロイでは、バグが発生しても影響を与えるユーザーは限定的です。

カナリアデプロイを選ぶと、複数のモデルを同時にメンテナンスするという作業が加わることを理解しておく必要があります。

カナリアデプロイの明らかな欠点は、発生率の低いエラーを発見できないことです。新モデルを5%のユーザーにリリースして、2%ユーザーにバグが発生した場合、そのバグが発見される確率は0.1%しかないのです。

8.4.4 多腕バンディット

第7章7.3節で説明したように、**多腕バンディット**（MAB）は、本番環境で複数のモデルを比較し、最も性能の良いものを選択する方法です。MABには興味深い特性があります。初期探索（MABアルゴリズムが各モデル（アーム）の性能を評価するのに十分な証拠を収集して

いる間）の後、最終的には最良のアームがずっと選択されます。つまり、MABアルゴリズムが収束した後は、ほとんどの場合、すべてのユーザーが最適なモデルに割り当てられるということです。

このように、MABアルゴリズムは、オンラインでのモデル評価とモデルのリリースという2つの問題を同時に解決してくれます。

8.5 自動デプロイ、バージョン管理、メタデータの自動化

モデルは重要なアセットですが、決して単独で提供されるものではありません。本番環境用のモデルのテストには、モデルが正しく動くようにようにするための追加のアセットがあります。

8.5.1 モデルに付随するアセット

モデルは、以下がそろっている場合にだけ、本番環境にデプロイします。

- モデルの入力と出力を定義する**エンドツーエンドのセット**。このデータセットではモデルは必ず正しく動作する必要があります。
- モデルの入力と出力を正しく定義する**コンフィデンステスト**。性能指標の値を計算するために使われます。
- **性能指標**。コンフィデンステストにモデルを適用することで、その値が計算されます。
- 性能指標の**許容値の範囲**

このモデルを使用したシステムが、サーバーのインスタンスやクライアントの端末上で最初に起動されると、外部プロセスがモデルをエンドツーエンドのテストデータで呼び出し、すべての予測が正しいことを検証しなければなりません。さらに、同じ外部プロセスが、このモデルにコンフィデンステストを行い得られた性能指標の値が、許容範囲内にあることを検証する必要があります。2つの評価のいずれかが失敗した場合、そのモデルをクライアントに提供しないほうがよいでしょう。

8.5.2 バージョンの同期

以下の3つのバージョンは常に同期している必要があります。

1. 訓練データ
2. 特徴量抽出器
3. モデル

データを更新するたびに、データリポジトリに新しいバージョンを作成する必要があります。特定のバージョンのデータを使って訓練したモデルは、モデルの訓練に使ったデータと同じバージョン番号でモデルリポジトリに入れてください。

特徴量抽出器が変更されていない場合は、そのバージョンを更新して、データとモデルを同期させる必要があります。特徴量量出器が更新された場合は、更新した特徴量抽出器を使って新しいモデルを構築する必要があります。この際は、特徴量抽出器、モデル、訓練データ（訓練データが変更されていなくても）のバージョンを上げます。

新しいモデルのリリースは、スクリプトを使ってトランザクション方式で自動化する必要があります。リリースするモデルのバージョンが指定されると、リリーススクリプトは、モデルと特徴量抽出オブジェクトをリポジトリから取り出し、本番環境にコピーします。モデルは、エンドツーエンドおよびコンフィデンステストデータを通す必要があります。これは、外部からのモデル呼び出しをシミュレート形で行います。エンドツーエンドのテストデータに予測エラーが発生した場合や、性能指標の値が許容範囲内にない場合は、リリース全体をロールバックする必要があります。

8.5.3 モデルのメタデータ

各モデルには、以下のコードとメタデータを付ける必要があります。

- モデルの訓練に使用したライブラリまたはパッケージの名前とバージョン
- モデルの開発にPythonが使用された場合、モデル開発に使用された仮想環境のrequirements.txt（または、Docker HubやDockerレジストリにある特定のパスを指すDockerイメージ名）
- 使用した学習アルゴリズム名、ハイパーパラメータの名と値
- モデルに必要な特徴量のリスト
- 出力のリスト、タイプ、処理方法
- モデルの訓練に使用した訓練データのバージョンと保存場所

- モデルのハイパーパラメータのチューニングに使用した検証データのバージョンと保存場所

- 新しいデータに対してモデルを実行し、予測値を出力するモデルのスコアリングコード

メタデータおよびスコアリングコードは、データベースまたはJSON/XML形式のテキストファイルに保存することができます。監視用に、各リリースには以下の情報も付ける必要があります。

- 誰が、いつ、モデルを構築したか

- 誰が、いつ、どのような根拠から、モデルのデプロイを決定したのか

- 誰が、プライバシー及びセキュリティのコンプライアンスの観点でモデルをレビューしたか

8.6 モデルリリースするベストプラクティス

この節では、機械学習システムを本番環境に導入する際の実用的な側面について説明します。また、モデルの導入に役立つ実用的なヒントをいくつか紹介します。

8.6.1 アルゴリズムの効率化

ほとんどのデータアナリストはPythonやRを使用しています。これらの2つの言語でWebサービスを構築できるWebフレームワークがありますが、PythonもRもそれほど効率的な言語とは考えられていません。

実際、Pythonの数値計算パッケージを使用する場合、そのコードの多くは効率的なCまたはC++で書かれ、特定のOS用にコンパイルされています。しかし、皆さんが書かれたデータの前処理、特徴量抽出、スコアリングのコードは、それほど効率的ではないかもしれません。また、すべてのアルゴリズムが実用的なものとは限りませんし、課題を素早く解決できるアルゴリズムもあれば、時間のかかるアルゴリズムもあるでしょう。また、課題によっては、高速なアルゴリズムが存在しない場合もあります。

コンピュータサイエンスの分野である**アルゴリズム解析**は、アルゴリズムの複雑さを決定し、比較する分野です。大文字の**O表記**は、アルゴリズムを分類するために使用され、入力サイズが大きくなるにつれて、実行時間や必要なスペースがどう増加するかを教えてくれます。例えば、大きさ N のデータの集合 S の中で、最も遠い2つの1次元のデータを見つけるという課題があるとします。例えば、Pythonのアルゴリズムは以下のようになるでしょう。

```
1    def find_max_distance(S):
2        result = None
3        max_distance = 0
4        for x1 in S:
5            for x2 in S:
6                if abs(x1 - x2) >= max_distance:
7                    max_distance = abs(x1 - x2)
8                    result = (x1, x2)
9        return result
```

また、Rでは次のようになります。

```
1    find_max_distance <- function (S) {
2        result <- NULL
3        max_distance <- 0
4        for (x1 in S) {
5            for (x2 in S) {
6                if ( abs (x1 - x2) >= max_distance) {
7                    max_distance <- abs (x1 - x2)
8                    result <- c (x1, x2)
9                }
10           }
11       }
12       result
13   }
```

　上記のアルゴリズムでは、S のすべての値をループし、最初のループの繰り返しごとに、S のすべての値をもう一度ループしています。したがって、このアルゴリズムでは、数値の比較を N^2 回行います。比較、絶対値、代入の各操作にかかる時間を単位時間とすると、このアルゴリズムの時間的複雑さ（単に複雑さ）は最大でも $5N^2$ です。各反復において、1つの比較、2つの abs、および2つの代入操作が行われます（$1 + 2 + 2 = 5$）。O表記は、最悪のケースで、アルゴリズムの複雑さを測定する場合に使用します。上のアルゴリズムの場合、O表記を使うと、アルゴリズムの複雑さは $O(N^2)$ となり、5のような定数は無視されます。

　同じ問題に対して、Pythonのアルゴリズムを次のように作ることもできます。

```
1    def find_max_distance(S):
2        result = None
3        min_x = float("inf")
4        max_x = float("-inf")
```

```
5      for x in S:
6          if x < min_x:
7              min_x = x
8          if x > max_x:
9              max_x = x
10     result = (max_x, min_x)
11     return result
```

またRでは、以下のようになるでしょう。

```
1   find_max_distance <- function (S) {
2       result <- NULL
3       min_x <- Inf
4       max_x <- -Inf
5       for (x in S) {
6           if (x < min_x) {
7               min_x <- x
8           }
9           if (x > max_x) {
10              max_x = x
11          }
12      result <- c (max_x, min_x)
13      }
12      result
13  }
```

　上記のアルゴリズムでは、S のすべての値を1回だけループするので、アルゴリズムの複雑さは$O(N)$となります。この場合、後者のアルゴリズムは前者よりも効率的であると言うことができます。あるアルゴリズムが**効率的**だと言われるのは、その複雑さが入力サイズの多項式になる場合です。Nは次数1の多項式、N^2は次数2の多項式なので、$O(N)$も$O(N^2)$も効率的ですが、入力データが非常にたくさんの場合、$O(N^2)$のアルゴリズムは非常に遅くなる可能性があります。このため、ビッグデータ時代の科学者やエンジニアは、$O(\log N)$アルゴリズムを求めていることが多いです。現実的な観点では、アルゴリズムを実装する際には、可能な限りループの使用を避け、NumPyなどを用いてベクトル化したほうがよいでしょう。例えば、行列やベクトルの演算を使って、ループは使わないようにしてください。Pythonでは、$\mathbf{w} \cdot \mathbf{x}$（2つのベクトルの内積）の計算は、次のようにします。

```
1   import numpy
2   wx = numpy.dot(w,x)
```

以下のようにはしないでください。

```
1  wx = 0
2  for i in range(N):
3      wx += w[i]*x[i]
```

同様にRでは次のようにします。

```
1  wx = w %*% x
```

決して次のようにしないでください。

```
1  wx <- 0
2  for (i in seq (N)) {
3      wx <- wx + w[i]*x[i]
4  }
```

　適切な**データ構造**を使用してください。要素の順序が重要でない場合は、リストではなく集合を使用してください。Pythonでは、特定のデータが S に属しているかどうかの検証は、S が集合の場合は速く、S がリストの場合は遅くなります。

　Pythonのコードをより効率的にするためのもう1つの重要なデータ構造がdictです。これは他の言語では**辞書**や**ハッシュテーブル**と呼ばれています。これにより、キーと値のペアの集まりを定義し、非常に高速にキー検索を行うことができます。

　自分でコードを書くのは、みなさんが研究者であったり、本当に必要なときだけにしましょう。NumPy、SciPy、scikit-learnなどのPythonのパッケージは、経験豊富な研究者やエンジニアが効率性を考慮して作ったものです。これらのパッケージには、CやC++でコンパイルされた多くのメソッドが最高の性能が出るように実装されています。

　膨大な数の要素を繰り返し処理する必要がある場合は、すべての要素を1度に返すのではなく、Pythonの**ジェネレータ**（またはそれに対応するRの**iterators**パッケージ）を使用して1度に1つの要素を返す関数を作成します。

　Pythonの**cProfile**パッケージ（またはそのR版である**lineprof**）を使用すると、コードの非効率な部分を見つけることができます。

　最後に、アルゴリズム的にコードを改善できない場合は、以下のパッケージを使用して速度をさらに向上させることができます。

- Pythonの**multiprocessing**パッケージやRの**parallel**を使用して、計算を並列に実行したり、**Apache Spark**などの分散処理フレームワークを使用する。
- **PyPy**や**Numba**などのツールを使って、Pythonコード（またはRの**compiler**パッケージ）を高速で最適化されたマシンコードにコンパイルする。

8.6.2 深層モデルのデプロイ

深層モデルの場合、GPUで**スコアリング**（予測）を行なわないと要求される速度が実現できない場合があります。クラウド環境におけるGPUインスタンスにかかる費用は、一般的に「普通の」インスタンスにかかる費用よりもはるかに高くなります。このような場合には、モデルだけを、高速な計算に最適化されたGPUが提供されている環境にデプロイすることができます。アプリケーションの残りの部分は、CPU環境に個別に導入します。この方法により、費用を抑えることができますが、同時に、アプリケーション間通信のオーバーヘッドが発生する可能性があります。

8.6.3 キャッシュ

キャッシュは、ソフトウェアエンジニアリングにおける標準的な手法です。メモリキャッシュは、関数の呼び出しの結果を保存するために使用され、次に同じ値のパラメータでその関数が呼び出されたときに、結果がキャッシュから読み込まれます。

キャッシュは、処理に時間がかかる関数や、同じパラメータ値で頻繁に呼び出される関数がアプリケーションに含まれている場合に、アプリケーションの高速化に役立ちます。機械学習では、このような処理に時間がかかる関数はモデルであり、特にGPU上で実行される場合はそうです

最も簡単なキャッシュはアプリケーション自身で実装することができます。Pythonでは、`lru_cache`デコレーターは、関数を**メモ化**用の呼び出し可能オブジェクトでラップし、`maxsize`回まで最近の呼び出しを保存することができます。

```
1  from functools import lru_cache
2
3  # ファイルからモデルを読み込む
4  model = pickle.load(open("model_file.pkl", "rb"))
5
6  @lru_cache(maxsize=500)
7  def run_model(input_example):
8      return model.predict(input_example)
9
```

```
10   # これで新しいデータに対して run_model を
11   # 呼び出すことができる
```

ある入力に対して初めて関数run_modelが呼ばれたとき、model.predictが呼ばれます。引き続いて同じ値の入力に対してrun_modelが呼ばれたとき、出力は 最も最近実行されたmodel.predict の maxsizeの結果を記憶したキャッシュから読み込まれます

Rでは、memo関数を使って同様の結果を得ることができます。

```
1    library (memo)
2
3    model <- readRDS ("./model_file.rds")
4
5    run_model <- function (input_example) {
6        result <- predict (model, input_example)
7        result
8    }
9
10   # メモ化版のrun_modelを作成する
11   run_model_memo <- memo (run_model, cache = lru_cache (500))
12
13   # これで新しいデータでrun_modelを使うのではなく
14   # run_model_memoを使うことができる
```

lru_cacheなどは実験環境で使用する場合は非常に便利ですが、通常、本番環境のシステムは大規模なので、は**Redis**や**Memcached**などの汎用のスケーラブルかつ設定可能なキャッシュソリューションを採用します。

8.6.4 モデルとコードの配布形式

モデルと特徴量抽出コードを本番環境に配布するには、シリアライズが最も簡単な方法です。最近のプログラミング言語はシリアルライズツールをサポートしており。Pythonでは**pickle**がそれにあたります。

```
1    import pickle
2    from sklearn import svm, datasets
3
4    classifier = svm.SVC()
5    X, y = datasets.load_iris(return_X_y=True)
6    classifier.fit(X, y)
7
```

```
8   # モデルをファイルに保存する
9   with open("model.pickle","wb") as outfile:
10      pickle.dump(classifier, outfile)
11
12  # ファイルからモデルを読み込む
13  classifier2 = None
14  with open("model.pickle","rb") as infile:
15      classifier2 = pickle.load(infile)
16  if classifier2:
17      prediction = classifier2.predict(X[0:1])
```

RではRDSになります。

```
1   library ("e1071")
2
3   classifier <- svm (Species ~ ., data = iris, kernel = 'linear')
4
5   # モデルをファイルに保存する
6   saveRDS (classifier, "./model.rds")
7
8   # ファイルからモデルを読み込む
9   classifier2 <- readRDS ("./model.rds")
10
11  prediction <- predict (classifier2, iris[1,])
```

scikit-learnでは、pickleではなく**joblib**を使った方がいいでしょう。これは巨大な**NumPy**配列を持つオブジェクトに対してより効率的です。

```
1   from joblib import dump, load
2
3   # モデルをファイルに保存する
4   dump(classifier, "model.joblib")
5
6   # ファイルからモデルを読み込む
7   classifier2 = load("model.joblib")
```

　同様の方法で、特徴量抽出器をシリアライズされたオブジェクトをファイルに保存し、それを本番環境にコピーし、そのファイルから読み出すこともできます。

　アプリケーションによっては、予測速度が重要な場合があります。このような場合、実環境のコードはJavaやC/C++などのコンパイル言語で書かれます。データアナリストがPythonやRを使ってモデルを構築したものを、本番用にリリースするには3つの選択肢があります。

第**8**章 モデルの導入

261

- 本番環境用にコンパイルされたプログラミング言語でコードを書き換える。
- PMMLやPFAなどの標準的なモデルフォーマットを使用する。
- MLeapのような専用の実行エンジンを使用する。

PMML（Predictive Model Markup Language）は、XMLをベースにした予測モデル交換フォーマットで、PMMLに準拠したアプリケーション間でモデルを保存・共有することができます。PMMLを使用することで、あるベンダーのアプリケーションで開発したモデルを他のベンダーのアプリケーションで使用すること可能になります。これにより、アプリケーション間でモデルを交換する際に、アプリケーションやシステムに固有な問題や非互換性が障害となることはなくなります。

例えば、Pythonを使ってSVMモデルを開発し、そのモデルをPMMLファイルで保存します。本番での実行環境をJVM（Java Virtual Machine）とします。JVM用の機械学習ライブラリでPMMLがサポートされていて、そのライブラリにSVMの実装があれば、モデルをそのまま本番環境で使用することができます。コードを書き換えたり、JVM言語でモデルを再訓練したりする必要はありません。

PFA（Portable Format for Analytics）はより最近の標準規格で、統計モデルとデータ変換エンジンの両方を記述することができます。PFAを用いることで、異なるシステム間でモデルや機械学習パイプラインを簡単に共有することができ、アルゴリズムに柔軟性を与えます。モデル、前処理、後処理はすべて関数であり、自由に選んだり、連鎖させたり、複雑なワークフローに組み込んだりすることができます。PFAは、JSONやYAMLの設定ファイルの形式をしています。

PMMLやPFA形式のファイルとして保存されたモデルやパイプラインのためのオープンソースの汎用の「評価器」もあります。**JPMML**（Java PMML）と **Hadrian** は、最も広く採用されているものです。評価器は、モデルやパイプラインをファイルから読み込み、入力データに適用して実行し、予測値を出力します。

しかし、PMMLやPFAは、一般的な機械学習ライブラリやフレームワークではあまりサポートされていません。例えば、scikit-learnはPMMLをサポートしていませんが、**SkLearn2PMML** では、scikit-learnのオブジェクトをPMMLに変換することができます[2]。

また、**MLeap** のような実行エンジンは、機械学習モデルやパイプラインをJVM環境で高速に実行することができます。本書の執筆時点では、MLeapはApache Sparkとscikit-learnで作成されたモデルとパイプラインを実行することができます。

では、モデルのリリースに役立つ実用的なヒントをいくつか簡単に紹介します。

---

[2]　2020年7月現在。

8.6.5 シンプルなモデルから始める

モデルを本番環境にデプロイして運用することは、思ったよりも複雑です。シンプルなモデルを運用するためのしっかりしたインフラが用意できれば、より複雑なモデルを訓練してデプロイすることができます。

シンプルな理解しやすいモデルは、特に特徴量抽出器や機械学習パイプライン全体のデバッグがより簡単になります。複雑なモデルやパイプラインは、依存関係が多く、調整すべきハイパーパラメータの数も多いため、実装やリリース時にエラーが発生しやすくなります。

8.6.6 外部テスト

モデルを本番環境に投入する前に、テストデータだけでなく、外部の人間でモデルをテストしてください。外部の人間とは、他のチームメンバーや会社の従業員のことです。また、クラウドソーシングを利用したり、承諾が得られればクライアントの一部に新製品の機能実験に参加してもらうこともできます。

外部の人間を使ってテストを行えば、個人的なバイアスを避けることができます。モデルの開発者であるみなさんはシステムに感情移入してしまっているからです。またそうすることで（例えば、チーム全員が男性や白人である場合などに）異なるユーザーにモデルを触れさせることができます。

8.7 まとめ

モデルは、いくつかのパターンでリリースすることができます。インストール可能なソフトウェアの一部として静的にデプロイしたり、ユーザーのデバイス上で動的にデプロイしたり、サーバー上で動的にデプロイしたり、またはモデルストリーミングでデプロイすることができます。

静的デプロイには、実行時間の短縮、ユーザーのプライバシーの保護、オフライン時にもモデルを呼び出すことができるなど、多くの利点があります。しかし、モデルをアップグレードする場合は、アプリケーション全体をアップグレードしなくてはならないという欠点もあります。

ユーザーの端末への動的デプロイの主な利点は、ユーザーからのモデルの実行高速になることです。また、サーバーへの負担も軽減されます。一方で、すべてのユーザーにアップデートを配信するのが難しいことや、第三者がモデルを分析できてしまうなどのデメリットもあります。

また、静的デプロイと同様に、ユーザーの端末にモデルをデプロイすると、モデルの性能

の監視が難しくなります。サーバーへの動的デプロイには、仮想マシン、コンテナ、サーバーレスデプロイの形態があります。

　最も一般的なデプロイパターンは、モデルをサーバー上に導入し、Webサービスや gRPC サービスの形で REST API として利用できるようにするものです。ここでは、クライアントはサーバーにリクエストを送信し、レスポンスを待ってから次のリクエストを送信します。

　モデルストリーミングは異なります。すべてのモデルは、ストリーム処理エンジン内に登録されているか、ストリーム処理ライブラリをベースにしたアプリケーションにパッケージ化されています。ここでは、クライアントは1つのリクエストを送信し、更新があるとそれを受け取ります。

　代表的なデプロイ方法には、シングルデプロイ、サイレントデプロイ、カナリアデプロイ、多腕バンディットがあります。

　シングルデプロイでは、新しいモデルをファイルにシリアライズし、その後、古いモデルを置き換えます。

　サイレントデプロイでは、新旧モデルを両方デプロイし、それらを並行して実行します。切り替えが完了するまで、ユーザーは新しいモデルに触れることはありません。新モデルで行われた予測は、ログに記録され、分析されるだけです。したがって、どのユーザーにも影響を与えることなく、新しいモデルが期待通りに動作することを確認するのに十分な時間があります。欠点は、実行するモデルの数が増えるので、リソースが多く消費されることです。

　カナリアデプロイは、新しいモデルをごく一部のユーザーにプッシュする一方で、ほとんどのユーザーには旧モデルを実行したままにしておきます。カナリアデプロイでは、モデルの性能を検証し、ユーザーの使用感を評価することができます。また、バグが発生した場合でも、ユーザーに与える影響は限定的です。

　多腕バンディットは、古いモデルを維持しながら新しいモデルを展開することができます。アルゴリズムは、新しいモデルの方が性能が良いと確信した場合にだけ、旧モデルを置き換えます。

　新しいモデルのデプロイは、スクリプトを使ってトランザクション方式で自動化する必要があります。デプロイするモデルのバージョンが指定されると、デプロイスクリプトは、モデルと特徴量抽出オブジェクトをリポジトリから取り出し、本番環境にコピーします。モデルは、エンドツーエンドのコンフィデンステストデータを通す必要があります。これは、外部からのモデル呼び出しをシミュレートする形で行います。テストデータに予測エラーが発生した場合や、性能指標の値が許容範囲内にない場合は、デプロイ全体をロールバックする必要があります。

　訓練データ、特徴量抽出器、モデルのバージョンは常に同期している必要があります。

　アルゴリズムが効率かどうかは、モデルのデプロイにおける重要な検討事項です。NumPy、SciPy、scikit-learn などの Python のパッケージは、経験豊富な研究者やエンジニアが効率性を考慮して作ったものです。自分で書いたコードは、信頼性や効率性が低いかもしれません。

独自のコードを書くのは、どうしても必要なときだけにしましょう。

　独自のアルゴリズムを実装する場合は、ループを避けてください。NumPyなどでベクトル化し、適切なデータ構造を使用してください。データセットの要素の順序が重要でない場合は、リストではなく集合を使用してください。辞書（またはハッシュテーブル）を使用すると、キーと値のペアのデータ群を定義することができ、キーの検索が非常に速くなります。

　キャッシングは、同じパラメータ値で頻繁に呼び出される処理に時間のかかる関数を含むアプリケーションを高速化します。機械学習では、このような関数はモデルであり、特にGPU上で実行される場合はそうです。

第**9**章

モデルの推論、監視、メンテナンス

本章では、本番環境でのモデルの推論、監視、メンテナンスについて説明します。これらは、機械学習プロジェクトのライフサイクルにおける最後の3つのステージです。

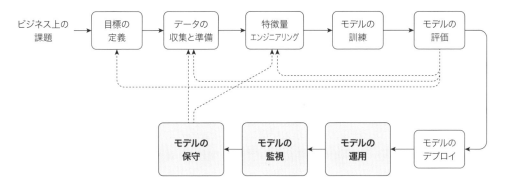

図9.1：機械学習プロジェクトのライフサイクル

特に、機械学習のランタイム、入力データがモデルに適用される環境の特性や、バッチやオンデマンドなどのモデルの予測方法を説明します。さらに、実世界でモデルを使って予測を行う際の3つの主要な課題である、予測エラー、変更、人間の特性について考察します。本番環境で何を監視すべきか、また、いつ、どのようにモデルを更新すべきかを説明します。

9.1 モデルの特性

モデルの実行環境（ランタイム）は、モデルが入力データに適用される環境です。この実行環境の特性は、モデルの**デプロイパターン**で決まりますが、それに加えてデプロイの準備ができている有効な実行環境には、それに加えて、ここで説明するいくつかの特性があります。

9.1.1 セキュリティと正しさ

ランタイムにはユーザのIDを認証し、ユーザのリクエストを認証する必要があります。チェックすべき事項には以下があります。

- 特定のユーザが、実行したいモデルにアクセスできるか。
- 渡されたパラメータ名と値が、モデルの仕様に対応しているかどうか。
- それらのパラメータとその値がユーザに利用できるものかどうか。

9.1.2 デプロイの容易さ

モデルのランタイムは、最小限の労力で、理想的にはアプリケーション全体に影響を与えることなく、モデルの更新が行える必要があります。モデルが物理的なサーバー上のWebサービスとしてデプロイされている場合、モデルの更新は、モデルファイルを別のファイルに置き換え、Webサービスを再起動するだけの簡単なものであるとよいでしょう。

モデルが仮想マシンのインスタンスやコンテナとしてデプロイされている場合、古いモデルを実行しているインスタンスやコンテナは、実行中のインスタンスを徐々に停止し、新しいイメージから新しいインスタンスを起動しながら置き換えができる必要があります。同じ原則がオーケストレーションされたコンテナにも当てはまります。

通常、モデルがストリーミングでデプロイされているアプリケーションは、新しいモデルをストリーミングすることで更新されます。これを可能にするには、ストリーミングアプリケーションがステートフル（状態を持つ）である必要があります。新しいモデルと関連するコンポーネント（特徴量抽出器やスコアリングのコードなど）がアプリケーションにストリーミングされると、アプリケーションの状態が変化し、これらのコンポーネントが更新されます。最近の**ストリーム処理エンジン**は、ステートフルなアプリケーションをサポートしています。ここで説明したアーキテクチャを図9.2に示します。

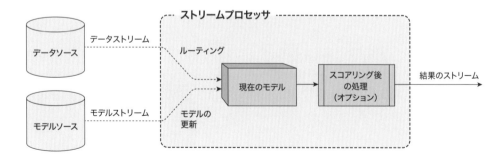

図9.2：モデルストリーミングを用いたアーキテクチャ

9.1.3 モデルの有効性の保証

効果的なランタイムは、実行するモデルが有効であることを自動的に確認します。さらに、モデル、特徴量抽出器、その他のコンポーネントが同期していることを確認します。モデルの有効性は、Webサービスやストリーミングアプリケーションの起動時、および実行中に定期的に検証される必要があります。第8章の8.5節で説明したように、各モデルは、**エンドツーエンド**の**テストセット**、**コンフィデンステストセット**、**性能指標**、その**許容値の範囲**と一緒にデプロイされる必要があります。

以下の2つの条件のいずれかに当てはまる場合、モデルを本番環境で推論させてはなりません（実行中の場合はすぐに停止してください）。

- エンドツーエンドのテストのうち、少なくとも1つの結果が正しくなかった。
- コンフィデンステストセットに基づいて計算された指標の値が、許容範囲内になかった。

9.1.4 復旧の容易さ

有効なランタイムでは、エラーが発生した場合、前のモデルにロールバックすることで容易にエラーから復旧することができます。

失敗したデプロイからの復旧は、更新されたモデルをデプロイするのと同じ方法で、同じように簡単に行うことができるべきです。唯一の違いは、新しいモデルではなく、前のモデルがデプロイされることです。

9.1.5 訓練時と推論時ズレの回避

モデルの訓練用コード、本番環境でのスコアリング用のコードというように、2つの異なるコードベースを使用することは極力避けるべきです。例えば、**特徴量抽出**に関しては、特徴量検出コードのバージョンがわずかに違うだけで、モデルの性能が最適でなくなったり、正しくないものになったりする可能性があります。

エンジニアリングチームは、さまざまな理由から、本番用の特徴量抽出コードを実装し直すことがあります。最もよくあるのは、データアナリストのコードが非効率だったり、本番環境のエコシステムと互換性がなかったりする場合です。

したがって、ランタイムは、モデルを再訓練したり、アドホックにモデルを呼び出したり、モデルを本番環境にデプロイするなど、様々なニーズに合わせて特徴量抽出コードに簡単にアクセスできるべきです。これを実現する1つの方法は、特徴量抽出オブジェクトを別のWebサービスでデプロイすることです。

特徴量を生成するコードが訓練環境と本番環境で異なるのが避けられない場合は、ランタ

イムが本番環境で生成された特徴量の値をログに記録できるようにし、これらの値を訓練用のデータとして使用できるようにしてください。

9.1.6 隠れたフィードバックループの回避

第4章の4.12節では、**隠れたフィードバックループ**の説明をしました。モデルm_Bはモデルm_Aがモデルm_Bの出力を特徴量として使用していることを知らずに、モデルm_Aの出力を特徴量として使用しているというものです。

1つのモデルにも隠れたフィードバックループが発生する場合がります。例えば、受信した電子メールをスパムかそうでないかに分類するモデルがあるとします。ユーザインターフェースでは、ユーザがメールをスパムかそうでないかをマークできるようにします。当然、モデルを改善するためにマークされたメールを使用したいと思います。しかし、そうすることで、隠れたフィードバックループを作り出す危険性があります。その理由は以下です。

このアプリケーションでは、ユーザはメールを見たときにだけ、そのメールをスパムとしてマークします。しかし、ユーザはこのモデルがスパムではないと分類したメールしか見ませんし、ユーザが定期的にスパムフォルダーに行き、いくつかのメールがスパムではないとマークするとは考えにくいです。つまり、ユーザの行動は私たちのモデルに大きく影響され、ユーザから得られるデータは歪んだものになります。つまり、私たちは私たちが学習するももととなる現象に影響を与えているのです。

これを避けるためには、モデルを事前に適用せずに、一部のデータを「保留（ホールドアウト）」としてマークし、すべてのデータをユーザに見せるようにします。そして、これらの保留したデータだけを追加の訓練データとして使用します。これには、ユーザが反応しなかったものも含めます。

より一般的な状況としては、あるモデルが間接的に別のモデルの訓練に使われるデータに影響を与えることがあります。例えば、あるモデルが本の表示順を決定し、別のモデルがその本の近くに表示するレビューを決定するとします。最初のモデルがある本のレビューをリストの一番下に表示した場合、次のモデルのレビューにユーザが反応しなかったのは、レビューの質ではなく、表示位置が原因かもしれません。

9.2 推論方法

　機械学習モデルは、バッチモードとオンデマンドモードのいずれかで推論を行います。オンデマンドモードでは、モデルの推論結果を人間または機械のいずれかに提供できます。

9.2.1 バッチモードでの推論

　モデルに入力するデータが大量にある場合は、通常はバッチモードで推論を行います。例えば、そのモデルを使って、ある製品やサービスに関する全ユーザデータを網羅的に処理する場合や、入力されるすべてのイベント（ツイートやブログやニュースへのコメントなど）に体系的に適用する場合があります。バッチモードは、オンデマンドモードに比べてリソース効率が良く、多少の遅延を許容できる場合に使われます。

　バッチモードでは、モデルは通常、100から1000次元の特徴量ベクトルを一度に受け入れます。速度に対して最適なバッチサイズは試行錯誤で見つけてください。一般的なサイズは2の累乗で、32、64、128などです。

　バッチの出力は、特定のユーザに送信されるのではなく、通常はデータベースに保存されます。バッチモードは以下の場合に使われます。

- 音楽ストリーミングサービスの全ユーザに毎週のおすすめ新曲リストを生成する。
- オンラインのニュース記事やブログ記事に寄せられるコメントを、スパムとスパムでないものに分類する。
- 検索エンジンでインデックス化された文書から固有表現を抽出する。

9.2.2 人間にオンデマンドで推論結果を提供する

モデルの推論結果を人間にオンデマンドで提供する際の6つのステップは以下の通りです。

1. リクエストを検証する。
2. コンテキストを収集する。
3. コンテキストをモデルの入力に変換する。
4. 入力にモデルを適用し、出力を得る。
5. 出力が意味をなしていることを確認する。
6. 出力をユーザに提示する。

あるユーザからのリクエストに対してモデルを本番環境で実行する前に、そのユーザがそ

のモデルに対して正しい権限を持っているかどうかを確認する必要がある場合があります。

コンテキストとは、ユーザが機械学習システムにリクエストを送るときの状況、およびユーザがシステムのレスポンスを受け取るときの状況を表します。

ユーザは機械学習システムにリクエストを明示的にも暗黙的にも送ることができます。明示的なリクエストの例としては、音楽ストリーミングサービスのユーザが、与えられた曲に似た曲の推奨をリクエストする場合があります。一方、暗黙的なリクエストとは、メッセージアプリケーションが、ユーザが受信した最新のメッセージに対する返信の提案を要求する際に送られる場合があります。

良いコンテキストは、リアルタイムまたはほぼリアルタイムで収集されたものです。このコンテキストには、モデルが期待されるすべての特徴値を出力するために、特徴量抽出器が必要とする情報が含まれています。また、コンテキストにはデバッグに必要な情報が十分に含まれており、ログに保存できるほどコンパクトで、その情報を用いてモデルを改善することができます。

いくつかの課題での良いコンテキストの例を見てみましょう。

デバイスの誤動作

デバイスの誤動作を検出する場合、振動や騒音のレベル、デバイスが実行したタスク、ユーザID、ファームウェアのバージョン、製造されてから/前回のメンテナンスからの時間や使用回数などが含まれていると良いでしょう。

救急外来での入院判断

新患がICU（集中治療室）に入るべきかどうかを判断するためには、年齢、血圧、体温、心拍数、パルスオキシメータのレベル、全血球数、化学的プロファイル、動脈血ガス検査、血中アルコール濃度、病歴、妊娠などの情報が必要となります。

クレジットカードのリスク評価

クレジットカードの審査では、年齢、学歴、雇用形態、在留資格、年収、家族構成、債務残高、他のクレジットカードの有無、持ち家か借家か、破産宣告の有無、過去の支払い遅延の有無や回数などを総合的に判断し、承認・不承認を決定します。特徴量抽出に必要のない情報であっても、クライアントのID、日付、時間帯など、ログやデバッグ用に取っておくとよい情報もあります。

広告表示

あるWebサイトのユーザに特定の広告を表示すべきかどうかは、そのWebページのタイトル、Webページ上でユーザがどこを表示しているか、画面解像度、Webページのテキストとユーザに見えるテキスト、ユーザがどのようにしてそのWebページに到達したか、Webペー

ジで費やした時間などの情報から判断します。このコンテキストには、ロギングやデバッグ用に、ブラウザのバージョン、OSのバージョン、接続情報、日時が含まれる場合があります。

特徴量抽出器は、このようなコンテキストをモデルの入力に変換します。第5章の5.4節で説明したように、特徴量抽出器が機械学習**パイプライン**の一部になっていることもありますが、一般的には特徴量抽出器は別のオブジェクトとして作成します。

スコアリング結果が人間に提供される場合、その結果が直接提示されることはほとんどありません。通常、スコアリングを行うプログラムは、モデルの予測をより解釈しやすく、価値のある形に変換してくれます。

モデルの予測結果を人間に提供する前によく行われるのが予測の確信度の計算です。確信度が低ければ、何も提示しないようにすることができます。ユーザは、予測エラーを見なければ、不満を持つことが少ないのです。また、ユーザが何か出力を期待している場合は、確信度が低いことを伝え、「それでも表示しますか？」と確認してみてください。

予測に基づいてシステムがアクションをとる可能性がある場合は特に、ユーザへの確認は重要です。間違った予測が引き起こすコストを見積もることができる場合で、予測の確信度が $(0, 1)$ の場合は、$(1 - 確信度)$ にコストを掛けて、間違ったアクションを取った場合の影響を調べてみてください。例えば、間違った場合のコストを1000ドルと見積もり、モデルの確信度が0.95の場合、**予想される誤り**のコストは $(1 - 0.95) \times 1000 = 50$ ドルとなります。モデルが推奨するアクションに対して期待されるコストに閾値を設定し、コストがその閾値を超えた場合にはユーザに確認するようにしてもよいでしょう。

モデルの確信度の計算に加えて、予測値が意味を持つかどうかを計算します。9.3節では、出力が意味をなさない場合に、何をチェックし、システムがどのような反応をすべきかをさらに詳しく述べます。

モデルが予測を行ったときのコンテキストと同様に、ユーザの反応を記録しておくと便利です。これは、最終的な課題のデバッグにも役に立ちますし、新しい訓練データを作成し、モデルを改善する際にも役に立ちます。

9.2.3 オンデマンドでマシンに予測結果を送る

多くのユースケースでは、REST APIを用意するのが適切ですが、ストリーミングによってマシンに予測結果を提供することも多くあります。実際、マシンが必要とするデータの要件は通常、標準的で事前に決まっています。ストリーミングアプリケーションのトポロジーがうまく設計され決まっていれば、利用可能なリソースを効率的に使用することができます。

マシンであっても人間に対しであっても、オンデマンドで予測結果を提供する場合は注意が必要です。オンデマンドで予測結果を必要とする需要は、日中の非常に高い需要から、夜間の非常に低い需要まで、さまざまな場合があります。クラウドで仮想リソースを使用して

いる場合には、**オートスケーリング機能**が、必要なときにリソースを追加し、需要が減ったときにリソースを解放する手助けをしてくれます。しかし、オートスケーリングは、需要が偶発的に急増した場合は、十分な速度で対処することはできません。

このような状況に対処するために、オンデマンドアーキテクチャは、**RabbitMQ**や**Apache Kafka**などの**メッセージブローカー**を持ちます。メッセージブローカーを用いることで、あるプロセスがキューにメッセージを書き込んだり、別のプロセスがそのキューからメッセージを読み出すことができるようになります。オンデマンドのリクエストは、入力キューに蓄えられ、モデルを実行しているプロセスは、定期的にブローカーに接続し、入力キューから入力データから成るバッチを読み込み、バッチモードで各データの予測値を生成します。次に、その予測値を出力キューに書き込みます。別のプロセスは、定期的にブローカーに接続し、出力キューから予測値を読み取り、リクエストを送ってきたユーザにプッシュします（図9.3）。このような方法は、需要の急増に対応できるだけでなく、リソースの効率化にもつながります。

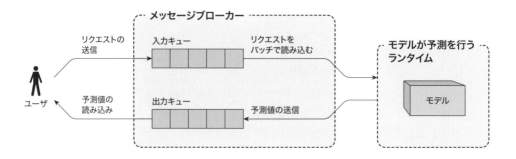

図**9.3**：メッセージブローカーによるオンデマンドの予測

9.3 実世界でのモデルの予測

現実の世界で、実際の人間がソフトウェアシステムを操作する場合、モデルの推論は複雑になります。通常、ユーザの行動や反応をすべて予測することは不可能です。実世界を対象としたソフトウェアシステムのアーキテクチャは、予測エラー、変化、人間の特性という3つの現象に対応できる必要があります。

9.3.1 予測エラーへの対応

どんなソフトウェアでもエラーは避けられません。機械学習ベースのソフトウェアでは、エラー（予測エラー）はシステムの不可欠な要素です。つまり、完璧なモデルは存在しないの

です。すべての予測エラーを排除することはできないため、唯一の選択肢は予測エラーを受け入れることです。

予測エラーを受け入れるとは、予測エラーが発生してもシステムが正常に動作し続けるようにソフトウェアシステムを設計することです。

私たちが受け入れなければならない「できないこと」は3つあります。

1. 予測エラーが起きた理由を説明できないことがある。

2. いつ予測エラーが発生するかを確実に予測することはできなく、確信度の高い予測でも間違うことがある。

3. 予測エラーの修正方法がいつも分かっているわけではない。また、修正可能な場合でも、どのような種類の訓練データがどのくらい必要になるのかは分からない。

さらに、予測エラーが発生した場合、間違った予測が少なくとも正しい予測に常に近いことや類似していることを期待することはできません。誤差は恣意的に「異常なもの」になる可能性があります。例えば、自動運転車のモデルは、障害物のない状態で時速120kmで走行している場合、最適な行動は「停止して後ろ向きに走行すること」だと予測することがあります。

コンテキストがわずかに変化していて、予想外の予測エラーが発生することもあります。例えば、工場内の危険な状況を認識するモデルが、カメラの近くの電球を白熱電球から蛍光灯に交換した後に予測エラーを起こすことがあります。

稀な予測エラーであっても、ユーザ数が多ければ、ユーザに影響を与える可能性があります。モデルの精度を99%とします。100万人のユーザがいれば、1%の予測エラーであっても数千人に影響を与えます。モデルの予測エラーを修正した結果、新しい予測エラーが発生することはほとんどありませんが、その保証もないのです。

予測エラーが避けられない中で、どのようにシステムを設計すればよいのでしょうか。

9.3.2 予測エラーへの対応

まず第一に、システムが「頭が良くなさそう」に見えたり、そのように行動したりする状況を、少なくとも部分的にでも緩和する手段を持ちましょう。例えば、パーソナルアシスタントやチャットボットのように、システムがユーザに話しかける場合は、いい加減なことを言うよりも「わかりません」と言った方がいいでしょう。予測エラーがユーザに直接見える場合は、上で述べたように**予測エラーのコスト**を見積、コストが閾値以上の場合はユーザに予測を表示しないようにします。

もしくは、モデルm_Bを訓練してある入力に対して、モデルm_Aが予測エラーを起こす可能性を予測できるようにしてください。モデルm_Aがミッションクリティカルなシステムで使用されている場合、「セーフガード」としてのモデルm_Bの存在は特に重要です。

予測エラーの可視性は、それを隠すかどうか、また、どのように隠すかを決定する上で重要な要素です。例えば、インターネットからダウンロードしたWebページをからいくつかの固有表現を抽出するシステムを考えます。ユーザは、ある種類の固有表現が検出されたときにアラートを出してほしいと思っているとします。モデルは2種類のエラーを起こす可能性があります。1）Webページに固有表現が含まれていなくても、固有表現を抽出してしまう（偽陽性）、2）Webページに含まれる固有表現が抽出されない（偽陰性）、です。前者のエラーが発生した場合、ユーザは無関係なアラートを受け取り、フラストレーションを感じます。後者の場合、ユーザはアラートを受け取らず、エラーに気づかないままですが、フラストレーションを感じずにすみます。このような状況では、**再現率**を適度に高く保つことで、モデルを**適合率**が良くなるように最適化したくなるでしょう。

　モデルを訓練する際には、どのような種類の予測エラーを最も避けたいかを決め、それに応じてハイパーパラメータ（予測閾値を含む）を最適化してください。

　最も良い予測結果の確信度が低い場合は、複数の選択肢を提示することを検討してみてください。Googleが一度に10個の検索結果を提示するのはこのためです。最も関連性の高いリンクがその10個の検索結果の中にある確率は、そのリンクが一番上に表示される確率よりもはるかに高いのです。

　モデルの予測エラーによるユーザのフラストレーションを回避するもう1つの方法は、ユーザがそのモデルに触れる機会を増やすことです。モデルが起こす予測エラーの数を測定し、ユーザが1分間（1日、1週間、1ヶ月）に何個の予測エラーを許容できるかを見積もってください。次に、ユーザがモデルと接する機会を制限して、ユーザが知覚するエラーの数をそのレベル以下にしてください。

　予測エラーが発生し、それがユーザの目に触れる可能性がある場合には、ユーザがエラーを報告できる機能を追加してください。報告を受けたら、モデルが使用された状況や、モデルの予測結果を記録します。今後、同じようなエラーが起こらないようにするために、どのような対策をとるかをユーザに説明してください。

　ユーザのシステムへのエンゲージメントを測定し、すべてのインタラクション（システムとのやりとり）を記録し、疑わしいインタラクションをオフラインで分析するのが適切です。これには以下が含まれます。

- ●ユーザのシステムへのエンゲージメントが以前よりも減っているか
- ●ユーザがシステムからの推薦を無視したか
- ●ユーザがさまざまな設定に適切な時間を費やしているか

　予測エラーの悪影響をさらに減らすために、可能な場合には、ユーザが、システムが推薦するアクションを取り消せるようにしてください。可能であれば、これを拡張して、システムがユーザに代わって自動的に実行するアクションも取り消せるようにしてください。

　特に、ユーザの代わりに何かを行うアプリケーションでは、取り得るアクションを制限する必要があります。機械学習モデルの予測エラーは、自動運転車が突然後ろ向きに走ることを決定するように、勝手に「狂った」ものになる可能性があることを思い出してください。他にも、オークションへの入札や薬の処方など、健康や安全、お金に関わるような重大な場面では注意が必要です。モデルが、移動平均に標準偏差を加えた値よりも多くの銘柄を売買すると予測した場合、アラートを送り実行されていたアクションを「自動的」に保留するのが良いでしょう。また、モデルが予測した結果、患者に不当な量の薬を投与したり、車のスピードを通常よりも大幅に上げたり下げたりする場合にも同様のロジックが適用されるべきです。

　システムが自動的にモデルの予測結果を拒否できる場合は、ユーザに失敗を通知するだけでなく、何らかの代替手段を実装するのが最善です（図9.4）。あまり洗練されていないモデルや、自分たちで作り出したヒューリスティクスを代替手段として使用することができます。もちろん、代替手段の出力も検証し、不合理と思われる場合は破棄してください。この場合にも、ユーザにエラーメッセージを送る必要があります。

9.3.3 変化に対する準備と対処

　機械学習に基づくシステムの性能は、通常、時間とともに変化します。応用分野によっては、ほぼリアルタイムに変化することもあります。

　モデルの変化には次の2つがあります。

1. モデルの品質が良くなったり悪くなったりする。

2. 特定の入力に対する予測結果が異なったものになる。

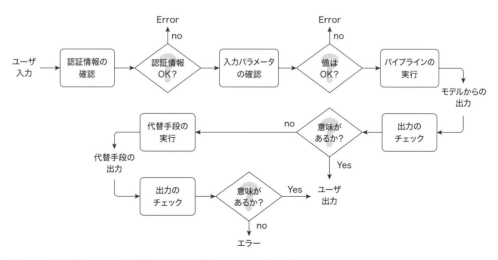

図9.4：本番環境でモデルが推論を行う際のフローチャート

時間の経過とともにモデルの性能が低下する典型的な理由は、第3章の3.2.6節ですでに説明した**概念ドリフト**です。正しい予測に関する概念（考え方）が、ユーザの好みや興味によって変わってしまうことがあります。この場合、比較的最近のラベル付きデータを用いてモデルを再訓練する必要があります。

　ある変化は、ユーザにポジティブに受け取られたり、（システムのエンジニアリング的な性能が向上したとしても）ネガティブに受け取られたりします。訓練データを追加してモデルを再訓練し、性能指標の値が向上したとしましょう。しかし、新しいデータを追加したことで、知らないうちにデータが不均衡になっている場合があります。いくつかのクラスのデータは不十分になってしまい、これらのクラスの予測に関心のあるユーザは性能が低下したと思い、不満を感じたり、システムを放棄してしまうこともあります。

　ユーザは特定の振る舞いに慣れてしまいます。例えば、検索エンジンにどのようなキーワードの組み合わせを入力すればよく使うドキュメントやウェブアプリケーションが検索できるかを覚えてしまっているかもしれません。そのキーワードの組み合わせは、必ずしもその結果を得るのには最適なものではありませんが、目的は果たしていたのです。みなさんが検索結果のランキングアルゴリズムを改善したとしましょう。そのキーワードの組み合わせでは、特定のドキュメントやアプリケーションが検索できなかったり、検索結果の2ページ目に表示されたりするようになったとします。ユーザは、これまで見つけることができていたリソースを簡単に見つけることができず、不満に感じるでしょう。

　ユーザが変化を否定的に受け止めることが予想される場合は、その変化に適応する時間を与えてください。

　変更点や新しいモデルに期待できることをユーザに説明してください。あるいは、変更点を徐々に紹介していくという方法もあります。旧モデルと新モデルの予測値を混在させ、旧モデルの割合を徐々に減らしていくこともできます。また、新モデルと旧モデルの両方を並行して実行し、旧モデルを終了させる前に、ユーザがしばらくの間、旧モデルを使っていてもらうこともできます。

9.3.4　人間の性質への準備と対処法

　効果的なシステムエンジニアリングを困難なものにしているのは、人間の持つ性質です。人間は予測できず、しばしば非合理的で、一貫性がなく、何を期待しているかも不明確です。しっかりとしたソフトウェアシステムは、そのような人間の性質を織り込んだものでなければなりません。

混乱の回避

　システムは、ユーザが混乱しないように設計されていなければなりません。モデルの出力は、ユーザが機械学習やAIについて何も知らないことを前提として、直感的な方法で提供さ

れなければなりません。実際、多くのユーザは一般的な（機械学習を用いていない）ソフトウェアで作業していると思い込でおり、予測エラーを見て驚くでしょう。

期待値の管理

　一方で、期待が大きすぎるユーザもいるでしょう。その主な理由は、広告や宣伝です。機械学習を利用した製品やシステムは、注目を集めるために「知的」であると宣伝されることがあります。例えば、Apple Siri、Google Home、Amazon Alexaなどのパーソナルアシスタントは、よく人間並みの知能を持っていると広告に書かれています。確かに、機械学習を用いたシステムは、入力を慎重に選べば、非常に知的に見えるかもしれません。ユーザは、このような知的にしか見えない広告を見て、自分たちの使っているシステムでは設計上うまく動作しないケースに対して何を注意しなくてはならないかを推測することになるのです。

　また、ユーザが（そうではないと言われていても）目を見張るようなものを期待してしまうもう1つの理由は、これまで使っていた、「似たような」システムが「非常に知的」に見えた経験があるからです（ここで似たようなというのは、その人の理解している範囲で似ているということです）。そのようなユーザは、みなさんのシステムにも同じレベルの「知性」を期待するでしょう。

信頼を得る

　一部のユーザ、特に経験豊富なユーザは、どんなシステムでも何らかの「知能」が含まれていることが分かると、どんなシステムにも不信感を抱きます。不信感を抱く主な理由は、過去の経験です。いわゆる知的なシステムの多くは、受渡不履行（機能を十分に発揮できない）なのです。そのため、ユーザの中には、みなさんのシステムに初めて出会ったとき、失敗を予感する人もいます。

　つまり、みなさんのシステムはそれぞれのユーザの信頼を得なければならなく、それは早い時期に勝ち取らなければならないのです。

　「知的な」システムに慣れているユーザは、ほとんどの場合、システムの能力を試す簡単なテストを行うでしょう。システムが失敗すれば、ユーザはそのシステムを信用しません。例えば、みなさんのシステムが検索エンジンであれば、ユーザは自分の名前や自分が作成した文書を検索して、システムをテストするでしょうし、企業の顧客に組織に関する情報を提供するシステムであれば、ユーザは自分の組織についてシステムがどれだけ知っているか、意味のある情報を提供しているかを確認します。自動運転車のドライバーは、ほとんどの場合、「エンジンをかける」、「あの車についていく」、「現在の速度を維持する」、「あの通りに駐車する」などのコマンドをテストするでしょう。サービスの性質にもよりますが、このような単純なテストを想定し、システムがそれをパスできるようにしておく必要があります。

ユーザの疲労の管理

ユーザの疲労は、システムへの関心を低下させるもう1つの原因となります。推薦や承認などで、ユーザの体験を過度に妨げないようにしましょう。見せなければならないものを一度に見せることは避けましょう。可能な限り、ユーザが明示的に興味を示すようにしましょう。

また、システムが自動的に処理できるアクションすべてをこのように処理する必要はありません。例えば、システムがユーザの他の人とのやり取りを自動化する場合、プライベートなデータや制限されたデータをメールで送ったり、オープンなフォーラムに投稿したりすることがあります。ユーザに代わってこのようなデータを共有する前に、必ず情報の機密性を評価するようにしてください。このような潜在的に機密性の高いテキストや画像を検出するように訓練されたモデルを使うようにしてください。逆に、システムが保守的すぎると、関連する情報が自動的にフィルタリングされたり、ユーザに確認を求めすぎたりするようになり、ユーザを疲れさせてしまう可能性もあります。

クリープファクターに注意

ユーザが学習システムとやりとりをするとき、**クリープファクター**（クリープ係数、creep factor）と呼ばれる現象があります。これは、ユーザがモデルの予測能力が高すぎると認識してしまうことを意味します。ユーザは、自分の非常にプライベートな情報に関わる予測がそうであると、特に不快に感じます。システムが「ビッグブラザー」[訳注] のように感じられないように、また、責任を負いすぎないように注意してください。

［訳注］ Big Brother、偉大な兄弟。ジョージ＝オーウェルの小説「一九八四年」に登場する、作中の国家「オセアニア」の独裁者。

9.4 モデルの監視

デプロイされたモデルは、常に監視する必要があります。監視は以下を確認するのに役立ちます。

- モデルが正しく動いていること
- モデルの性能が許容範囲内であること

9.4.1 何が問題になるのか?

監視システムは、運用中のモデルに関する問題を早期に警告できるように設計する必要があります。具体的には以下のようなものがあります。

- モデルの更新に使用された新しい訓練データにより、モデルの性能が低下した。
- 本番環境のデータが変わったが、モデルは古いままである
- 特徴量抽出コードが大幅に更新されたが、モデルに対応してなかった。
- 特徴量を生成するために必要なリソースが変更されたり、利用できなくなった。
- モデルが悪用されているか、敵対的な攻撃を受けている。

訓練データを追加することが必ずしも良いことは限りません。あるラベラーがラベリングの指示を間違って解釈しているかもしれません。また、別のラベラーの判断が他のラベラーと矛盾している場合もあります。モデルを改良するために自動的に集められたデータには、偏りがあるかもしれません。その理由としては、例えば、9.1.6節で説明した**隠れたフィードバックループ**や、第3章の3.2節で説明した**システム的な値の歪み**などが考えられます。

場合によっては、徐々に変化していく本番環境のデータの特性に、モデルが適応していないことがあります。モデルは、もはや代表的ではない古いデータで訓練されたままです。このようなことが起こる原因の1つは、9.3節で説明した**概念ドリフト**です。

ソフトウェアエンジニアは、特徴量抽出コードのバグを修正して、本番環境の特徴量抽出器を更新するかもしれません。しかし、そのエンジニアが本番環境のモデルを更新しなかった場合、性能が予測できない形で変化してしまうでしょう。

特徴量抽出とモデルが同期していても、何らかのリソース（データベースへの接続、データベースのテーブル、外部API）が削除されたり、変更された場合、その特徴量抽出器が生成する特徴量の一部に影響が出ることがあります。

一部のモデル、特に電子商取引やメディアプラットフォームに導入されているモデルは、しばしば敵対的な攻撃の対象となります。不当な競争相手、詐欺師、犯罪者、外国政府などは、

モデルの弱点を積極的に探し出し、それに合わせて攻撃の仕方を変えることがあります。機械学習システムがユーザの行動から学習する場合、モデルの動作を自分に有利になるような行動をとりモデルの動作を変えようとする人もいるでしょう。

さらに、攻撃者は、モデルの訓練データに関する情報を得るために、学習済みモデルを調べようとするでしょう。その訓練データには、人や組織の機密情報が含まれているかもしれません。

もう1つの不正使用の形態として、最も防ぐのが難しいと思われるのがモデルの**二重使用**です。他のソフトウェアと同様に、機械学習モデルは、（みなさんが意図したように）良い目的にも悪い目的にも（多くの場合、みなさんの同意なしに）使用することができます。例えば、自分の声を漫画のキャラクターのように聞こえるようにするモデルを開発して公開したとします。詐欺師は、このモデルを使って銀行の顧客の声を装い、顧客になりすまして電話取引をしてしまうかもしれません。また、街中の歩行者を認識するモデルを作ったとしましょう。自動小銃メーカーは、このモデルを使って戦場で人を検出することができるのです。

9.4.2 何を、どのように監視するか

監視では、モデルを**コンフィデンステスト用のデータセット**に適用したときに、妥当な性能指標が達成できていることが確認できるようにする必要があります。このデータセットは、**分布シフト**を防ぐために、定期的に新しいデータで更新する必要があります。さらに、定期的に、**エンドツーエンドテスト用のデータ**でモデルをテストする必要もあります。

正解率、適合率、再現率といった指標が監視に適していることは明らかですが、経時的な変化を測定するのに特に有用な指標があります。**予測バイアス**です。

何も変化しない静的な世界では、予測されたクラスの分布は、観察されたクラスの分布とほぼ等しくなります。これは、特にモデルが**よくチューニングされている**場合に当てはまります。そうでない場合は、モデルに予測バイアスがかかっていると考えられます。後者は、訓練データのラベルの分布と本番環境のクラス分布が異なっていることを意味しているのかもしれません。この変化の理由を調べ、必要な調整を行う必要があります。

監視をすることで、もう使っていないデータソースや再利用されたデータソースに常に注意を払うことができます。いくつかのデータベースのカラムのデータが入力されなくなることがあります。一部のカラムのデータの定義やフォーマットが変更されるかもしれませんが、それに合うように修正されないモデルは以前の定義やフォーマットを想定したままです。このような事態を避けるためには、データベースのテーブルから抽出した特徴量の値の分布が大きく変化していないかどうかを監視する必要があります。特徴量の値と予測値の両方の分布の変化は、独立性に関する**カイ二乗検定**や**コルモゴロフ・スミルノフ検定**などの統計検定を行うことで検出できます。著しい分布シフトが検出された場合は、関係者に警告を出す必要があります。

また、モデルが**数値的に安定している**かどうかも監視してください。NaN (not-a-numbers) や無限大が観測された場合には、警告を出してください。

機械学習システムの計算性能を監視することも重要です。急激なメモリーリークとゆっくりとしたメモリーリークの両方を検出し、警告を送る必要があります。

使用量の変動を監視し、怪しいと思ったら警告を送ってください。具体的には

- 1時間の間にモデルが行った予測数を監視し、1日前の値と比較する。数値が30%以上変化した場合、関係者に警告を送ります。この閾値は、警告を出しすぎないよう、ユースケースに合わせて調整する必要があります。
- 1日の間にモデルが行った予測数を監視し、1週間前の値と比較する。数値が15%以上変化した場合、関係者に警告を送ります。この値はユースケースに合わせて調整してください。

次のような数値を監視することで、望ましくない変化を検出することができます。

- 予測値の最小値と最大値
- 予測値の一定期間の中央値、平均値、標準偏差
- モデルのAPIを呼び出す際の遅延
- 予測実行時のメモリ消費量およびCPU使用率

さらに、分布シフトを防ぐために、監視では次のことを行う必要があります。

1. 一定の期間ランダムにいくつかの入力データを別に取っておく、データを蓄積する。
2. それらのデータをラベリングする。
3. そのデータでモデルを実行し、性能指標の値を計算する。
4. 性能が著しく低下した場合、関係者に連絡する。

推薦システムでは、さらに監視が必要です。これらのモデルは、ウェブサイトやアプリケーションのユーザにお勧めの情報を提供します。クリック率（CTR: click-through rate）、つまり、モデルから推薦を受けた全ユーザのうち何割が推薦をクリックしたかを監視すると役に立ちます。CTRが低下している場合は、モデルを更新する必要があります。

注意しなければならないのは、保守的になりすぎることと、指標の小さな変化を頻繁に関係者に警告することの間には、微妙なトレードオフがあるということです。あまりにも頻繁に警告を出すと、人々は警告を受け取ることに飽きてしまい、最終的には警告を無視するようになるかもしれません。重要でないケースでは、警告の閾値を関係者が自分で設定できるようにした方が適切な場合もあります。

プロセス全体をトラッキングできるように、監視イベントを記録し保存してください。モ

第9章 モデルの推論、監視、メンテナンス

283

デルの性能を視覚的に分析できるように、監視ツールが、モデルの劣化が時間の経過とともにどのように変化するかをグラフで示せる機能を持っているとよいでしょう。

監視ツールに、データのスライスごとに指標を計算し可視化できる機能があるとよいでしょう。スライスとは、そのデータの持つ特定の属性が特定の値を持つデータだけからなるデータのサブセットのことです。例えば、あるスライスは、州の属性がFloridaであるデータだけから成り、別のスライスは、女性のデータだけから成ります。モデルの劣化は、特定のスライスだけで観察され、他のスライスでは観測されない場合があります。

リアルタイムの監視に加えて、以下のようなデータを記録することも重要です。

- 問題の原因究明に役立ちそうなもの
- リアルタイムでの解析が不可能なもの
- 既存のモデルの改良や新しいモデルの訓練に役立つもの

9.4.3 何を記録するか

後で分析する際にシステムの異常な動作を再現できるのに十分な情報を記録することが重要です。モデルがフロントエンドのユーザ（ウェブサイトの訪問者やモバイルアプリケーションのユーザなど）に対して予測を提供した場合は、モデルが予測した瞬間のユーザのコンテキストを保存してください。9.2節で説明したように、コンテキストには、ウェブページのコンテンツ（またはアプリケーションの状態）、ウェブページ上のユーザの位置、時間帯、ユーザがどこから来たのか、予測が提供される前にユーザがクリックしたもの、などが含まれます。

さらに、モデルへの入力、すなわち、コンテキストから抽出された特徴量と、それらの特徴量を生成するのにかかった時間も保存しておくとよいでしょう。

ログには以下も含まれます。

- モデルの出力と、それを計算するのにかかった時間
- ユーザがモデルからの出力を見た後の、ユーザの新しいコンテキスト
- その出力に対するユーザの反応

ユーザの反応とは、モデルからの出力を見た直後の行動のことで、何をクリックしたか、出力がユーザに渡されてからどのくらいの時間が経ったかなどです。

数千人のユーザを抱える大規模なシステムでは、各ユーザに対して1日に何百回もモデルで予測が行われており、すべてのイベントを記録することは大きな負担となる可能性があります。このような場合、**層化サンプリング**を行う方が現実的でしょう。まず、どのグループのイベントを記録するかを決め、次に、各グループのイベントのうち一定の割合のものだけを記録します。このようなグループには、ユーザのグループとコンテキストのグループがあ

ります。ユーザは、年齢、性別、サービス利用歴（新規顧客と長期顧客）などでグループ化でき、コンテキストのグループは、早朝、営業日、深夜のインタラクションなどに分けることができます。

　ユーザのアクティビティデータをログに保存する場合、ユーザは、何が、いつ、どのように、どれくらいの期間保存されるかを知っておく必要があります。可能であれば、データは実用性を損なわない程度に匿名化したり、集計されるべきです。機密データへのアクセスは、特定の期間、特定の課題を解決するために割り当てられた担当者だけに制限される必要があります。データアナリストが無関係のビジネス上の課題を解決するために機密データにアクセスすることは避けましょう。法的な問題に発展する可能性があります。

　ユーザが自分のアクティビティデータの記録と分析を制限できるようにしてください。国によって、異なるデータ保持ポリシーが適用されます。各国は、自国民について保存できるもの、できないもの、分析に使用できるものに独自の制限を課しています。

9.4.4 悪用されないように監視する

　一部の人間や組織は、自分たちのビジネスのためにみなさんのモデルを使用しようとするかもしれません。そのようなユーザは毎日何百万ものリクエストを送信するでしょうが、一般的なユーザーは十数回しか送信しません。あるいは、訓練データをリバースエンジニアリングしたり、モデルに希望する出力を生成させる方法を調べようとするユーザもいるかもしれません。

　このような悪用を防止する方法には、次のようなものがあります。

- ユーザにリクエストごとに料金を支払わせる。
- リクエストに応答するまでの時間を徐々に長くする。
- 一部のユーザーをブロックする。

自分たちのビジネス目標を達成するために、みなさんのモデルを操作しようとする攻撃者がいるかもしれません。攻撃者は、攻撃者だけが得をするようにモデルを変更するデータを送信するかもしれません。その結果、モデルの全体的な品質が低下する可能性があります。

　このような悪用を防ぐには、次のような方法があります。

- 複数のユーザから同様のデータが送られてこない限り、そのユーザのデータを信用しない。
- 各ユーザにレピュテーション（評判）スコアを付与し、レピュテーションの低いユーザーからのデータは信用しない。
- ユーザーの行動を正常と異常に分類し、異常な行動をとるユーザーからのデータを受け入れない。

攻撃者は自分の行動を適応させることで、防御を回避しようとします。効果的にシステムを防御するには、モデルを定期的に更新してください。新しいデータと不正取引を検出する新機能の両方を追加してください。

9.5 モデルのメンテナンス

ほとんどの製品モデルは、定期的に更新する必要があります。その割合はいくつかの要因に依存します。

- エラーの発生頻度はどれくらいでどれくらい重大性か
- モデルを有用であるためには、どれだけ「新鮮」であるべきか
- 新しい訓練データの入手にどれくらい時間がかかるか
- モデルの再訓練どれくらい時間がかかるか
- モデルのデプロイにどれくらいコストがかかるか
- モデルの更新が、製品やユーザの目標の達成にどれだけ貢献するか

この節では、モデルのメンテナンス、つまり、本番環境にデプロイされた後、いつ、どのようにモデルを更新するかについて説明します。

9.5.1 更新するタイミング

モデルが初めて本番環境にデプロイされるとき、それはほとんどの場合、完璧なものとはほど遠いものです。必然的に、モデルは予測エラーを発生します。その中には致命的なものもあるのでモデルの更新が必要です。時間が経つにつれて、モデルはより強固になり、更新の必要性も少なくなります。しかし、モデルによっては常に更新されるべき、いわば常に「新鮮」であるべきものもあります。

モデルの鮮度は、ビジネスニーズとユーザのニーズに依存します。例えば、eコマースサイトの推薦モデルは、購入のたびに更新される必要があります。ニュースサイトでユーザがお勧めのコンテンツを手に読むためにモデルを利用する場合、モデルは毎週更新される必要があるでしょう。一方、音声認識・合成や機械翻訳のモデルは、それほど頻繁に更新する必要はないでしょう。

また、新しい学習データの入手速度も、モデルの更新速度に影響します。人気のあるウェブサイトのコメント欄のように、新しいデータがどんどん入ってきても、ラベル付けされたデータが手に入るのには時間がかかり、かなりの投資が必要になる場合があります。また、**解約予測**のように、ユーザーがサービスを継続するか辞めるかをずっと先に決定するような場

合、ラベリングは自動化されていても遅延して得られることがあります。

　構築にかなりの時間を要するモデルもあります。特に**ハイパーパラメータの探索**が必要な場合はそうです。新しいバージョンのモデルを入手するのに数日、数週間待つことも珍しくありません。並列化可能な機械学習アルゴリズムとGPUを使用して、訓練を高速化してください。**thundersvm**や**cuML**などの最新のライブラリでは、データアナリストがGPU上で浅い学習アルゴリズムを実行することができ、訓練時間を大幅に増やすことができます。更新されたモデルを得るのに何日も何週間も待つ余裕がなければ、より複雑でない（したがって、より正確でない）モデルを使うことが唯一の選択肢となるかもしれません。

　また、更新にコストがかかる場合は、モデルの更新頻度を少なくすることもできます。例えば、コストのかかる例として、医療分野では、規制、プライバシー問題、高価な医療専門家などの要因から、ラベル付けされたデータの入手は複雑で高価な場合があります。

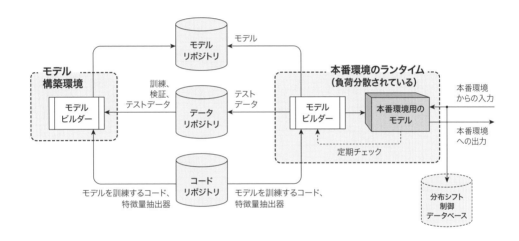

図9.5：機械学習のリリースとメンテナンスの自動化のアーキテクチャ

　すべてのモデルがデプロイする価値があるわけではありません。潜在的な性能が向上しても、ユーザ側に発生する不満に勝る以上のものではないでしょう。しかし、ユーザ側の混乱が管理可能であり、デプロイにコストがかからない場合は、わずかな改善でも長期的には大きなビジネス成果につながる可能性があります。

9.5.2 アップデートの方法

　前に述べたように、みなさんのシステムは、システム全体を停止することなく新しいモデルがデプロイできることが理想的です。仮想化やコンテナ化されたインフラでは、これは、リポジトリ内の仮想マシン（VM）やコンテナのイメージを置き換え、VM/コンテナを徐々に閉

じていき、更新されたイメージをVMコンテナをオートスケーラーにインスタンス化させることで実現できます。

　機械学習のデプロイとメンテナンスの自動化のアーキテクチャを図9.5に示します。ここでは、データ、コード、モデルの3つのリポジトリがあり、3つのリポジトリはすべてバージョン管理されています。また、モデルの訓練用と本番環境用に2つのランタイムがあります。モデルは、負荷分散とオートスケーリングが行われている本番用のランタイムで実行されます。モデルの更新が必要になると、モデルの訓練用のランタイムは、データリポジトリとコードリポジトリから、それぞれ訓練データとモデルを訓練するコードを取り出し、新しいモデルを訓練し、モデルリポジトリに保存します。

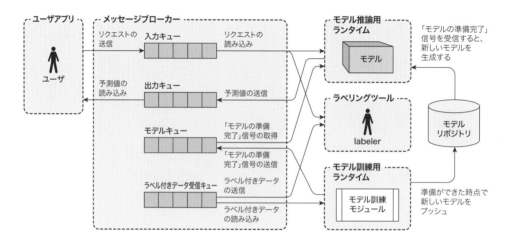

図9.6：メッセージブローカーによるオンデマンドのモデルの実行と更新

　新バージョンのモデルがリポジトリに置かれると、本番環境ランタイムは以下を取り出します。

- モデルリポジトリから新しいモデル
- データリポジトリからテストデータ
- コードリポジトリから、モデルをテストデータに適用するコード

　新しいモデルがテストに合格すると、古いモデルは本番環境から取り外されます。8.4節で説明したように、適切なデプロイ方法で新しいモデルに置き換えられます。**A/Bテスト**や**多腕バンディット**のアルゴリズムが、どのように置き換えればよいのかを判断する手助けをしてくれます。

　分布シフト制御データベースは、モデルが受け取った入力と、そのスコアリングの結果を

蓄積します。十分な数のデータが蓄積されると、そのデータは人間[1]に送られ、分布シフトの検出に用いられます。

モデルをストリーミングで提供している場合は、ストリームプロセッサの状態が更新されると、モデルの更新が行われます（9.1.2項および図9.2参照）。

メッセージブローカーを用いた**オンデマンド型で推論している**モデルの更新は、モデルストリーミングの場合と同様です（9.2.3節および図9.3参照）。

図9.6は、メッセージブローカーベースのアーキテクチャで、モデルの運用と更新が可能なだけでなく、人間のラベラーをループに含めることができます。ラベラーは、ラベルの付いていないデータを受け取り、そのいくつかをサンプリングし、サンプリングしたデータにラベルを付与し、それをメッセージブローカーに送り返す。モデルの訓練モジュールは、キューからラベル付けされたデータを読み込みます。その量がモデルを更新するのに十分な量になると、新しいモデルを訓練し、モデルリポジトリに保存し、ブローカーに「モデルの準備完了」というメッセージを送信します。モデルを運用するプロセスは、リポジトリから新しいバージョンのモデルを取り出し、現在のモデルを破棄します。

ここでは、モデルのメンテナンスを成功させるための追加的な検討事項をいくつか紹介します。

多くの企業では、新しい訓練データが利用可能になるとすぐに、モデルが自動的に訓練される継続的インテグレーションワークフローを使用しています。この場合、既存のモデルを新しいデータだけでファインチューニングするのではなく、訓練データ全体を使って0からモデルを再学習することをお勧めします。

それぞれの訓練データには、誰がラベル付けしたかの情報も保存しておくことをお勧めします。加えて、本番環境のデータベース用に特定の値を生成するために使用されたモデルのバージョンも追加しておいてください。万が一、そのバージョンのモデルに問題が発生した場合、どのデータベースの値を生成したかがわかれば、その特定の値だけを再処理することができます。

モデルが頻繁に再訓練される場合は、パイプラインのハイパーパラメータを構成管理システムに保存すると便利です。Googleが推奨する良い構成管理システムの要件は以下です[2]。

1. 以前の設定からの変更として設定を指定することが容易であること。
2. 手作業によるエラー、省略、見落としが起こりにくいこと。
3. 2つのモデルの構成の違いが視覚的にわかりやすいこと。
4. システム構成に関する基本的な項目（使用されている特徴量の数、データの依存関係など）を検証することが容易であること。

---

[1] もしくは、モデルよりも正確な自動化ツールに送られます。これは、さまざまな理由（例：壊れやすい、コストがかかる、時間がかかるなど）から本番環境に導入できないものです。

[2] "Hidden Technical Debt in Machine Learning Systems" by Sculley et al. (2015).

5. 使用されていない設定や冗長な設定を検出できること。

6. 設定はコードレビューされ、リポジトリに記録されること。

ランタイム環境に、更新されたモデル用に十分なHDDとRAMがあることを確認してください。古いモデルと新のモデルの違いは性能だけではありません。新しいモデルが前のモデルよりもはるかに大きいことがあります。同様に、新しいモデルが前のモデルと同じくらい速く動くとは思わないでください。特徴量抽出コードの効率性、パイプラインに追加されたステージ、アルゴリズムの選択の違いなどが、予測速度に大きく影響することがあります。

モデルはどうしても予測を間違えます。しかし、ビジネスや顧客にとっては、いくつかの予測エラーは他のものよりもコストがかかります。新しいモデルがリリースされたら、以前のモデルよりも大幅にコストのかかるエラーが発生していないかどうかを検証してください。

また、予測エラーがユーザのカテゴリーに均一に分布しているかどうかも確認してください。新しいモデルが、少数派のユーザや特定の場所に悪影響を与えることは望ましくありません。

上記の検証に失敗した場合、新しいモデルのデプロイは推奨されません。デプロイ後に障害が検出された場合は、ロールバックして調査を始めてください。9.1節で説明したように、前のモデルへのロールバックは、新しいモデルをデプロイするのと同じくらい簡単でなければなりません。

モデルのカスケードに注意してください。第6章の6.7.6項で説明したように、あるモデルの出力が別のモデルの入力になっている場合、あるモデルを変更すると、別のモデルに影響を与えます。カスケード学習を使用しているシステムでは、カスケード内のすべてのモデルを更新するようにしてください。

9.6 まとめ

　効果的なランタイムには次のような特性があります。安全性と正確性を備え、デプロイと
リカバリーが容易であり、モデルの妥当性を保証してくれます。さらに、訓練時と推論時の
ズレや隠れたフィードバックループを回避することができます。

　機械学習モデルは、バッチモードかオンデマンドモードのいずれかで運用されます。オンデ
マンドモードでは、モデルは人間や機械のいずれかに予測結果を提供します。モデルがビッ
グデータに適用され、ある程度の遅延が許容される場合は、通常、バッチモードで実行され
ます。

　オンデマンドで人間に予測結果を提供する場合、モデルは通常 REST API にまとめられます。
マシンのデータ要求は通常、標準的なもので、事前に決定されているため、多くの場合、予
測結果はストリーミングで提供されます。

　現実世界を対象としたソフトウェアシステムのアーキテクチャは、エラー、変化、人間の
性質という3つの現象に対応できなければなりません。

　本番環境に導入されたモデルは、常に監視される必要があります。監視の目的は、モデル
が正しく機能しているか、モデルの性能が許容範囲内に収まっているかを確認することです。

　本番環境のモデルには様々な問題が発生する可能性がありますが、特に以下のような問題
が考えられます。

- 訓練データを追加したことで、モデルの性能が低下した。
- 本番環境でのデータの特性が変化したが、モデルは変更されなかった。
- 特徴量抽出コードが大幅に更新されたのに、モデルが対応しなかった。
- 特徴量の生成に必要なリソースが変更されたり、利用できなくなった。
- モデルが悪用されたり、敵対的な攻撃を受けている。

　ビジネスに不可欠な性能指標の値を自動的に計算し、それらの指標の値が大きく変化した
り、閾値を下回ったりした場合に、関係者に警告を送る必要があります。また、監視によっ
て、分布シフト、数値の不安定性、計算性能の低下などが検出できる必要もあります。

　後で分析するときにシステムの異常な動作を再現できるよう、十分な情報を記録すること
が重要です。モデルがフロントエンドのユーザ（ウェブサイトの訪問者やモバイルアプリケ
ーションのユーザなど）に対して予測を提供する場合は、モデルが予測した瞬間のユーザの
コンテキストを保存してください。ログには、モデルの出力と、それを計算するのにかかっ
た時間、モデルの出力を提供した後の、ユーザの新しいコンテキスト、その出力に対するユ
ーザの反応などが含まれます。

　ユーザの中には、みなさんのモデルを自分自身のビジネスの基盤として活用できる能力を

持つ人がいます。彼らは、訓練データをリバースエンジニアリングしたり、モデルを「騙す」方法を学んだりするかもしれません。悪用を防ぐためには、以下が必要です。

- 複数のユーザから同様のデータが提供されていない限り、そのユーザからのデータを信用しない。
- 各ユーザに評価スコアを付け、評価の低いユーザからのデータを信用しないようにする。
- ユーザの行動を正常なものと異常なものに分類する。
- ユーザがリクエストごとにお金を払うようにする。
- 休止時間を段階的に長くする。
- 一部のユーザをブロックする。

ほとんどの機械学習モデルは、定期的または不定期に更新する必要があります。更新の頻度は、いくつかの要素に依存します。

- どのくらいの頻度で予測エラーが発生し、それがどの程度重要なのか。
- モデルが有用であるにはどの程度「新鮮」であるべきか。
- 新しい訓練データが利用可能になるのにどれくらい時間がかかるか。
- モデルの再訓練にどのくらい時間がかかるか
- モデルの訓練とリリースにどれだけコストがかかるか
- モデルの更新がユーザの目標の達成にどれくらい貢献するか。

モデルを更新した後は、エンドツーエンドのテストセットとコンフィデンステストセットのデータでモデルを実行してください。その際に重要なのは、出力が以前と同じであること、または変更点が期待通りであることを確認することです。また、新しいモデルが前のモデルよりも大幅にコストのかかる予測エラーを起こさないかを検証することも重要です。

また、予測エラーがユーザのカテゴリーに均一に分布しているかどうかも確認します。新しいモデルが、少数派のユーザや特定の場所に悪影響を与えることは望ましくないのです。

第10章

まとめ

　2020年、機械学習は、ビジネス上の課題を解決する成熟した人気のあるツールとなりました。以前は一部の企業しか利用できず、他の企業からは「魔法」と思われていたものが、今日では普通の企業でも開発・利用できるようになっています。

　オープンソースのコード、クラウドソーシング、簡単に入手できる書籍、オンラインコース、公開されているデータセットのおかげで、たくさんの科学者、エンジニア、そして家庭の愛好家でさえ、機械学習モデルを訓練することができるようになりました。運が良ければ、たくさんのオンラインチュートリアルがデモしているように、数行のコードを書くだけで課題を解決することができます。

　しかし、機械学習プロジェクトでは、たくさんのことがうまくいかない可能性があります。その多くは、テクノロジーの成熟度や機械学習アルゴリズムに対する理解度とは無関係なものです。

　機械学習の教科書、オンラインチュートリアル、コースが中心に扱っていることは、機械学習アルゴリズムがどのように機能し、データセットにどのように適用するかを説明することです。みなさんが成功するかどうかは、それ以外の要因で決まるのです。どのようなデータを手に入れられるか、十分な量を手に入れられるか、どのようにして学習の準備をするか、どのような特徴量をエンジニアリングするか、ソリューションがスケール可能か、メンテナンスが可能か、攻撃者に操作されないか、コストのかかるエラーを起こさないかなど、これらの要素は実際の機械学習プロジェクトでは遙かに重要になります。

　しかし、その重要性にもかかわらず、最新の機械学習の書籍やコースのほとんどは、これらの側面を自習用に残していることが多いのです。中には、部分的に扱っているものもありますが、特定の例示的な問題を解決するのに応用しているだけです。

　これは知識の大きな飛躍であり、筆者は本書でその間を埋めようとしてみました。

10.1 覚えておくべき重要な点

　筆者は、読者がこの本を読んだ後、何を感じ取ってくれることを願っているのでしょうか？
　まず第一に、機械学習のプロジェクトは同じ物はないということを強く理解する必要があります。常にうまくいく単一のレシピはありません。ほとんどの場合、最大の課題は、from

sklearn.linear_model import LogisticRegression と入力する前に解決しなければならない
のです。目標を定義し、ベースラインを選択し、関連するデータを収集し、質の高いラベル
をつけ、ラベル付けされたデータを訓練セット、検証セット、テストセットに分割しなけれ
ばなりません。課題の残りの部分が解決されるのは、model.fit(X,y) と入力した後、誤差を
分析し、モデルを評価し、その課題が解決でき、既存のソリューションよりもうまく機能す
ることを検証した後なのです。

　経験豊富なデータアナリストや機械学習エンジニアは、ビジネスに限らずすべての課題が
機械学習で解決されるわけではないことを理解しています。実際、多くの課題は、経験則や
データベースの検索、あるいは従来のソフトウェア開発を用いて、より簡単に解決すること
ができます。システムのすべての行動、決定、動作を説明しなければならない場合は、機械
学習を使うべきではないでしょう。稀な例外を除いて、機械学習モデルはブラックボックス
です。機械学習モデルは、なぜそのような予測をしたのか、なぜ昨日予測したことを今日は
予測しなかったのか、これらの課題をどうやって解決するのか、といったことは教えてくれ
ません。

　さらに、みなさんが必要としているものを正確に提供してくれるパブリックなデータセッ
トとオープンソースのソリューションが見つからない限り、機械学習は市場投入までの時間
を最短にするための適切なアプローチではありません。モデルの訓練やメンテナンスに必要
なデータは、入手が困難な場合や不可能な場合もあります。

　一方で、オーバーサンプリングやデータ拡張を用いることで、訓練データを作り出せる場
合もあります。これらの手法は、データが不均衡な場合によく用いられます。

　データの収集を始める前に、次のような質問をしてみてください。「データにアクセスでき
るか、量は十分か、使いものになるか、理解可能か、信頼できるか」。良いデータとは、モ
デルの構築に必要な情報を十分に持ち、本番環境でのユースケースを十分にカバーしており、
バイアスが少なく、汎化するのに十分な量があり、そのモデル自身が生成したものではない
ものです。

　また、みなさんのデータは、コストがかかったり、バイアスがあったり、不均衡だったり、
足りない属性があったり、ラベルが間違っていたりしますか？　データの品質は訓練に使用
する前に確保されなければなりません。

　機械学習プロジェクトのライフサイクルは、目標の定義、データの収集と準備、特徴量エ
ンジニアリング、モデルの訓練、評価、デプロイ、運用、監視、メンテナンスのステージで
構成されています。ほとんどのステージで、データ漏洩が発生する可能性があります。デー
タアナリストはそれを予測し、防ぐことができなければなりません。

　データの準備に次いで重要なのが、特徴量エンジニアリングです。自然言語の文書のよう
な一部のデータでは、Bag-of-wordsのような技術を使って、特徴量を大量に生成させること
ができます。しかし、最も有用な特徴量は、データアナリストが持つその領域に関する知識
から手作りされることが多いのです。「モデルの立場」になって考えてみてください。

優れた特徴量は、予測能力が高く、高速に計算でき、信頼性が高く、相関性がありません。また、単位化されており、理解しやすく、メンテナンスも容易です。特徴量を抽出するコードは、機械学習システムの中でも最も重要な部分の1つです。そのため、広範かつ体系的にテストする必要があります。

特徴量をスケールアップし、スキーマファイルや特徴量リポジトリに保存して文書化し、コード、モデル、訓練データが常に同期するようにしてください。

新しい特徴量は、既存の特徴量を離散化したり、訓練データをクラスタリングしたり、既存の特徴量に簡単な変換を適用したり、それらを組み合わせたりすることで作り出すことができます。

モデルの作成に取り掛かる前に、データがスキーマに適合していることを確認し、訓練、検証、テストの3セットに分けます。達成可能な性能レベルを定義し、性能指標を決めます。モデルの性能評価は1つの数値で行うようにしてください。

ほとんどの機械学習アルゴリズム、モデル、パイプラインはハイパーパラメータを持っています。ハイパーパラメータは、学習結果に大きな影響を与えます。しかし、これらはデータから学習されるわけではありません。これらの値は、ハイパーパラメータのチューニングで設定されます。特に、これらの値をチューニングすることで、2つの重要なトレードオフである適合率・再現性と偏り・分散をコントロールします。モデルの複雑さを変化させることで、いわゆる「解のゾーン」と呼ばれる、偏りと分散の両方が比較的小さい状況に到達することができます。性能指標を最適化する解は、通常、この領域のそばで見つかります。グリッド探索は、最もシンプルで最も広く使われているハイパーパラメータチューニング手法です。

深いモデルを0から訓練する代わりに、事前学習済みモデルから始めることが有効な場合があります。事前学習済みモデルを使って独自のモデルを訓練することを「転移学習」といいます。転移学習が可能であることは、深層モデルの最も重要な特性の1つです。

深層モデルの訓練にはコツがいります。データの準備からニューラルネットワークの構造の定義まで、さまざまな段階で実装ミスが発生する可能性があります。まずは小さく始めてください。例えば、高レベルのライブラリを使ってシンプルなモデルを実装します。デフォルトのハイパーパラメータ値を、メモリ内に収まるくらいの小さな正規化されたデータセットに適用します。最初のシンプルなモデルとデータセットができたら、一時的に訓練データセットをさらに縮小し、ミニバッチ1つのサイズにし、訓練を始めてください。シンプルなモデルが、このトレーニング用ミニバッチを過学習できることを確認してください。

機械学習システムの性能は、スタッキング学習で向上する可能性があります。ベースモデルは、ランダムフォレスト、勾配ブースティング、SVM、深層モデルなど、性質の異なるアルゴリズムやモデルから得られるのが理想的です。実際の本番環境でのシステムの多くは、スタッキング学習に基づいています。

機械学習モデルの予測エラーには、すべてのユースケースに同じ割合で起こる一様なもの

第10章
まとめ

295

と、特定のユースケースに頻繁に現れる集中的なものとがあります。集中的な予測エラーを修正することで、一度の修正で多くのデータに対応することができます。

モデルの性能は、次のようなシンプルな反復プロセスで改善できます。

1. これまでに特定できた最適なハイパーパラメータの値でモデルを訓練する。
2. モデルを検証セットの小さなサブセットに適用してテストする。
3. その小さな検証セットで最も頻繁に発生する予測エラーのパターンを見つける。
4. 見つかったエラーパターンを修正するために、新しい特徴量を作成するか、訓練データを増やす。
5. 頻出するエラーパターンが見られなくなるまで繰り返す。

モデルの評価は、デプロイ前とデプロイ後で継続して注意深く行う必要があります。オフラインモデル評価は、モデルを最初に訓練する時に、過去のデータに基づいて行います。オンラインモデル評価では、本番環境でオンラインデータを使用してモデルをテストし、比較します。オンラインモデル評価の一般的な手法としては、A/Bテストや多腕バンディットがあります。これらの手法を用いることで、新しいモデルが古いモデルよりも優れているかどうかを判断することができます。

モデルのデプロイ方法には、静的デプロイ（インストール可能なソフトウェアパッケージの一部としてデプロイする）、ユーザーの端末やサーバーへの動的デプロイ、モデルのストリーミングによるデプロイなど、いくつかのパターンがあります。さらに、シングルデプロイ、サイレントデプロイ、カナリアデプロイ、多腕バンディットなどのやり方から選択することもできます。それぞれのパターンや方法には長所と短所があり、どのようなビジネスに適用するかに応じて決める必要があります。

アルゴリズムの効率性もモデルのデプロイで重要な検討事項です。NumPy、SciPy、scikit-learnなどのPythonパッケージは、経験豊富な研究者やエンジニアが効率性を考慮して開発したものです。これらのパッケージでは、多くのメソッドがC言語で実装されており、最大限の効率化が図られています。人気のある成熟したライブラリやパッケージを再利用できる場合は、自分で本番環境用のコードを書くことは避けましょう。効率を上げるには、適切なデータ構造とキャッシングを利用してください。

アプリケーションによっては、予測速度が重要な場合があります。このような場合、本番環境用のコードはJavaやC/C++などのコンパイル言語で書かれます。PythonやRでモデルを構築した場合、本番環境にデプロイする際には、コンパイラ言語でコードを書き換える、PMMLやPFAなどの標準化されたモデル表現を用いる、MLeapなどの専用実行エンジンを使用するなど、いくつかの選択肢があります。

機械学習モデルは、バッチモードとオンデマンドモードのいずれかで提供されます。オンデマンドで実行する場合、モデルは通常 REST APIにラップされます。ストリーミングアーキ

テクチャは予測結果を機械に提供する場合に用いられます。

ソフトウェアシステムが実世界で使われる場合、そのアーキテクチャは、エラー、変化、人間の性質に効果的に対応できるようになっている必要があります。モデルは常に監視しておく必要があります。監視することで、モデルが正しく予測していること、そのパフォーマンスが許容範囲内に収まっていることを確認できる必要があります。

後で分析する時にシステムの異常な動作を再現できるよう、十分な情報を記録することが重要です。モデルがフロントエンドのユーザ（ウェブサイトの訪問者やモバイルアプリケーションのユーザなど）に対して予測を提供する場合は、モデルが予測した時のユーザのコンテキストを保存してください。

ユーザによっては自分のビジネスのためにみなさんのモデルを悪用しようとするかもしれません。悪用を防ぐためには、他の多数のユーザとは異なるデータが送られてきた場合は、そのユーザからのデータを信用しないでください。ユーザに評価スコアを付与し、評価の低いユーザからのデータを信用しないようにしてください。ユーザの行動を正常なものと異常なものに分類したり、休止時間を段階的に長くしたり、必要に応じて一部のユーザをブロックするようにしてください。

ユーザの行動や入力データを分析することで、モデルを定期的に更新し、より堅牢なものにしていきます。その後、新しいモデルをエンドツーエンドのテストセットとコンフィデンステストセットを用いて実行します。出力が以前と同じであること、または変更が期待通りであることを確認します。新しいモデルが、大幅にコストのかかる予測エラーを起こさないことを検証してください。予測エラーがユーザのカテゴリーに均一に分布していることを確認してください。新しいモデルが、少数派のユーザや特定の場所に悪影響を与えることは望ましくありません。

本書はここで終わりますが、みなさんの勉強は終わりません。機械学習エンジニアリングは、ソフトウェアエンジニアリングの中でも比較的新しい分野です。Webの情報やオープンソースのおかげで、データの準備、モデルの評価、デプロイ、運用、監視などの各ステージを単純化したり強固にしたりする、新しい方法、ライブラリ、フレームワークが今後数年のうちに登場すると思います。本書の関連ウェブサイト（http://www.mlebook.com）の筆者のメーリングリストに登録してください。関連するリンクを定期的に受け取ることができます。

本書は、前作の『The Hundred-Page Machine Learning Book』と同様、「まず読んで、その後で買うかどうかを決める（read-first, buy-later）」の原則に基づいて配布されていることに注意してください。つまり、本書の全文を付属のウェブサイトからダウンロードして、購入前に読むことができるのです。みなさんがこの結びの言葉をPDFファイルで読んでいて、お金を払った記憶がないのであれば、ぜひ本の購入を検討してください。Amazonなどの主要なオンライン書店で購入することができます。

10.2 次に読むべき本

　機械学習や人工知能に関する素晴らしい本はたくさんあります。ここでは、いくつかのお勧めの本を紹介します。

　Pythonで実用的な機械学習を体験したい方には、次の2冊の本があります。

- "Hands-On Machine Learning with Scikit-Learn, Keras, and TensorFlow" (2 nd edition) by Aurélien Géron (O'Reilly Media, 2019)
  『scikit-learn、Keras、TensorFlowによる実践機械学習 第2版』（オライリー・ジャパン）
- "Python Machine Learning" (3 rd edition) by Sebastian Raschka (Packt Publishing, 2019)
  『Python機械学習プログラミング 達人データサイエンティストによる理論と実践』（インプレス）

Rについては、以下の本が最適です。

- "Machine Learning with R" by Brett Lantz (Packt Publishing, 2019)
  『Rによる機械学習 [第3版]』（翔泳社）

さまざまな機械学習アルゴリズムの背後にある基礎的な数学をより深く理解するためには、以下をお勧めします。

- "Pattern Recognition and Machine Learning" by Christopher Bishop (Springer, 2006)
  『パターン認識と機械学習』（丸善出版）
- "An Introduction to Statistical Learning" by Gareth James et al. (Springer, 2013)
  『Rによる統計的学習入門』（朝倉書店）

深層学習をより詳しく理解するためには、以下をお勧めします。

- "Neural Networks and Deep Learning" by Michael Nielsen (online, 2005)
  https://nnadl-ja.github.io/nnadl_site_ja/ でアクセス可能
- "Generative Deep Learning" by David Foster (O'Reilly Media, 2019)
  『生成ディープラーニング』（オライリー・ジャパン）

みなさんが機械学習をはるかに超えて、人工知能の分野全体を網羅したいのであれば、以下の通称AIMAがお勧めです。

- "Artificial Intelligence: A modern Approach" (4th Edition) by Stuart Russell and Peter Norvig (Pearson, 2020)

INDEX：索引

あ行

か行

ま・や行

著者紹介

Andriy Burkov（アンドリー・ブルコフ）

11の言語で出版されたベストセラー『The Hundred-Page Machine Learning Book (themlbook.com)』の著者。IT調査会社 Gartner の機械学習チームのリーダー。自然言語処理を専門としており、でテキスト抽出・正規化システムの構築に取り組んでいる。

[翻訳]　**松田 晃一**（まつだ こういち）

博士（工学、東京大学）。石川県羽咋市生まれ。『宇宙船ビーグル号の冒険』を読みコンピュータの道へ進む。卒論のプログラムをチェックしながら、イラストを描きコミケで本を売る。元ソフトウェア技術者 / 研究者 / 管理職、PAW^2（メタバース）のクリエータ。コンピュータで人生を「少し楽しく」「少しおもしろく」「少し新しく」「少し便利に」すること、HCI/AR/VR/UX、画像処理、機械学習、説明可能性、MLOps、モバイル機器、書籍の執筆、技術書、SF、一般書の翻訳などに興味を持つ。
著書に『p5.js プログラミングガイド』、『Python ライブラリの使い方』（カットシステム）、『学生のためのPython』（東京電機大学出版局）、『WebGL Programming Guide』（Addison-Wesley Professional）など、訳書に『プログラミングのための数学』（マイナビ）、『生成Deep Learning』、『詳解 OpenCV3』（オライリー・ジャパン）、『デザインのためのデザイン』（ピアソン桐原）などがある。

カバーデザイン　　海江田　暁（Dada House）
制作　　　　　　　島村龍胆
編集担当　　　　　山口正樹

機械学習エンジニアリング

2022 年　4 月 22 日　初版第 1 刷発行

著　者　　　　Andriy Burkov
訳　者　　　　松田晃一
発行者　　　　滝口直樹
発行所　　　　株式会社 マイナビ出版
　　　　　　　〒101-0003 東京都千代田区一ツ橋2-6-3 一ツ橋ビル 2F
　　　　　　　TEL：0480-38-6872（注文専用ダイヤル）
　　　　　　　　　　03-3556-2731（販売）
　　　　　　　　　　03-3556-2736（編集）
　　　　　　　E-mail: pc-books@mynavi.jp
　　　　　　　URL：https://book.mynavi.jp
印刷・製本　　株式会社ルナテック

ISBN978-4-8399-7835-8
Printed in Japan.